Bibliografische Information der Deutschen Nationalbibliothek
Die Deutsche Nationalbibliothek verzeichnet diese Publikation in der Deutschen
Nationalbibliografie; detaillierte bibliografische Daten sind im Internet über
http://dnb.d-nb.de abrufbar.

Prof. Dr. Michael Bernecker ist Geschäftsführer des Deutschen Institut für Marketing in Köln
und lehrt an der Hochschule Fresenius in den Fachgebieten Marketing und Marktforschung.

www.michaelbernecker.de

Felix Beilharz ist Projektleiter, Referent und Trainer am Deutschen Institut für Marketing.
Seit 2007 betreut er am Institut den Bereich Online-Marketing und ist Mitautor eines
Grundlagenwerks zu diesem Thema.

www.felixbeilharz.de

1. Auflage 2011
2., korrigierte Auflage 2012

Die Deutsche Bibliothek – CIP
Social Media Marketing. Strategien, Tipps und Tricks für die Praxis
Michael Bernecker, Felix Beilharz
Johanna-Verlag, Köln
ISBN-13: 978-3-9377-6329-3
www.johanna-verlag.de

www.Marketinginstitut.BIZ

Vorwort

Social Media gehören mittlerweile zum Alltag der Menschen wie der Fernseher oder das Radio. Oder sogar schon viel stärker – denn während die beiden genannten Medien in ihrer Nutzung immer mehr abnehmen, wachsen die Nutzerzahlen der „sozialen Medien" täglich weiter an. Vielleicht ist daher eher der Vergleich mit Internet und Smartphones angebracht. Eine aktuelle Studie an amerikanischen Männern zwischen 18 und 54 Jahren zeigte erst kürzlich, dass die Befragten eher auf Sex, Alkohol oder Körperpflege verzichten würden als auf ihren Internet-Zugang. Das Internet ist also nicht mehr wegzudenken – und Internet heißt für immer mehr Menschen „Social Media". Facebook, YouTube und Co. stellen heute oft die ersten Anlaufstellen für Internetnutzer dar. So wundert es nicht, dass der durchschnittliche Facebook-Nutzer täglich mehr als eine Stunde im Netzwerk verbringt – häufig sogar schon morgens vor dem Aufstehen, wie eine weitere US-Studie ergab.

Als wir vor zwei Jahren das Buch „Online-Marketing. Tipps und Hilfen für die Praxis" veröffentlichten, sprachen wir noch von einem „Mega-Trend". Mittlerweile mutet diese Bezeichnung fast schon veraltet an – so selbstverständlich ist vielen Menschen der Umgang mit Social Media bereits geworden. Auch viele Unternehmen haben die Zeichen der Zeit mittlerweile erkannt und vermarkten ihre Leistungen über die sozialen Medien. Häufig ist allerdings zu beobachten, dass die Marketingabteilungen dabei plan- und konzeptlos vorgehen, keine klaren Ziele erarbeiten und keine Ergebnisse messen. Mit diesem Buch möchten wir diesem Misstand Abhilfe leisten.

In Seminaren wurden wir häufig gefragt, ob man überhaupt ein Buch über Social Media schreiben könne oder sollte, wo die Entwicklung doch so schnell voranschreite. Diese Frage haben wir uns ebenfalls gestellt. Es gibt mittlerweile viele sehr gute Bücher über Social Media Marketing auf dem Markt, die die Funktionsweisen von Facebook, Twitter und anderen Diensten anschaulich erklären. Diese Bücher haben nur ein Problem: die Beschreibungen sind oft bereits zum Zeitpunkt des Erscheinens wieder veraltet. Gerade Facebook ist dafür bekannt, ein sehr hohes Innovationstempo an den Tag zu legen. Anleitungen zum Einrichten einer Fanpage oder zu bestimmten Funktionen haben daher eine kurze Halbwertszeit.

Mit diesem Buch gehen wir deshalb einen anderen Weg. Statt die Funktionsweisen und Features der Netzwerke in den Mittelpunkt zu stellen (dafür gibt es genug andere Bücher sowie Blogs, Zeitschriften und Seminare), beschreiben wir verschiedene Strategien, die in den sozialen Medien Erfolg versprechen. Dieses Buch soll Ihnen einen Leitfaden zum Erstellen ihrer eigenen Strategie an die Hand geben sowie Ideen und Ansatzpunkte liefern, um einen individuellen Weg in den Social Media gehen zu können. Für verschiedene Ziele stellen wir verschiedene Vorgehensweisen vor, die sich beliebig an die eigene Situation anpassen oder kombinieren lassen.

Das Buch eignet sich daher sowohl für Einsteiger als auch für Fortgeschrittene, die gerade an einer Strategie arbeiten. Einsteiger finden konkrete Vorgehensweisen für den erfolgreichen und strategischen Einstieg. Die Fortgeschrittenen können ihre Strategie überprüfen, ergänzen und überdenken und sich von den Ansätzen der vorgestellten Unternehmen inspirieren lassen. Das Buch eignet sich ebenfalls für Vertreter aller Branchen und gleichwohl für den B2C- als auch den B2B-Sektor. Wir haben sehr darauf geachtet, Beispiele aus unterschiedlichsten Sparten und Sektoren zu verwenden und immer verschiedene Zielgruppen im Blick zu behalten, um möglichst vielen Lesern einen echten Mehrwert zu verschaffen.

Social Media Marketing lebt von der Individualität der Akteure und der Vielfalt der Vorgehensweisen. Wie in anderen Marketing-Bereichen auch existieren verschiedene Meinungen und Ansätze – viele Wege führen auch im Web 2.0 nach Rom. Um ein möglichst breites Bild zu zeichnen und möglichst viele Sichtweisen zu integrieren, haben wir zahlreiche Experten und Anwender zum Gespräch eingeladen. Die spannenden und hilfreichen Interviews mit vielen Praxistipps und weiteren Ideen für Ihre ganz persönliche Strategie finden Sie zwischen den einzelnen Kapiteln.

Wir wünschen Ihnen nun viel Spaß und Erfolg mit diesem Buch und Ihrer Social Media Strategie. Über Feedback freuen wir uns natürlich – Ihnen stehen dank Social Media ja alle Kanäle offen.

Prof. Dr. Michael Bernecker

Tel: 0221-99 555 10-0

E-Mail: info@marketinginstitut.biz

Felix Beilharz

Tel: 0221-99 555 10-12

E-Mail: beilharz@marketinginstitut.biz

Inhaltsübersicht

Inhaltsverzeichnis

1 Grundlegendes zu den Social Media

Workshop
Social Media Marketing

Das **Seminar „Social Media Marketing"** bietet einen fundierten Einstieg in das Web 2.0. Die Teilnehmer erhalten einen Überblick über alle relevanten Instrumente des Social Media Marketing und arbeiten an ihrer eigenen Strategie. Dank zahlreicher Live-Beispiele, Checklisten, Tools und Praxis-Tipps ist die Umsetzung kein Problem.

Termine: Mi, 23. Nov. 2011 ▪ Mi, 14. Dez. 2011 ▪ Mi, 11. Jan. 2012 ▪ Mi, 14. Mrz. 2012 ▪ Mi, 23. Mai 2012 ▪ Mi, 25. Jul. 2012 ▪ Mi, 10. Okt. 2012 ▪ Mi, 19. Dez. 2012

Ihr Nutzen	Aus dem Inhalt
1. Sie erhalten einen komprimierten Überblick zu den aktuellen Themen.	▪ Social Media – der aktuelle Megatrend
2. Sie lernen an „echten" Best-practice-Fällen, wie erfolgreiches Social Media Marketing funktioniert.	▪ Besonderheiten des Web 2.0 ▪ Strategieplanung, Ziele, Guidelines
3. Die Checklisten und Tools erleichtern den Transfer in den Alltag.	▪ Blogs – die Social Media „Schaltzentralen"
4. Zahlreiche Online-Tools helfen Ihnen bei der direkten Umsetzung.	▪ Networking mit Facebook und XING ▪ Twitter – Ihre Botschaft in 140 Zeichen
5. Social Media Marketing für alle Branchen und Sektoren (B2B und B2C).	▪ YouTube – mit Bewegtbild zum Erfolg ▪ Aktuelle Trends: Google+, Location Based Services und Co.
6. Blended-Learning – Sie erhalten für zwölf Monate einen Zugang zum DIM-Online-Campus.	▪ Social Media Monitoring – Kennzahlen, Messung und Controlling

Nutzen Sie unser Wissen für Ihren Erfolg!

Kapitel 1

Grundlegendes zu den Social Media

1.1 Bedeutung des Themas „Social Media"

Social Media ist „in" – und das nicht erst seit gestern. Die Nutzerzahlen von Facebook, Twitter oder YouTube erreichen schwindelerregende Höhen – in Kürze werden eine Milliarde Menschen bei Facebook über ein Konto verfügen. Google hat es mit seinem eigenen Social Network in den ersten Wochen der Testphase geschafft, 20 Millionen Nutzer zu versammeln – und dabei war der Eintritt nur auf Einladung möglich.

1.2 Was Social Media ausmacht

Es spricht also vieles dafür, dass der Social Media Boom auch weiterhin anhalten wird. Erstmalig haben Menschen (fast) jeder sozialen oder gesellschaftlichen Schicht die Möglichkeit, weltweit mit anderen Menschen zu kommunizieren, Meinungen auszutauschen oder auf bestimmte Themen aufmerksam zu machen. Es scheint, als drehe sich plötzlich alles um Vernetzung und Kommunikation.

Dabei ist das dahinterliegende Paradigma nicht neu: Kommunikation in sozialen Gruppierungen als zentraler Bestandteil der Gesellschaft. Der Begriff „Social Network" stammt aus den 50er Jahren des letzten Jahrhunderts und hatte mit dem Internet ursprünglich überhaupt nichts zu tun (ein Forscher prägte diesen Begriff in Bezug auf soziale Beziehungen in einem skandinavischen Fischerdorf). Menschen sind kommunikative Wesen – das mussten sie für die Erhaltung der Art auch sein. Schon immer wurde in größeren oder kleinen Gruppen kommuniziert, wurden Meinungen und Ideen ausgetauscht, Erlebnisse erzählt sowie Produkte und Leistungen bewertet und kommentiert. Das fängt in den Zeiten der frühen Menschen an, als Tipps über gute Jagdgründe oder besonders ertragreiche Ackerflächen im Mittelpunkt der Gespräche standen, und zieht sich über alle Zeiten bis in die Gegenwart. Was sich geändert hat, sind die technischen Möglichkeiten der Kommunikation.

Soziale Interaktion ist nichts Neues

Statt sich wie bisher in kleineren Gruppen auszutauschen, besteht heute die Möglichkeit, mit wenigen Mausklicks Tausende von Menschen auf der ganzen Welt zu erreichen. Jeder, der einen Internet-browser bedienen kann, kann auch einen Blog einrichten, Beiträge verfassen und seine Meinung der Welt kundtun – unabhängig von der inhaltlichen Richtigkeit oder Angebrachtheit.

Früher galt die Faustregel „Ein zufriedener Kunde erzählt vier Leuten von seiner Erfahrung, ein unzufriedener zehn". Heute werden aus den vier oder zehn Menschen schnell vierhundert oder tausend, die von den Eindrücken des Absenders erfahren. Und wenn diese Menschen den ursprünglichen Beitrag auch noch kommentieren oder weiterreichen, ergibt sich schnell eine Welle, die im Ernstfall schwerwiegende Folgen haben kann – Beispiele dafür gibt es nicht nur aus der Unternehmenswelt, sondern auch aus der Politik und Gesellschaft. Mit Social Media werden Wahlen gewonnen und Despoten gestürzt, aber eben auch Unternehmen bekannt gemacht oder vernichtet.

Durch Social Media ergeben sich für Unternehmen Chancen und Risiken

Überhaupt ergeben sich für Unternehmen völlig neue Möglichkeiten und Gefahren. Die Bedeutung der Kundenzufriedenheit steigt durch Social Media enorm an – ein unzufriedener Kunde stellt heute eine ernsthafte Bedrohung der Marke dar. Ein Klassiker, der diesen Zusammenhang verdeutlicht, ist der Fall David Carroll vs. United Airlines. Die Kurzfassung: der Musiker David Carroll flog mit der Fluglinie zu einem Auftritt und beobachtete beim Verladen des Gepäcks, wie sein Gitarrenkoffer von zwei Packern in die Luft geworfen wurde. Das Fangen missglückte und so landete der Koffer auf dem Boden. Die Flugbegleiterinnen zeigten sich auf seine Reklamation hin wenig interessiert – ebenso wie die Servicestelle der Fluggesellschaft, als er zu Hause feststellte, dass seine wertvolle und emotional wichtige Gitarre bei dem Sturz zerstört wurde. Für den Schaden könne man nicht haften, hieß es nur.

Nachdem der Musiker vergeblich versucht hatte, Schadensersatz zu bekommen, produzierte er kurzerhand mit seiner Band ein amüsantes Musikvideo, dass die ganze Geschichte in Country-Musik verpackt nacherzählte. Titel: „United Breaks Guitars". Das Video stelle er natürlich bei YouTube ein – der Beginn einer der ersten großen Social Media Erfolgsgeschichten. Mehr als 10 Millionen Video-Aufrufe, mehrere TV-Berichte, Fan-Gruppen bei Facebook, die forderten, die Fluglinie solle den Song als neuen Werbe-Song verwenden und unzählige Tweets, Blogposts und Facebook-Likes später erklärte sich United Airlines dann doch bereit, den Schaden zu bezahlen. Der

Schaden am Image der Fluggesellschaft sowie der geballte Hohn und Spot der Internetgemeinde lässt sich so schnell jedoch nicht mehr rückgängig machen.

Abb. 1: Mehr als 10 Millionen Menschen haben den YouTube-Clip „United Breaks Guitars" bereits angesehen

Unternehmen müssen lernen, mit den neuen Bedingungen umzugehen. Über viele Jahrzehnte hinweg sah Unternehmenskommunikation im Wesentlichen wie folgt aus: *Unternehmenskommunikation hat sich verändert*

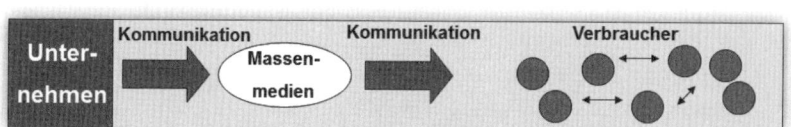

Abb. 2: Das alte Paradigma der Unternehmenskommunikation
(in Anlehnung an Mühlenbeck/Skibicki (2009): Verbrauchermacht im Internet)

Unternehmen nutzten Massenmedien, um mit den Zielgruppen zu kommunizieren. Wenn die Kampagne besonders lustig, originell oder auf sonstige Art eindrucksvoll war, fand in den angesprochenen

Zielgruppen auch Kommunikation darüber statt. Zu Zeiten des Internets wurden lustige Werbeclips als Anhang von E-Mails verschickt, davor erzählten sich Menschen eben mündlich von den Clips und hofften, sie im Fernsehen ebenfalls zu „erwischen".

In Zeiten von Social Media hat sich einiges an diesem Kommunikationsparadigma geändert:

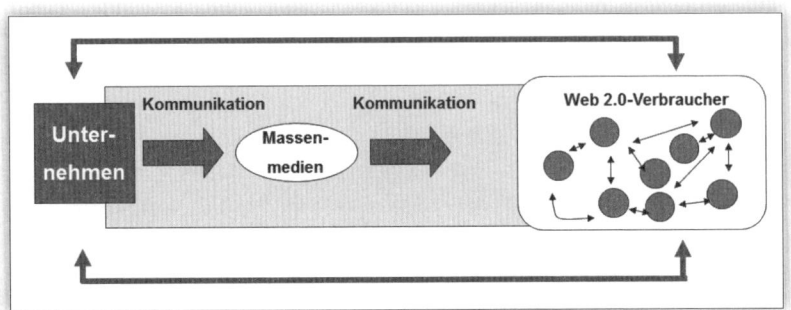

Abb. 3: Das neue Paradigma der Unternehmenskommunikation *(in Anlehnung an Mühlenbeck/Skibicki (2009): Verbrauchermacht im Internet)*

Natürlich nutzen Unternehmen nach wie vor Massenmedien zur Verbreitung ihrer Botschaften. Im Wesentlichen änderten sich zwei Bereiche:

- **Direkte Kommunikation.** Eine direkte Kommunikation zwischen den Beteiligten ist nun einfacher und kostengünstiger möglich – und zwar in beide Richtungen. Der bloße Monolog, der früher normal war, funktioniert heute nur noch in Ausnahmefällen. Über Social Media wollen die Kunden einbezogen, gefragt und angehört werden. Sie wollen auch ihre ehrliche Meinung sagen können. Zensur funktioniert in Zeiten von Social Media nicht (mehr). Im Gegenteil, der sogenannte „Streisand-Effekt" belegt, dass Inhalte, die mit Gewalt unterdrückt werden sollen, sich erst recht und noch schneller im Netz verbreiten. Eine offene, ehrliche und authentische Kommunikation zwischen Unternehmen und Kunden spielt daher eine große Rolle.

- **Verstärkte Kommunikation unter den Verbrauchern.** Wie bereits angesprochen, haben auch die Verbraucher selbst heute die Möglichkeit, mehr und breiter zu kommunizieren als jemals zuvor. Alles, was ein Unternehmen heute tut, wird in den sozialen Netzwerken kommentiert und weitergeleitet – angefangen von fehlerhaften Produkten über unfreundliche Service-Mitarbeiter bis hin zu angenehmen und eindrucksvollen Erfahrungen mit dem Unternehmen.

Diese beiden Veränderungen zeigen, wie wichtig es heute für Unternehmen ist, sich aktiv in den Social Media zu engagieren. Hier haben sie die Möglichkeit, Verbrauchern zuzuhören, Gespräche mit zu gestalten und eigene Impulse einzubringen.

Von dem Gedanken, die Meinungen und Gespräche in Social Media kontrollieren zu können, sollten Unternehmen jedoch dringend Abstand nehmen. Verbraucher gestalten heute zu einem großen Teil die Markenkommunikation mit – Unternehmen geben, ob gewollt oder ungewollt, einen Teil ihrer Kontrolle und ihrer Macht ab. Den Unternehmen bleibt nichts anderes übrig, als die neuen Rahmenbedingungen anzuerkennen und sich darauf einzustellen.

1.3   Begriffsklärungen

Beim Thema Social Media Marketing existiert eine Vielzahl unterschiedlicher Begriffe, oft auch Synonyme, was leicht zu Verwirrung führen kann. Teilweise besteht kein allgemeiner Konsens über die genaue Definition eines Begriffs, häufig bleiben die Abgrenzungen wenig trennscharf. Hier findet daher eine kurze Begriffsklärung statt, um Missverständnissen vorzubeugen.

Im Rahmen dieses Buches werden der Abwechslung halber die Begriffe „Social Web", „Social Media" und die deutsche Übersetzung „soziale Medien" synonym verwendet. Teilweise ist auch von „sozialen Plattformen" die Rede. Der Begriff „Web 2.0", der anfangs die neu aufkommenden, interaktiven Kanäle des Internets beschrieb, findet sich in diesem Buch nur an wenigen Stellen, dient aber ebenfalls als Synonym für „Social Media". Im realen Leben lässt sich eine abnehmende Verwendung dieses Begriffs zugunsten der „Social Media" beobachten, was sich in diesem Buch widerspiegelt.

„Social Media Marketing" beschreibt, wie der Name nahelegt, Marketingaktivitäten unter Einbeziehung der sozialen Medien.

Der besseren Lesbarkeit halber werden die Begriffe „Kanal", „Instrument", „Plattform" und „Dienst" austauschbar verwendet. Wenn also von „Social Media Kanal" oder „Social Media Instrument" die Rede ist, sind damit Dienste wie Twitter, Facebook oder Youtube gemeint.

Der Begriff „Tools" bezieht sich auf Anwendungen, die zum Beispiel zur Analyse der Aktivitäten in den Social Media, zur einfacheren

Nutzung oder zur Aggregation verschiedener Plattformen unter einem gemeinsamen „Dach" dienen. Die folgenden Kapitel enthalten zahlreiche solcher Tools, die die tägliche Social Media Arbeit deutlich vereinfachen.

„Social Networks" bzw. „soziale Netzwerke" stellen eine Unterkategorie der Social Media dar und beziehen sich auf Dienste wie Facebook, MeinVZ oder XING.

1.4 Entwicklung der Social Media

Häufig wird der Begriff „Social Media" mit Twitter und Facebook gleichgesetzt. Dabei lohnt sich ein Blick auf die eigentliche Bedeutung des Begriffs, um zu verstehen, was soziale Medien eigentlich sind.

Soziale Medien sind Angebote im Internet, die es Nutzern ermöglichen, sich untereinander auszutauschen, Inhalte zu teilen und selbst Inhalte zu erstellen. Eine umfassende, wenn auch recht lange Definition beschreibt Social Media als „persönlich erstellte, auf Interaktionen abzielende Beiträge, die in Form von Text, Bildern, Video oder Audio über Onlinemedien für einen ausgewählten Adressatenkreis einer virtuellen Gemeinschaft oder für die Allgemeinheit veröffentlicht werden, sowie zugrunde liegende und unterstützende Dienste und Werkzeuge des Web 2.0" (Hettler, Uwe (2010): Social Media Marketing).

Web 2.0 lässt sich nicht trennscharf definieren
Social Media bzw. Anwendungen, die die dahinterliegenden Prinzipien nutzten, gab es auch schon vor dem Aufkommen des Begriffs „Web 2.0" bzw. der heute bekannten Dienste. Plattformen wie Gesprächsforen oder Newsgroups gehören schon von jeher zum Internet dazu – entsprechen aber gleichzeitig allen Merkmalen von Social Media Anwendungen. Das zeigt, dass eine scharfe Trennung zwischen „Web 1.0" und „Web 2.0" weder möglich noch für die Praxis sinnvoll ist.

Die heute bekannten Social Media Plattformen entstanden oder verbreiteten sich langsam nach dem Abklingen der dotcom-Krise, jedoch noch ohne größeren Erfolg. Der Begriff „Web 2.0", der der zunehmenden Interaktivität im Internet erstmals einen Namen verlieh, wurde 2004 geprägt. Bezeichnend für die Ära des Web 2.0 sind neben der Interaktivität und den neuen Diensten und Plattformen auch neue Technologien wie Ajax oder RSS und eine verstärkte Datenfreizügigkeit der Nutzer, die sich nicht mehr als anonyme Surfer durch das Internet bewegen, sondern personalisiert und mit einem menschlichen Profil auftreten.

1.5 Wichtige Social Media Kanäle

Das bekannte Social Media Prisma darf in keiner Veröffentlichung über das Thema fehlen. Zu Recht, denn so anschaulich und vollständig gelang bisher keiner anderen Darstellung eine Übersicht über die vielen verschiedenen Social Media Dienste.

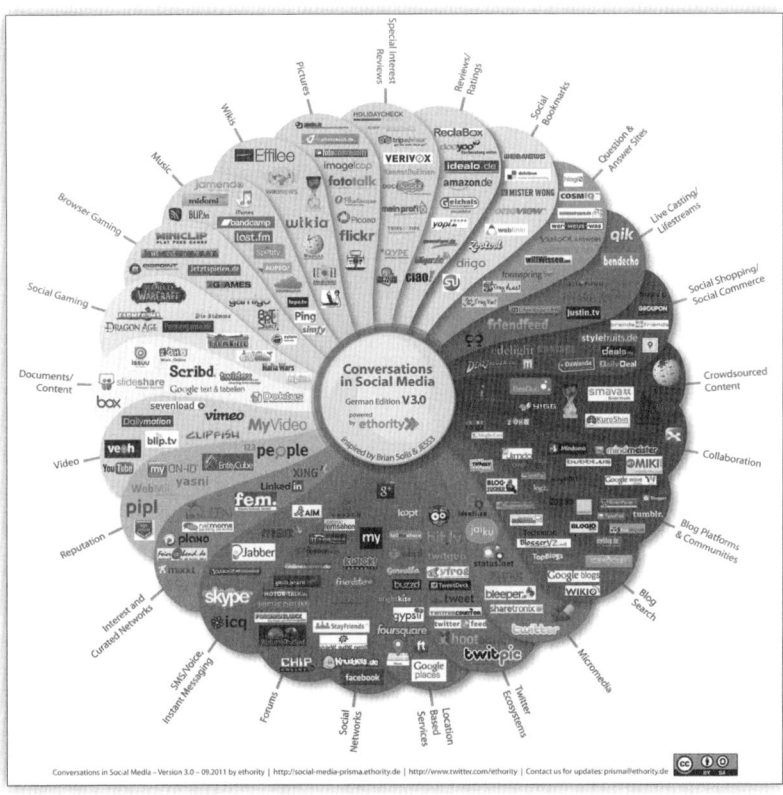

Abb. 4: Das deutsche Social Media Prisma *(Quelle: ethority.de)*

Zu den bedeutendsten Social Media Plattformen und Kanälen gehören:

- **Facebook:** das weltgrößte Social Network mit aktuell ca. 750 Millionen Nutzern weltweit. Facebook hat, das lässt sich ohne Übertreibung sagen, die Welt verändert – der „Gefällt mir"-Button wurde zum Symbol einer ganzen Generation von Internetnutzern. Der Börsengang von Facebook wird mit Spannung erwartet, von dessen Erfolg oder Misserfolg viel für die Zukunft des „Social Web" und der anderen Web 2.0-Unternehmen abhängen wird. Für Unternehmen spielt Facebook aktuell die wichtigste Rolle im Social Media Marketing.

- **YouTube:** das Videoportal gehört zum Suchmaschinenriesen Google und gilt als die zweitgrößte Suchmaschine der Welt. Täglich sehen sich Nutzer mehr als 2 Milliarden Videos an und laden über 50.000 Stunden an Videomaterial hoch.

- **Twitter:** der Microblogging-Dienst gehörte zu den ersten großen Erfolgen im Social Web. Twitter lebt vom Engagement prominenter Persönlichkeiten wie Barack Obama, Lady Gaga oder Justin Bieber, die allesamt Follower-Zahlen im Bereich um die 10 Millionen vorweisen können. Für Unternehmen bietet Twitter ebenfalls interessante Möglichkeiten.

- **Wikipedia:** das weltgrößte Lexikon enthält mehr als 19 Millionen Artikel in über 260 Sprachen, die komplett von Nutzern verfasst wurden. Wikipedia gilt als Musterbeispiel der „Weisheit der Masse" – ein Lexikon, an dem jeder mitschreiben kann und das trotzdem eine erstaunlich hohe Qualität aufweist, vergleichbar mit traditionellen Sammelwerken.

- **WordPress:** WordPress zählt zu den größten Blogging-Plattformen weltweit. Nutzer können sich entweder auf dem Webspace von WordPress einen Blog einrichten oder die Software kostenlos herunterladen und auf ihrem eigenen Server installieren.

- **Google+:** wohin sich Google+, das soziale Netzwerk von Google, entwickeln wird, ist zum Zeitpunkt der Erstellung dieses Buches noch unklar. Das Potenzial scheint nahezu grenzenlos, wenn es Google gelingt, die vielen eigenen Dienste wie Search, YouTube, AdWords, News, Picasa, Chrome, Chrome OS, Docs, Blogger, Analytics, Checkout usw. in einem sozialen Netzwerk zusammen zu führen.

- **FlickR:** FlickR gehört zur Kategorie der „Content Sharing Platforms", also der Anwendungen, die es Nutzern ermöglichen, Inhalte (in diesem Fall Bilder) hochzuladen und zu teilen. Wie die Zukunft von Diensten wie FlickR aussehen wird, bleibt angesichts der enormen Verbreitung der Social Networks, die ebenfalls das Verwalten und Teilen von Bildern ermöglichen, abzuwarten.

Über diese Branchenriesen hinaus existieren, wie das Prisma eindrücklich zeigt, noch unendlich viel mehr Dienste – teilweise große mit Millionen von Nutzern, teilweise sehr kleine Nischenangebote mit wenigen hundert Teilnehmern. Grob lassen sich die Dienste in folgende Klassifizierungen einteilen:

- **Blogs** (z. B. Blogspot.com, WordPress.com, WordPress.org)

- **Wikis** (z. B. Wikipedia.org)

- **Social Networks** (z. B. Facebook.com, StudiVZ.net, wer-kennt-wen.de)

- **Foren & Usegroups**

- **Location Based Services** (z. B. Gowalla.com, Foursquare.com)

- **Content Sharing Plattformen** (z. B. YouTube.com, FlickR.com, Slideshare.net).

Natürlich bildeten sich auch Mischformen. Twitter stellt als Microblogging-Dienst eine solche Mischform aus Blog und Social Network dar, ergänzt um Aspekte aus weiteren Klassen. Social Networks weisen immer häufiger auch Location Based-Funktionen auf (z. B. Google Places) und mutieren ohnehin immer mehr zu Sammelstellen von Content aller Art, womit sie auch Aufgaben der Content Sharing-Plattformen erfüllen. Eine klare Abgrenzung ist demzufolge nicht möglich.

1.6 Richtiger Umgang mit der Fülle an Plattformen

Beim Anblick des Social Media Prismas stellt sich so mancher Unternehmer die Frage: „Und da muss ich jetzt überall vertreten sein?". Angesichts der Fülle an Angeboten ist eine gewisse Abschreckung hier sehr gut verständlich.

In den wenigsten Fällen macht es jedoch Sinn, wirklich auf sehr vielen oder gar allen Plattformen vertreten zu sein. Häufig reicht es schon aus, sich auf drei bis vier Angebote zu beschränken, die relevante Reichweite und vielfältige Möglichkeiten der Interaktion bieten. Wie die Auswahl passender Plattformen, der Aufbau einer entsprechenden Strategie und das generelle Vorgehen in den Social Media aussehen kann, beschreiben die folgenden Kapitel.

Interview mit Albert Pusch

Albert Pusch leitet die Marketing-Abteilung eines mittelständischen Technologieunternehmens. Er ist Experte für Social Media Marketing und betreibt einen etablierten Blog zu diesem Thema.

1. Hallo Herr Pusch. Sie sind mit Ihrem Blog Socialmedia-Blog.de als Experte für das Thema bekannt geworden. Bitte beschreiben Sie doch kurz Ihren bisherigen Werdegang und Ihre aktuelle Tätigkeit.

Derzeit bin ich Marketing-Leiter eines IT Unternehmens. Zuvor war ich als Social Media Manager im gleichen Unternehmen tätig, ich habe hier die ersten Schritte in Richtung Social Media in einem der Geschäftsbereiche eingeführt und den Einsatz neuer Marketing-Methoden im B2B-Umfeld ausprobiert. Während des Studiums war ich in einem Community-Projekt eines deutschen Verlagshauses tätig, dort im Business Development.

Seit 2009 blogge ich gemeinsam mit Daniel Hoffmann, von Cocomore, zum Thema Social Media und Marketing auf Deutsch auf www.socialmedia-blog.de. Gelegentlich veröffentlichen auch britische Marketing-Medien die Beiträge.

2. Für welche Unternehmen eignet sich Social Media Marketing aus Ihrer Sicht besonders? Und für welche überhaupt nicht? Gibt es Besonderheiten bei bestimmten Unternehmenstypen, Branchen etc., die es zu beachten gilt?

Ich denke, dass Social Media bereits seinen festen Platz im Online Marketing eingenommen hat. Wie immer in der Kommunikation hängt viel von der Zielgruppe ab. Wenn die Zielgruppe online und vernetzt ist, kann es Sinn machen Social Media zu nutzen.

Es ist sicher so, dass bestimmte Branchen, vor allem im B2C-Geschäft weiter sind als andere, vor Pauschalaussagen nehme ich lieber Abstand.

Auf der anderen Seite ist es so, dass vieles von Struktur und Strategie des Unternehmens abhängt. Kürzlich wurde ich von einem Unternehmen, das im Umfeld erneuerbarer Energien engagiert ist, wie es Social Media für das Personalmarketing nutzen könnte. Leider haben wir dann schnell festgestellt, dass die Beurteilungen der Mitarbeiter im Netz überwiegend negativ waren. Ein unangenehmes Arbeitsklima gepaart mit einer schlechten Bezahlung. Wenn dann kein Wille für einen Richtungswechsel da ist, macht es wenig Sinn, im Social Web aktiv zu sein. Es wäre nicht das erste Mal, dass eine zweifelhafte Strategie negative Folgen im Social Web nach sich zieht.

Bildhaft gesprochen: Solche Unternehmen müssen also ihre Leichen aus dem Keller holen, diese ehrlich bewerten und dann Änderungen herbeiführen. Die Transparenz im Netz fordert einen aktiven Umgang auch mit negativen Themen.

3. Welche Fehler sehen Sie Unternehmen in den Social Media am häufigsten machen?

Zum einen wird der Aufwand völlig unterschätzt, das andere sind vor allem Fehler des Managements, das nicht zum Projekt steht, involviert ist und das Thema vorantreibt.

Die Erfolgsfaktoren während der Einführung von Social Media sind erstens die richtigen Ressourcen und eine strategische Entscheidung des Management. Später im Projektverlauf kommen dann die Punkte Geschwindigkeit und Prozesse der internen Kommunikation hinzu.

4. Social Media Marketing ist nicht kostenlos, auch wenn das häufig versprochen wird. Welche Kosten fallen für Social Media Marketing an? Können Sie die verschiedenen Kostenblöcke in ungefähre Relationen setzen?

Ich fange mal beim Nutzen an. Wenn ein Unternehmen entscheidet auf Facebook aktiv zu werden, dann sollte es sich noch vor dem Start überlegen, welche Ziele man auf der neuen Plattform erreichen möchte und vor allem wie. Das können klassische Marketingziele sein, wie mehr Umsatz oder Kommunikationsziele wie Markenbekanntheit und Aufbau einer Brand-Community können Ziele sein.

Die Grundidee muss da sein und zwar bevor man sich in den Trubel stürzt. Denn was bringt einem der Facebook-Auftritt ohne Linie.

Die Kosten von Social Media sind so steuerbar, dass es vom Blog bis zur OldSpiceVideo Kampagne gehen kann. Auch die Größe des

Unternehmens und die Mittel sagen nichts über den Erfolg aus, das zeigen uns kreative Beispiele (Will it blend, Gary Vaynerchuks Wein-Blog) immer wieder. Kreativität ist einer der größten Erfolgs- und Kostenfaktoren für einen „organischen" Social Media Erfolg.

Ich denke, dass der Nutzen über das Investment entscheidet. Die beste Investition ist diejenige in Kreativität.

5. Welche einzelnen Schritte muss ein Unternehmen bei der Entwicklung einer Social Media Strategie durchlaufen? Wo lauern Stolpersteine? Worauf gilt es besonders zu achten?

Zunächst müssen die Mitarbeiter abgeholt werden, das Wissen über die neuen Werkzeuge ist noch immer nicht verbreitet und so kann es sein, dass ein 24-jähriger Hochschulabsolvent mehr Ahnung von Social Media und den Netzwerken hat, als ein erfahrener Marketing-Manager.

Die Social Media Konzepte der Großen sind oft zu werblich ausgerichtet und treffen nicht den Ton der Zeit. Besser ist es, den Kunden auf der anderen Seite wirklich mitzunehmen, für mündig zu halten und mit ihm ernsthaft in den Dialog treten zu wollen. Social Media erfordert eine neue Denkhaltung. Wenn Unternehmen das begriffen haben, sind sie ihrem Ziel sehr viel näher.

6. Gibt es Fälle, in denen ein im Voraus ausgearbeitetes Konzept gar nicht nötig oder sogar hinderlich sein kann?

Sie spielen sicher auf Freelancer und Kleinstgewerbetreibende an. Nein, ich denke, dass auch dort ein Konzept wichtig ist.

Ich selbst habe mich dem Thema Blogging und Social Media in kleineren privaten Projekten genähert, ohne klares Konzept. Diese Blogs und Webseiten haben mir geholfen, in das Thema zu finden. Erfolgreich werden die Sachen aber erst, wenn Ziele und der Weg dorthin abgesteckt wurden. Verstehen Sie mich nicht falsch, es geht nicht um Overplanning oder Starrheit. Es geht einzig und allein darum, zu wissen in welche Richtung man geht.

7. Eine besondere Herausforderung für viele Unternehmen ist das Monitoring bzw. die Erfolgsmessung der Social Media Aktivitäten. Wie kann ein Unternehmen mit geringem Budget sinnvolles Monitoring betreiben? Welche Ratschläge können Sie hierfür geben.

Für den Mittelständler, der nicht die Markenbekanntheit und den Umsatz Coca Colas hat, gibt es interessante Alternativen. Ich selbst nutze den Google Reader in Verbindung mit den RSS Möglichkeiten von Google Alerts, Twitter Search und Google Blog Search. Wichtig ist, dass man nicht nur seine eigene Marke beobachtet, sondern auch den Wettbewerber und die Themen in seiner Branche. Ein kontinuierliches Monitoring hilft Unternehmen nicht nur über sich Bescheid zu wissen, sondern auch den eigenen Markt besser zu verstehen.

8. Können Sie 1-2 herausragende Fallbeispiele beschreiben, in denen Unternehmen messbaren und nachhaltigen Erfolg durch Social Media Marketing erzielt haben? Was können Unternehmen daraus lernen?

Also ein Beispiel, wie ein Unternehmen durch Social Media Millionen Umsätze gemacht hat? Ich denke die Kampagne von Old Spice ist ziemlich herausragend. Die Marke hat ihr Image komplett gedreht, die Maßnahmen waren mit den klassischen Medien verknüpft und wurden im Netz richtig weiter gesponnen. Der Erfolg lag sicher in der Verbindung von klassischen und neuen Formen der Kommunikation.

Ich habe eigene Storys, die interessant sind. Wir beobachten in unserem Unternehmen bestimmte Keywords. Regelmäßig kommentieren wir so Beiträge, die uns über Blogs oder Netzwerke erreichen. Unter anderem beobachten wir auch ein amerikanisches Business Netzwerk. Als ein US-Journalist eine Frage ins Netz stellte, das unsere Technologien betraf, wurde dies von einer unserer Mitarbeiterinnen wenige Minuten später gesehen. Gemeinsam mit dem Vertrieb konnten wir seine Frage beantworten, noch vor dem Wettbewerber. Einige Tage später stand ein Artikel in einem der wichtigsten Marketingblogs der USA. Unsere Aussagen ganz oben im Beitrag mit Link zu unserer Seite. Wie viel mehr Umsatz machen wir deshalb? Ehrlich gesagt, ich habe keine Ahnung. Aber die PR und der Link haben sicher ihren Wert.

Social Media ist da, so wie SEO, SEM, Affiliate oder Permission Marketing. Alles hat seine Berechtigung und erweitert die Trickkiste im Marketing. Der Schlüssel liegt meines Erachtens darin, Disziplinen zu verknüpfen, integriert zu kommunizieren und zu testen. Marketing, PR, Social Media, SEO wachsen immer weiter zusammen – es wird sicher noch umfangreicher und spannender.

Workshop
Facebook-Marketing

Facebook ist der wichtige Player im Social Media Markt. Für Unternehmen ergeben sich zahlreiche Möglichkeiten, sich und ihre Leistungen zu präsentieren und Kontakt zu den relevanten Zielgruppen aufzunehmen. Doch wie steigt man als Unternehmen am besten ein? Wie wollen die Zielgruppen angesprochen werden und was schreckt eher ab? Wie gelingt es, eine interaktive Kommunikation herzustellen und echte Mehrwerte zu bieten? Dieses Seminar zeigt an echten Beispielen erfolgreiche Strategien, Möglichkeiten und Praxis-Tipps für Ihr „Facebook-Marketing".

Termine: Mo, 13. Feb. 2012 • Mo, 14. Mai 2012 • Mo, 30. Jul. 2012 • Mo, 12. Nov. 2012

Ihr Nutzen	Aus dem Inhalt
1. Kompaktes Praxis-Know-how an einem Tag	• Besonderheiten der Kommunikation auf Facebook
2. Direktes Arbeiten an Ihrem Facebook-Auftritt bereits im Seminar	• Facebook-Strategie
3. Strategie-Tipps für Reichweite, Kundenbindung, Recruiting usw.	• Marketing-Möglichkeiten auf Facebook
4. Facebook aus Marketing-Sicht, nicht aus Sicht der Technik	• Fanpage, Gruppen, Apps und Co.
5. Zahlreiche Tools und Hilfsmittel	• Kampagnen auf Facebook erfolgreich durchführen
6. Checklisten und Schritt-für-Schritt-Anleitungen	• Werbeanzeigen schalten, messen und optimieren
7. Blended-Learning – Sie erhalten für zwölf Monate einen Zugang zum DIM-Online-Campus	• Facebook als Baustein im Social Media Mix
	• Facebook in anderen Online-Medien nutzen

Nutzen Sie unser Wissen für Ihren Erfolg!

2 Social Media Strategie

Kapitel 2

Social Media Strategie

Jeder erfolgreichen Aktivität im Marketing liegt eine ausgefeilte und gut durchdachte Strategie zu Grunde. Kaum ein Unternehmen würde heute auf die Idee kommen, „mal eben" ein paar Anzeigen zu schalten oder einen TV-Spot zu drehen. Im Social Media Marketing sieht das oft ganz anders aus. Eine aktuelle Studie des Deutschen Instituts für Marketing ergab, dass nur 21% der befragten Unternehmen über eine schriftlich ausgearbeitete Strategie verfügen. 2009 ermittelte eine Studie der Universität Oldenburg, dass nur 5% der 100 größten deutschen Marken strategisch mehrere Social Media Kanäle gleichzeitig bespielen.

Durch die relative Neuheit der Social Media und das mangelnde Know-how in vielen Unternehmen wird oft einfach „drauflos getwittert, geXINGt und gefacebooked", ohne sich vorher über die Ziele, das Vorgehen und die Risiken im Klaren zu sein. Eine konsistente Strategie hilft jedoch, Ziele sicherer und schneller zu erreichen, Gefahren zu umschiffen und langfristig erfolgreicher im Social Web zu sein.

Wie wichtig ein integriertes Vorgehen im Social Media Marketing ist, zeigen zahlreiche Studien. Nur einen einzelnen Kanal zu bespielen, reicht in der Regel nicht aus, da die Kanäle untereinander eng vernetzt sind und Diskussionen häufig von einem Kanal zu anderen Kanälen übergehen (dies zeigte z. B. auch die Studie „Wellenschlag in Social Media – Orchestrierung der Markenkommunikation zwischen Facebook, Twitter und Co.", i-cod (2010)).

Dieses Kapitel enthält wichtige Fragen, die sich jedes Unternehmen stellen sollte, bevor es aktiv wird. Wenn es dafür bereits zu spät ist, ist jetzt der richtige Zeitpunkt, einmal über die bisher gewonnen Erfahrungen nachzudenken und eine Strategie für die Zukunft zu entwickeln.

2.1 Integration in den Online-Marketing-Mix

Im Normalfall wird Social Media Marketing nicht das einzige Instrument sein, das ein Unternehmen im Online-Marketing einsetzt. Daher stellt sich die Frage der Integration in den gesamten Mix. Die folgende Grafik zeigt einen beispielhaften Aufbau eines Online-Marketing-Konzeptes.

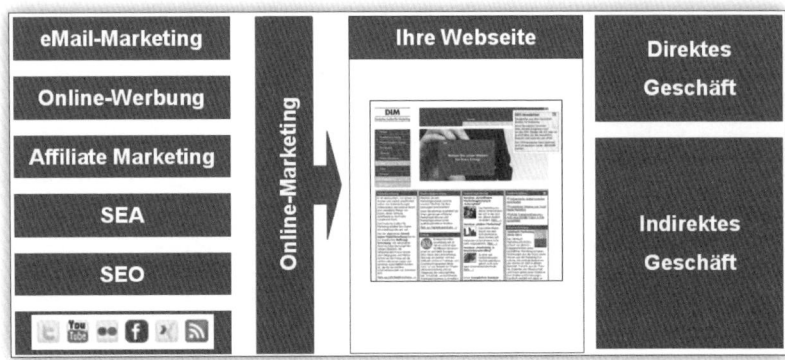

Abb. 6: Ein beispielhaftes Online-Marketing-Konzept mit Social Media als gleichberechtigtem Baustein

Social Media Marketing ist nur ein Bestandteil im Online-Marketing-Mix

Im Mittelpunkt steht die Website des Unternehmens. Hier findet der Kundenverkehr statt, hier macht das Unternehmen Geschäft, hier kann sich das Unternehmen ausführlich und umfassend präsentieren. Die Website gilt seit jeher als zentraler Anlaufpunkt der Online-Marketing-Maßnahmen.

Dieses ehemals eiserne Prinzip ist heute nicht mehr selbstverständlich. In den angelsächsischen Ländern gehen immer mehr Unternehmen dazu über, die Website mehr oder weniger „einschlafen" zu lassen und sich nur noch auf die Facebook-Seite zu konzentrieren. Teilweise schalten Unternehmen die Website auch komplett ab und leiten die Domain auf die Facebook-Seite um. Dieses Vorgehen mag verlockend erscheinen, da es in den aktuellen Hype rund um Facebook und Co. passt. Außerdem bedeutet die Pflege der Website zusätzlich zum Facebook-Auftritt doppelte Arbeit. Trotzdem raten Experten von dieser Strategie ab, da damit einige schwerwiegende Nachteile und Risiken verbunden sind:

• Das Unternehmen unterwirft sich vollständig den Regeln, die ein anderes Unternehmen aufstellt. Zwar vermochte bereits Google weltweit die Art und Weise, wie Webseiten programmiert und wie Texte geschrieben wurden, massiv zu beeinflussen (hält man sich nicht an die „Regeln", wird man einfach nicht gefunden). Bei Facebook geht das Ganze noch einige Schritte weiter, da sich der Konzern vorbehält, bei Regelverstößen die komplette Seite ohne Vorwarnung abzuschalten. Die Regeln (z. B. bezüglich der Inhalte, der Werbemaßnahmen oder der Gestaltungen) ändern sich regelmäßig und sind häufig nur für Experten verständlich und durchschaubar.

- Die gesamten Daten werden auf Facebook-Servern gespeichert. Das bedeutet, Facebook hat vollständige Einsicht in die Kundenkontakte des Unternehmens. Dessen sollte man sich im Social Web immer bewusst sein.

- Trotz relativ großzügiger Gestaltungsmöglichkeiten seitens Facebook ist der Rahmen bei der optischen und inhaltlichen Gestaltung der Facebook-Seite doch beschränkt. Die eigene Website bietet da weitaus größere Spielräume.

Trotz aller Social Media Euphorie kann daher weiterhin kein Unternehmen auf die eigene Website verzichten. Eine vernünftigere Maßnahme dürfte daher die Ergänzung des bisherigen Marketing-Mixes um Social Media Maßnahmen darstellen, wobei die Website immer noch im Mittelpunkt des Unternehmensmarketing steht.

Die in Abbildung 6 aufgeführten Marketing-Maßnahmen dienen nun in erster Linie dazu, Besucher auf die eigene Website zu lenken. In der Regel werden dazu einzelne oder eine Kombination der folgenden Maßnahmen eingesetzt:

- **E-Mail-Marketing:** Newsletter bieten nach wie vor großes Potenzial, Zielgruppen auf effektive Weise anzusprechen. Studien zeigen immer wieder die hohe Akzeptanz von (angemessener und erwünschter) E-Mail-Kommunikation. Gerade auch in Zeiten des Web 2.0 sollten Newsletter ihren festen Platz im Marketing-Mix behalten, da sie sich optimal mit Social Media Instrumenten kombinieren lassen. Bei letzteren steht in der Regel der kommunikative Aspekt im Vordergrund, während erstere (auch) als effektives Vertriebsinstrument genutzt werden können.

- **Online-Werbung:** Display-Advertising, also Online-Werbung durch Bannerschaltungen auf Webseiten oder Portalen, hat, was die reinen Klickraten angeht, in den letzten zehn Jahren stetig an

Effektivität eingebüßt. 2010 lagen die durchschnittlichen Klick-raten auf Werbebanner bei 0,09% (Standard Banners – Non-Standard Results, mediamind 2010). Nicht zuletzt deshalb diskutieren Online-Marketer in letzter Zeit verstärkt über andere Kennzahlen und Wirkungen über den reinen Klick hinaus. Denn gerade dynamische und interaktive Banner sowie auffällige Formate lösen oft signifikante Branding-Effekte aus, die durch Klickraten nicht zu erfassen sind. Wirkungen wie Werbe- und Markenerinnerung, positive Beeinflussung des Images und Steigerung der Kaufabsicht lassen sich durch Marktforschung messbar machen. Nach wie vor bleibt Display-Advertising daher ein wichtiges Werkzeug im Online-Marketing, was sich auch durch die stark steigenden Investitionen in diese Maßnahme zeigt.

- **Affiliate-Marketing:** Während bei Display-Advertising immer starke Branding-Effekte im Vordergrund stehen, geht Affiliate-Marketing einen anderen Weg: hier zählt die pure Performance. Bei dieser Form des Online-Vertriebs werden Klicks, Kontakte oder Verkäufe, die über Partner-Websites ausgelöst wurden, mit einer pauschalen oder prozentualen Provision vergütet. Eine Vergütung erfolgt also nur im Erfolgsfall, was das werbende Unternehmen in großem Maße vom Risiko befreit. Damit bietet sich Affiliate-Marketing auch für kleinere und B2B-Unternehmen mit eng eingeschränkter Zielgruppe an.

- **Search Engine Advertising (SEA):** Im Gegensatz zur klassischen Bannerwerbung erfolgt die Abrechnung bei der Suchmaschinen-werbung in der Regel auf Klickbasis. Das werbende Unternehmen bucht Suchbegriffe, die bei entsprechenden Suchanfragen Anzeigenschaltungen auslösen. Klickt ein Nutzer nun auf diese Anzeige, bezahlt das Unternehmen dafür einen vorher definierten Betrag. Durch sehr genaue Eingrenzungsmaßnahmen eignet sich SEA für Unternehmen jeder Größenklasse und mit jedem Budget.

- **Search Engine Optimization (SEO):** eine der bekanntesten Maßnahmen stellt wohl die Suchmaschinenoptimierung dar. In den letzten Jahren versuchten zahlreiche Unternehmen durch SEO ihre Suchmaschinenpositionen zu verbessern, mit unterschiedlichem Erfolg. Fakt ist: gut optimierte Websites erhalten auch heute noch 60-80% ihrer Besucher von Google. Wer auf SEO setzt, kommt künftig um Social Media Marketing nicht mehr herum, da die Suchmaschinen bereits heute, und zukünftig noch verstärkt, soziale Signale in die Berechnung der Suchergebnisse mit einbeziehen.

In diesen Mix aus „konventionellen" Online-Marketing-Maßnahmen kann sich Social Media Marketing nun als gleichberechtigte Maßnahme einfügen. In diesem Fall lässt sich das Bloggen, Networken, Twittern und Sharen als Marketingmaßnahme ähnlich wie bisher der Linkaufbau, die Kampagnengestaltung oder die Adressgenerierung behandeln.

Bei vielen Unternehmen wird Social Media Marketing künftig auch die eine oder andere Maßnahme ablösen oder zumindest teilweise aus dem Mix verdrängen. Bei begrenzten Budgets und beschränkten Kapazitäten setzen sich diejenigen Maßnahmen durch, die den höchsten Beitrag zum Unternehmenserfolg liefern. Social Media Marketing hat hier großes Potenzial, sich fest im Marketing-Mix der Unternehmen zu verankern.

Häufiger noch dürften Unternehmen Social Media Marketing jedoch „nur" als Ergänzung zu den weiteren Maßnahmen betreiben. Manche Unternehmen stellen vielleicht auch fest, dass Social Media für sie wenig oder keine Relevanz haben. Dies mag insbesondere für Unternehmen gelten, die gar nicht öffentlich in Erscheinung treten, etwa Zulieferer aus sehr engen B2B-Nischenmärkten, deren Kundenkreis eng umrissen und deren Sichtbarkeit wunschgemäß äußerst gering bleiben soll. Für andere wiederum wird das Thema überlebenswichtig, weil sich die Zielgruppen verstärkt in den Social Networks austauschen oder sich über die Kanäle Multiplikatoren ansprechen lassen, die sonst nur schwer zu erreichen sind. In jedem Fall ist eine genaue Beobachtung der Entwicklungen von entscheidender Bedeutung. Der Rat lautet daher: Dranbleiben und Ausprobieren. Selbst wenn ein Unternehmen erst einmal etwas „steif" ins Social Web startet, entwickelt sich der Spaß an der Sache mit dem Tun und den ersten Erfolgen bzw. Reaktionen der Zielgruppen. So etabliert sich nach und nach ganz von selbst eine originäre soziale Denkweise, die von keinem Marketingberater der Welt verordnet werden kann.

2.2 Ziele des Social Media Marketing

Social Media ermöglicht die Erreichung unterschiedlichster Ziele, ist jedoch kein Allheilmittel und auch keine „eierlegende Wollmilchsau". Natürlich soll Social Media Marketing den unternehmerischen

Erfolg ausbauen. Das heißt: Am Ende des Tages müssen die Aktivitäten Gewinn erwirtschaften. Das bedeutet jedoch nicht, dass Social Media einfach einen weiteren Absatzkanal darstellen, über den sich Produkte und Dienstleistungen verkaufen lassen. Das mag in manchen Fällen funktionieren, es gibt durchaus Erfolgsbeispiele hierzu. Auch wird dieses Ziel in Zukunft durch das Stichwort „Social Shopping" mit Sicherheit noch an Relevanz gewinnen. Primär stehen jedoch andere Ziele im Vordergrund als der reine Abverkauf. In der Mehrheit der Fälle wirken sich aggressive Vertriebsversuche in den sozialen Netzwerken negativ aus und führen zu Enttäuschung bei den Unternehmen.

Verkauf steht im Social Media Marketing nicht im Mittelpunkt

Richtig eingesetzt kann SMM das Unternehmen nachhaltig nach vorne bringen und den Abverkauf in allen Kanälen steigern. Hierfür sind jedoch andere Ziele ausschlaggebend als die Absatzsteigerung.

Eine Studie des Deutschen Instituts für Marketing aus dem Jahr 2011 zeigt, dass Marketingleiter diese Zusammenhänge erkannt haben und am häufigsten auf Ziele wie Bekanntheitssteigerung, Imagebeeinflussung oder Kundenbindung setzen.

Mit Social Media Marketing lassen sich unter anderem die folgenden Ziele verwirklichen (einige der Ziele werden in entsprechenden Kapiteln dieses Buches vertieft).

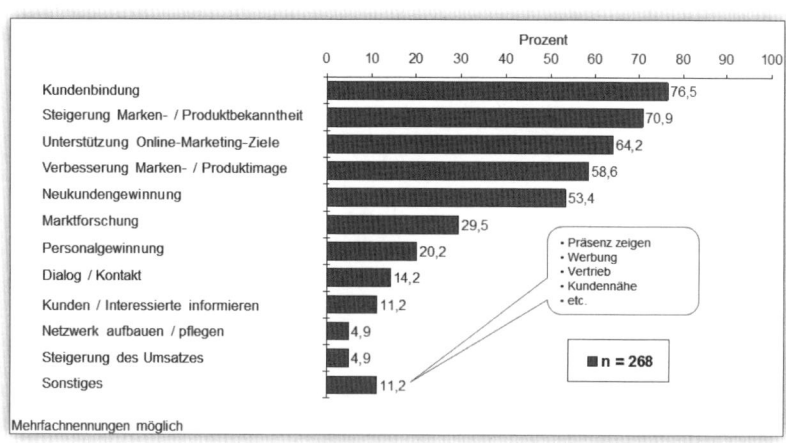

Abb. 7: Ziele im Social Media Marketing, Ergebnis einer Befragung des Deutschen Instituts für Marketing

2.2.1 Kundenbindung

Social Media Marketing bietet hervorragende Möglichkeiten für die Kundenbindung. Durch die direkte Ansprache der Kunden über Netzwerke wie Facebook oder Twitter entsteht im besten Falle ein lebhafter Austausch mit den Kunden. Diese fühlen sich wertgeschätzt und ernst genommen, sofern die Kommunikation authentisch und offen betrieben wird. Die Abonnement-Funktionen z. B. eines Blogs, Twitterfeeds oder eines Podcasts ermöglichen die regelmäßige, automatisierte Ansprache der Kunden.

Über verschiedene Kanäle lassen sich spezielle Angebote für Bestandskunden transportieren, was die Bindung der Kunden an das Unternehmen erhöht. Dies kann z. B. durch einen geschlossenen Twitter-Account, der nur für Bestandskunden zugänglich ist, realisiert werden.

Bestandskunden erfordern auch eine andere Ansprache als Neukunden. Sie müssen nicht mehr grundsätzlich vom Unternehmen oder den Angeboten überzeugt werden, diese Hürde ist bereits überschritten. Stattdessen verlangen sie nach dauerhafter Begleitung und einer überzeugenden Argumentation, die Beziehungen zum Unternehmen auszubauen und zu vertiefen. Diese Dauerhaftigkeit der Kommunikation ist mit Social Media Kanälen einfacher zu realisieren als mit allen anderen Marketing-Maßnahmen.

Der Grund, warum sich Interaktion in Social Media Kanälen besonders positiv auf die Kundenbindung auswirkt, könnte im Hormonsystem des Menschen liegen. Eine Studie des US-amerikanischen Neuroökonomen Paul Zak fand heraus, dass bei Kommunikation über soziale Netzwerke Oxytocin im menschlichen Gehirn ausgeschüttet wird, ein Hormon, das unter anderem die Mutter-Kind-Bindung verstärkt. Der Forscher geht davon aus, dass Unternehmen, die sich diesen Effekt zu Nutze machen können, die Kundenbindung erheblich verbessern können (http://www.internetworld.de/Nachrichten/Medien/Zahlen-Studien/Soziale-Netzwerken-machen-glueck-lich-Kundenbindung-dank-Social-Media-29003.html).

2.2.2 Imagebildung und Markenkommunikation

Ein weiteres wichtiges Ziel im Social Media Marketing besteht in der Veränderung, Optimierung und Verstärkung des Images. Allein schon durch die bloße Teilnahme an sozialen Netzwerken transportieren Unternehmen die Botschaft „Wir sind modern, kundennah und offen für Neues". Dieser „Wir sind dabei"-Effekt trägt bereits zu einem anderen Image bei. Natürlich reicht bloßes Dabeisein nicht aus, es kommt erheblich auf die Art der Kommunikation an. Und hier liegt oft eine große Hürde.

Für erfolgreiche Kommunikation im Web 2.0 müssen Unternehmen anders kommunizieren lernen. Der Austausch auf Augenhöhe mit den Kunden und sonstigen Zielgruppen steht dabei an vorderster Stelle. Ein Unternehmen, das Social Media Kanäle lediglich als PR- oder gar Werbekanal missbraucht, kann dem eigenen Image sogar schaden.

Für eine positive Imagewirkung ist es entscheidend, dass die Nutzer die Menschen hinter den Marken erkennen. Eine reine Kommunikation von Konzern zu Nutzer (von oben nach unten) funktioniert im Social Web nicht. Die Teilnehmer der Netzwerke erwarten eine persönliche Ansprache und ein direktes Eingehen auf Probleme, Wünsche und Anregungen. Nur dann entwickelt sich das Image des Unternehmens positiv.

Social Media Marketing wirkt sich positiv auf Marken aus

Bezüglich der Markenkommunikation wirkt sich Social Media Marketing auf den gesamten „Markendreiklang" aus Markenbekanntheit, Markensympathie und Markenverwendung aus. Die Markenbekanntheit profitiert vor allem vom viralen Effekt, der in Social Networks häufig eintritt. Eine besonders gut gemachte Kampagne, ein lustiges Video oder ein interessanter Blogbeitrag macht schnell „die Runde" und wird an Freunde und Kollegen weitergereicht. So kommen auch Menschen mit der Marke in Kontakt, die bisher keinen Zugang zu ihr hatten. Die Social Media Kanäle mit ihren Funktionen, wie zum Beispiel die „Teilen"- oder „Gefällt mir"-Buttons bei Facebook oder der „Retweet"-Button bei Twitter erleichtern die Verbreitung der Inhalte enorm. Aber auch ganz allgemein wird es durch Social Media einfacher, beim Kunden präsent zu sein: sei es durch Treffer in den Suchergebnislisten bei Google (wo immer häufiger auch Einträge aus Sozialen Netzen oder Blogs zu finden sind), in Facebook Places als lokaler Eintrag, in Twitter-Listen von Freunden und Bekannten oder unter den empfohlenen Videos bei YouTube – die Ansprache über verschiedene Kanäle erhöht die Markenbekanntheit deutlich.

Intelligent gestaltete Kommunikation im Web 2.0 steigert auch die Markensympathie messbar. Hierzu sind aufwändige Kampagnen gar nicht unbedingt notwendig. Häufig reicht schon eine schnelle und ehrliche Reaktion auf eine Reklamation aus, um die Einstellung des Kunden zur Marke und zum Unternehmen positiv zu beeinflussen. Studien zeigen deutlich, dass sich verstärkte Aktivität einer Marke in Social Networks in höheren Sympathiewerten niederschlägt. Hingegen riskieren Marken mit neutraler Gesamtreputation einen Imageverlust, wenn sie sich nicht in den sozialen Netzen engagieren.

Daraus resultiert schließlich die erhöhte Markenverwendung. Empfänger der Botschaft werden die Marke im günstigsten Fall an ihre eigene „Community" weiterreichen und empfehlen. Sie nehmen die Markenkommunikation selbst in die Hand. So wird letztendlich das eigentliche Ziel der Markenkommunikation erreicht – der Kauf der Marke. Auch hier bieten Social Media Kanäle viele Möglichkeiten. Der Social Commerce steckt momentan noch in den Kinderschuhen. Auf vielen Netzwerken ist zu beobachten, dass immer mehr Applikationen und Möglichkeiten zum direkten Abverkauf integriert werden. Dieses Thema wird sich in den nächsten Jahren noch deutlich weiterentwickeln.

2.2.3 Suchmaschinenoptimierung

In letzter Zeit nehmen Suchmaschinen wie Google und Bing verstärkt Ergebnisse aus Social Networks in die Suchtreffer auf. Wie der bekannte deutsche Suchmaschinenoptimierer Hanns Kronenberg in seinem Blog zeigte, stieg allein die Sichtbarkeit von Facebook in den Suchergebnissen von Google Deutschland zwischen Anfang 2010 und Anfang 2011 um das Dreifache an (http://www.seo-strategie. de/blog/facebook-seo/2458.html). Weltweit zeigen ca. 25% der Suchergebnisse bei Suchen nach den 20 weltweit größten Marken auf User Generated Content (http://www.socialnomics.net/2010/05/05/social-media-revolution-2-refresh/).

Auch in Deutschland finden sich bereits viele Social-Media Ergebnisse unter den Google-Suchtreffern. Beispielhaft sei hier die Suchanfrage „Studium Elektronik" herangezogen. Unter den ersten zehn Suchtreffern sind neben dem obligatorischen Wikipedia-Eintrag auch drei Nutzerforen enthalten, was einen User-Generated-Content-Anteil von 40% ausmacht.

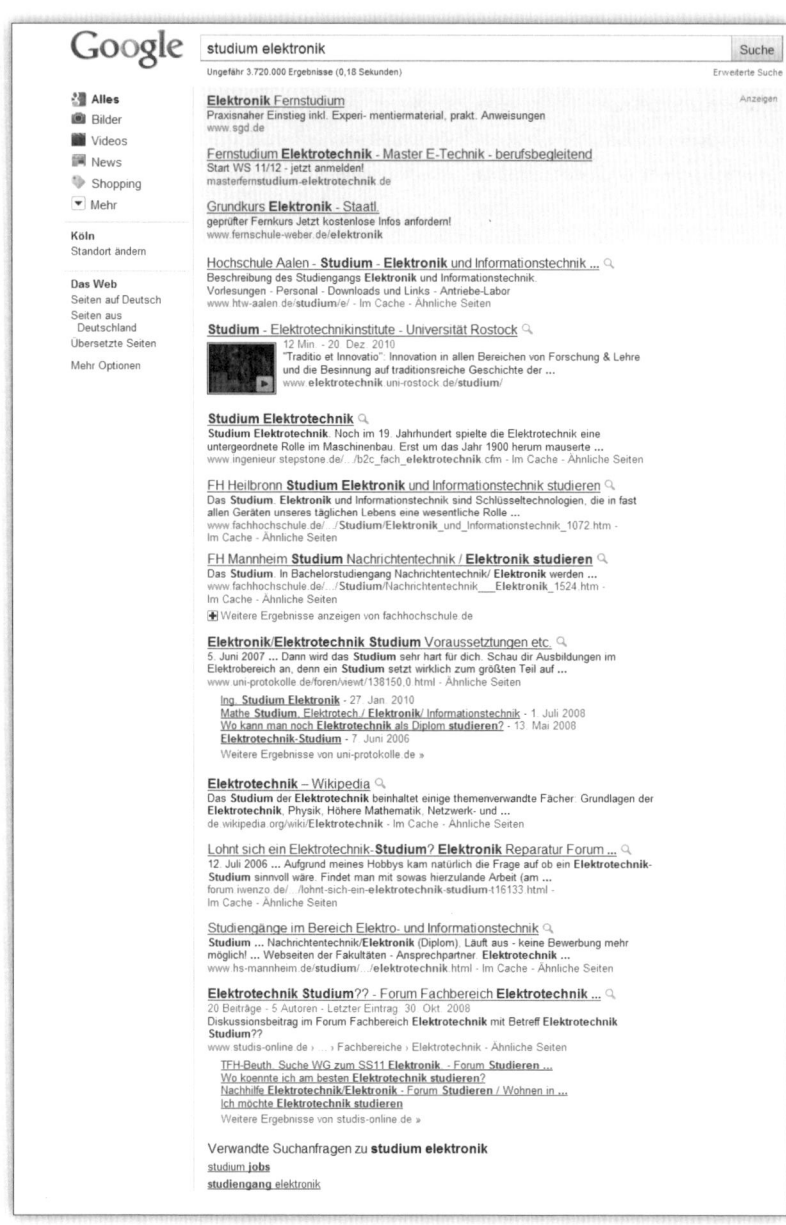

Abb. 8: Google-Ergebnisse für die Suchabfrage „Studium Elektronik"

Verknüpft man sein Google-Konto mit anderen Social Media Accounts (insbesondere Twitter und Facebook), zeigt Google andere Ergebnis-Listen an. Seiten, die man selbst bisher geliked oder geshared hat, ranken dabei höher, als es eigentlich der Fall wäre. Aber auch Empfehlungen der Kontakte aus den verbundenen Social Networks gehen in das Ranking mit ein – empfehlen mehrere Freunde eine bestimmte Seite, taucht diese nun höher im Ranking auf. Ein einheitliches Ranking für alle Google-Nutzer gibt es daher nur noch selten. Dieser Trend zu immer stärker personalisierten Ergebnissen dürfte auch zukünftig noch zunehmen, was sich kürzlich auch durch die Einführung des +1-Buttons sowie des Netzwerks Google+ gezeigt hat.

Social Media Marketing wirkt sich auf die Suchmaschinen-Ergebnisse aus

Durch die gezielte Nutzung von Social Media Kanälen können Unternehmen nun versuchen, die Präsenz in den Suchergebnissen zu stärken. So könnte eine Suchabfrage nach dem Unternehmensnamen nicht mehr nur die Unternehmenswebsite zu Tage fördern, sondern auch Einträge in Foren, die Facebook-Seite, den Twitter-Account und einige Videos bei YouTube, alles vereint auf der ersten Google-Suchergebnisseite. Noch spannender wird dieser Effekt natürlich bei der Suche nach generischen Begriffen (also allgemeinen Begriffen, die nicht den Unternehmensnamen enthalten), die dem Unternehmen Umsatz und Kunden bescheren.

Ein eher indirekter Effekt der Social Media Aktivitäten liegt in der Optimierung der eigentlichen Website für Suchmaschinen durch Social Media. Google und Bing haben bereits vor einiger Zeit bekannt gegeben, dass Erwähnungen in den großen Social Networks (insbesondere Facebook Likes und Twitter-Tweets) das Ranking einer Website in den Suchergebnissen beeinflusst. Eine Seite, die häufig in den sozialen Netzwerken erwähnt wird, kann daher einen Rankingbonus bei Google und Co. erhalten.

Aber auch ganz „alltägliche" Suchmaschinenoptimierung, nämlich der Aufbau relevanter Backlinks zur Unternehmensseite, lässt sich durch Social Media Dienste realisieren. Durch die virale Verbreitung interessanter Inhalte lassen sich oft schnell zahlreiche hochwertige Links aufbauen, die das Ranking in den Suchmaschinen nachhaltig stärken. Ein hervorragendes Beispiel dafür ist der Online-Schuhhändler Zalando, der mit seiner „Schuhflatrate" im Sommer 2010 eine solche virale Kampagne mit dem Ziel des Backlinkaufbaus („Linkbait") durchführte.

Zu Beginn der Kampagne wurden leere Schuhkartons an zahlreiche einflussreiche Blogger geschickt. Solch eine ungewöhnliche Aktion wird schnell auf den Blogs, bei Twitter und Facebook diskutiert – so auch hier.

Kurz darauf löste Zalando die Aktion im unternehmenseigenen Modeblog (http://modenews.zalando.de) auf: es handelt sich um eine Marketing-Aktion, die auf diese Weise gestartet wurde. Den eigentlichen Kern der Aktion stellte die Verlosung der „Schuh-Flatrate" dar. Zalando stellte dem Gewinner ein Jahr lang kostenlose Schuhbestellungen im Gesamtwert von 3.000 Euro in Aussicht. Wer teilnehmen wollte, musste einfach in seinem eigenen Blog einen Artikel über sein Lieblingspaar Schuhe schreiben und einen Link auf die jeweilige Produktbeschreibung der Zalando-Seite setzen. Der Einsatz der Bilder von der Zalando-Website war dafür ausdrücklich gestattet. Jede verlinkende Seite nahm an der Verlosung teil.

Die genaue Zahl an Backlinks, die so zustande kamen, ist öffentlich nicht bekannt, wird aber mehrere tausend betragen. Noch heute ergibt eine eingegrenzte Google-Suche nach „Zalando Schuh Flatrate" über 4.000 Treffer – die meisten Seiten setzten auch einen Link auf Zalando, manchmal sogar mehrere. Über die eigentliche Linkbuilding-Aktion hinaus stehen so einige Tausend wohlwollender Blogbeiträge im Netz, die sicherlich auch noch den einen oder anderen Neukunden generieren werden.

Die Aktion zeigt, wie eine zielgruppenspezifische Social Media Aktion die Suchmaschinenoptimierung eines Unternehmens enorm vorantreiben kann. Nicht zuletzt aufgrund derartiger Aktionen steht Zalando sowohl für „Schuh" als auch für „Schuhe" in den Top-2-Ergebnissen bei Google.

2.2.4 Verkauf

Für viele Unternehmen, die sich in Social Networks engagieren, steht ganz klar der Absatz im Vordergrund. Verständlich, denn Social Media Marketing kostet Geld und Zeit und muss sich amortisieren. Wie bereits angesprochen funktioniert der direkte Verkauf über Social Media jedoch in vielen Fällen nicht. Nutzer bewegen sich in der Regel privat in den Netzwerken. Für sie stehen der Austausch mit Freunden und Bekannten sowie Werte wie Zeitvertreib und Unterhaltung im Vordergrund. Die wenigsten Nutzer loggen sich mit einem klaren Kaufbedürfnis in ein Social Network ein.

Trotzdem gehört dem Social Commerce die Zukunft. Je mehr Zeit wir Tag für Tag in den Netzwerken verbringen und je selbstverständlicher der Umgang damit wird, desto eher werden wir uns auch an Kauf- und Verkaufsaktivitäten gewöhnen. Hier ist eine ähnliche Entwicklung wie mit dem Internet generell zu erwarten. In der Anfangszeit wurden E-Mails verschickt, in Nutzergruppen gechattet oder Informationen eingeholt. Der E-Commerce konnte sich erst in den letzten Jahren nach einer längeren Eingewöhnungsphase der Nutzer richtig etablieren. Ähnlich wird es sich auch mit dem Web 2.0 verhalten.

Verkauf über Social Media ist ein Zukunftsthema

Bereits heute zeigen sich solche Tendenzen. Gerade Facebook bietet immer mehr Möglichkeiten des Social Commerce, die auch schon einige Unternehmen nutzen. Große Einzelhändler wie die Internetstores AG, zu denen auch der Online-Fahrradshop Fahrrad.de gehört, setzen auf Facebook als Absatzkanal und gewähren den Facebook-Fans sogar Rabatt in ihrem Facebook-Shop.

Abb. 9: Facebook-Auftritt des Fahrrad-Händlers fahrrad.de

Klickt der Nutzer auf den „Gefällt mir"-Button, erhält er Zugang zum Facebook-Shop und kann dort mit 10% Rabatt einkaufen.

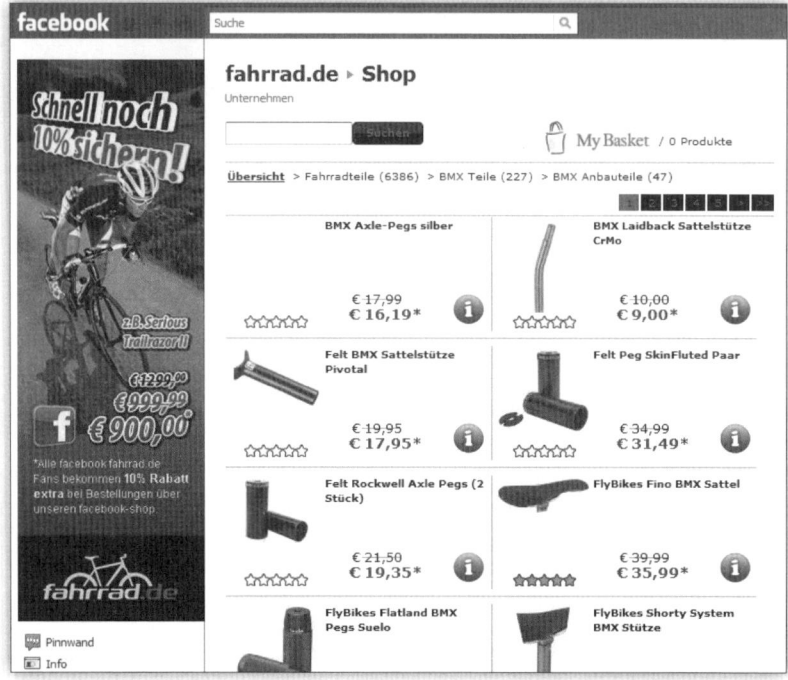

Abb. 10: Facebook-Shop von fahrrad.de, nur sichtbar für Fans

Ein anderes bekanntes Beispiel für Verkauf im Social Web stellt der Computerhersteller Dell dar. Bereits zwischen 2008 und 2009 konnte Dell mehr als 6,5 Millionen US-Dollar über Twitter umsetzen. Dell verfügt über mehrere Twitter-Accounts, über die zum Beispiel Restposten oder Retouren exklusiv angeboten werden. Angesichts eines Jahresumsatzes von 61,1 Mrd. US-Dollar klingen die angesprochenen 6,5 Millionen erst einmal wenig. Auch für Dell steht jedoch der enge Kontakt zum Kunden und der direkte Austausch mit den Zielgruppen im Vordergrund – die dabei anfallenden Millionen sind eher ein angenehmer Nebeneffekt und zeigen, dass Verkauf im Social Web grundsätzlich funktionieren kann.

2.2.5 Personalmarketing

Gerade die jüngeren Zielgruppen lassen sich optimal in den sozialen Medien erreichen – es wird sogar immer schwieriger, sie auf anderen Wegen überhaupt anzusprechen. Da liegt es nahe, in den Netzwerken auch auf Azubi- und Bewerbersuche zu gehen. Und tatsächlich nutzen immer mehr Unternehmen Social Media für das Personalmarketing. Unter den Unternehmen mit mehr als 500 Mitarbeitern veröffentlichten 2010 rund 58% Stellenanzeigen in Social Networks, wie das Fachmagazin iBusiness Executive Summary in der Ausgabe 4/2011 berichtet. Kleine und mittelständische Unternehmen nutzen immerhin zu 29% diese Möglichkeit.

Deutlich wird dies beispielsweise an Karriereseiten bei Facebook. Der Chemie- und Pharmakonzern Bayer sucht über eine solche Seite nach passenden Bewerbern (siehe Kapitel „Die Recruiting-Strategie"). Unter den mehr als 4.000 Fans der Seite dürfte sich mit Sicherheit der eine oder andere passende Kandidat befinden.

Abb. 11: Karriere-Seite von Bayer bei Facebook

Die Pflege einer solchen Seite stellt natürlich hohe Anforderungen an die Unternehmen. Bei Bayer kümmern sich bis zu sechs Personen um die Karriere-Page. Für den Konzern lohnt sich der Aufwand aller-dings, wie Bayer in einem Artikel auf Karriere.de betonte. Man kom-me frühzeitig mit erstklassigen Talenten in Kontakt und bleibe auch in Kontakt, bis der Zeitpunkt für die Jobwahl oder einen Jobwechsel gekommen sei. (Quelle: Artikel „Wie Facebook das Recruiting verän-dert" – Karriere.de)

2.2.6 Produktentwicklung

Einer der großen, noch weitgehend ungenutzten Vorteile des Social Media Trends besteht im Zugang zu kreativen Potenzialen und Ideen tausender oder sogar Millionen von Menschen. Die „Wisdom of the crowds" (Weisheit der Massen) stellt einen der größten Faktoren im Marketing der heutigen Zeit dar.

Lange Zeit fand die Produktentwicklung in Unternehmen oft mehr oder weniger abgeschottet von der Außenwelt statt. Durch Marktforschung wurde versucht, den Geschmack des Marktes zu erfassen und zu bedienen. Trotzdem wurden Produkte nicht selten am Markt vorbei produziert, weil umfangreiche Marktbefragungen in der Produktentwicklungsphase teuer und aufwändig und damit in den Chefetagen schwer durchzusetzen waren.

Social Media bietet direkten Zugang zu den Kunden Durch Social Media Kanäle besteht nun ein direkter Zugang zu den potenziellen Kunden. Ohne großen Aufwand können Nutzer bisheriger Produkte befragt werden. Aber nicht nur das: manche Unternehmen beziehen die Nutzer bereits vollständig in die Produktentwicklung mit ein! Und das nur zu Recht. Niemand weiß mehr über die Vor- und Nachteile eines Produktes in der täglichen Anwendung als der Verbraucher. Social Media bieten die Möglichkeit, die Erfahrungen, Wünsche und Kritikpunkte der Kunden in die Produktentwicklung mit einfließen zu lassen. Dies kann auf verschiedenen Ebenen geschehen:

*   **Verpackungsdesign:** Die Verpackung stellt einen wesentlichen Erfolgsfaktor eines Produkts dar. Hier werden kaufrelevante Botschaften transportiert und Nutzen und Vorteile des Produkts vorgestellt. Die Verpackung erfüllt aber auch einen praktischen Zweck: sie schützt das Produkt, dient als Aufbewahrung und lässt sich vielleicht sogar wieder verwenden. Die Marketing-Abteilung kann es noch so gut mit dem Verpackungsdesign meinen, wenn sich in der praktischen Anwendung herausstellt, dass der Griff nicht hält oder die Packung sich zu schwer öffnen lässt, hat die Verpackung ihren Zweck nicht erfüllt. Über Social Media können Unternehmen die Erfahrungen und Verbesserungsvorschläge der Nutzer einholen und in die Gestaltung mit einfließen lassen.

*   **Serviceleistungen:** gleiches gilt für die das Produkt begleitenden Services. Sei es ein Hol- oder Bringservice, Versicherungen, Beratungshotlines etc. Was der Nutzer wirklich haben will, erfährt

man am besten direkt von ihm. Und natürlich ebenfalls, was er eigentlich gar nicht braucht.

- **Produktgestaltung:** die Königsklasse der Nutzerinvolvierung liegt zweifelsohne in der Einbeziehung bei der Produktgestaltung selbst. Das erfordert natürlich ein gewisses Maß an Mut und Transparenz, wird aber auch oft mit sehr hoher Akzeptanz am Markt belohnt.

Ein bekanntes Beispiel für letztere Variante stellt Tchibo dar. Das Unternehmen gibt auf seiner Community-Plattform www.tchibo-ideas.de Kunden die Möglichkeit, Alltagsprobleme aller Art zu posten. Andere Nutzer können dann Lösungsvorschläge dazu unterbreiten. Durch das gemeinsame Arbeiten an einem Problem entstehen Ideen und Lösungen, die alleine nur schwer zu erreichen wären. Jeden Monat belohnt Tchibo die besten Aufgaben und Lösungen mit Sachpreisen oder gar der Möglichkeit, das Endprodukt in das Produktportfolio aufzunehmen, selbstverständlich unter finanzieller Beteiligung des Erfinders.

Die Bandbreite der realisierten Lösungen reicht dabei vom praktischen Kabelaufroller und der Trinkflasche mit Geheimfach über die neuartige Mehrfachsteckdose bis hin zum unkaputtbaren Blumentopf aus Silikon.

Nutzer reichen gerne eigene Ideen ein

Abb. 12: Ideen-Plattform tchibo-ideas.de

2.2.7 Verbesserung des Supports bzw. Verringerung von Supportkosten

Nicht nur die Steigerung von Um- und Absatz, sondern auch die Kostenreduktion stellt ein realisierbares Ziel im Social Media Marketing dar.

Durch Dienste wie beispielsweise Twitter lassen sich Support-Hotlines kostengünstig unterstützen und teilweise sogar ersetzen. Gerade einfache Anfragen wie

- Öffnungszeiten

- Situation an den Kassen bei Veranstaltungen

- Parkplatzsituation

- Anfahrt

- Störungen

- Fragen zum Warenbestand bei Sonderangeboten

- etc.

lassen sich damit schnell und unkompliziert beantworten. Die meisten Anfragen sind ohnehin wiederkehrender Natur und können auch von externen Kräften beantwortet werden. Für individuelle oder tiefergehende Fragen sollte sich das Unternehmen jedoch in jedem Fall die Zeit nehmen, die Anfrage mit eigenem Personal zu beantworten. Standardantworten auf individuelle Fragen verärgern die Nutzer schnell und führen zu negativer Reputation im Web 2.0.

Konzerne nutzen Social Media zur Verbesserung des Service

Die Deutsche Telekom macht vor, wie Kundensupport im Social Web aussehen kann. Unter dem Twitter-Account @telekom_hilft beantwortet der Konzern Fragen zu Störungen, geht auf individuelle Probleme ein und antwortet auf Kritik. Der Lohn dafür sind über 12.000 Follower und die Aufnahme in über 400 Listen (Stand: April 2011).

Abb. 13: Twitter-Serviceaccount der Deutschen Telekom *(twitter.com/telekom_hilft)*

Durch das schnelle und persönliche Eingehen auf Anfragen hilft der Twitter-Account der Telekom dabei, das Image der Marke zu verbessern, wie zahlreiche Tweets zufriedener Follower zeigen.

> **@otextopr**
> otexto PR
>
> @telekom_hilft DANKE #so fuer die nun doch schnelle Hilfe :-) und finale Problemlösung. Sie haben mein Telekombild wieder etwas revidiert.

Abb. 14: Beispiel-Antwort eines Twitter-Nutzers

Doch die Telekom nutzt nicht nur Twitter für den Support. Unter der Adresse www.telekom-hilft.de sammelt das Unternehmen alle Supportangebote, zu denen neben dem Twitter-Feed auch ein Blogsystem, der Facebook-Auftritt www.facebook.com/telekomhilft mit über 20.000 Fans und verschiedene RSS-Feeds gehören, unter denen Kunden aktuelle Servicemitteilungen abonnieren können.

Noch besser funktioniert die Senkung der Supportkosten und die Erhöhung der Schnelligkeit, wenn die Nutzer die anfallenden Anfragen selbst beantworten. Gerade etablierte Social Media Dienste wie Nutzerforen oder auch Blogs eignen sich hierfür. Wenn es dem Unternehmen gelingt, eine lebendige und aktive Community aufzubauen, können sich Ratsuchende direkt an diese wenden.

Vorreiter ist hier wieder einmal Dell. In den verschiedenen Nutzerforen unter der Domain http://community.dell.com helfen sich Anwender gegenseitig weiter und nehmen so der eigentlichen Supportabteilung viel Arbeit ab.

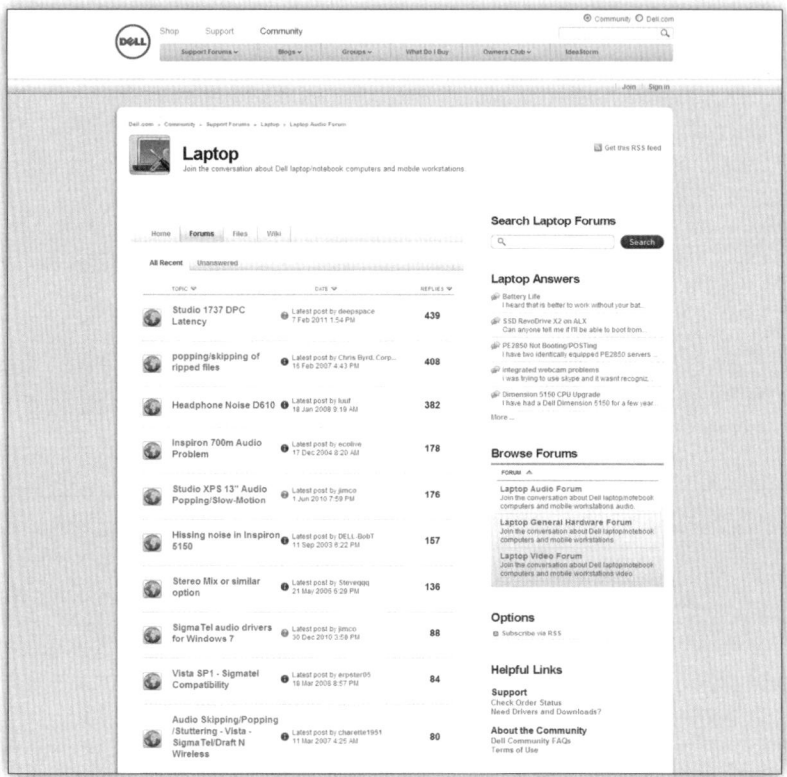

Abb. 15: Eigene Community bei Dell

Einige Forennutzer haben bereits weit mehr als 20.000 Beiträge verfasst. Solche heavy user sind für jedes Unternehmen ein Gewinn, da sie als echte „Fans" angesehen werden können und meist auch sonst freiwillig als Multiplikator für das Unternehmen agieren.

Blogs eignen sich für besseren Service Auch Blogs lassen sich zur Verbesserung des Supports nutzen. Statt aufkommende Fragen immer wieder neu zu beantworten, kann im Blog ein FAQ-System („Frequently Asked Questions", zu deutsch „Häufige Fragen") aufgebaut werden. Nutzer könnten zum Beispiel direkt Fragen stellen, die dann öffentlich sichtbar vom Unternehmen beantwortet und archiviert werden. Durch Zusammenfassen ähnlicher Fragen und Gewichtung nach Relevanz lässt sich so relativ schnell eine Frage-und-Antwort-Datenbank einrichten, die das Potenzial hat, Supportanfragen zu verringern und den Nutzern weiterzuhelfen, ohne dafür eine für beide Seiten teure Supporthotline einschalten zu müssen.

Einige der in dieser Übersicht vorgestellten Ziele werden in späteren Kapiteln tiefer behandelt und mit weiteren Beispielen ergänzt.

2.3 Strategisches Vorgehen im Social Media Marketing

Ein sinnvolles Vorgehen im Social Media Marketing gliedert sich in drei Schritte, die aufeinander aufbauen. Das Überspringen eines Schrittes kann sich nachhaltig negativ auf das weitere Engagement auswirken. Es empfiehlt sich daher, zu Anfang etwas Geduld zu bewahren und die drei Schritte einzuhalten.

Abb. 16: 3-stufiges Vorgehen im Social Media Marketing

2.3.1 Schritt 1: Zuhören

Gerade wenn noch keine Erfahrungen in den Social Media, sei es privat oder beruflich, vorliegen, kommt Schritt 1 eine besondere Bedeutung zu. Social Media Marketing verfügt über eigene Dynamiken und Funktionsweisen. Techniken, die im herkömmlichen Marketing gut funktionieren und völlig etabliert sind, können in den sozialen Netzwerken schnell den Todesstoß bedeuten. Diese Wirkungsweisen zu verstehen und zu verinnerlichen, steht im ersten Schritt im Vordergrund. Dazu kommt, dass die verschiedenen Netzwerke oft eine ganz eigene Sprache aufweisen, die es erst einmal zu verstehen gilt. So könnte eine Twitter-Mitteilung beispielsweise so aussehen:

RT @DIMMarketing Thanx 4 #FF und weiterhin viel Erfolg bei der #Studie http://bit.ly/dLU4zO.

Die Twitter-Sprache muss
erst erlernt werden

Das sieht für den Laien erst einmal sehr kryptisch aus, da Zeichen wie das @-Symbol oder die Raute bei Twitter eine ganz eigene Bedeutung aufweisen.

In Schritt 1 sollte auch eine Analyse der Diskussionen rund um die eigene Marke, das eigene Unternehmen oder die eigenen Themen erfolgen. Hier bieten sich verschiedene Tools und Tricks an.

Analyse von Forendiskussionen

Erwähnungen eines Begriffes in Diskussionsforen lassen sich durch einen relativ unbekannten Google-Suchbefehl schnell und einfach aufdecken. Hierzu gibt man in den Google-Suchschlitz einfach den Befehl:

inurl:forum „Suchbegriff 1 Suchbegriff 2"

ein.

Durch die Abfrage „inurl:forum" sucht Google nur in Websites, die in der Adresszeile das Wort „forum" enthalten. Erfahrungsgemäß handelt es sich dabei zu 80-90% um Nutzer- und Diskussionsforen und zu 10-20% um Veranstaltungen oder Publikationen, die das Wort „Forum" im Titel tragen (z. B. Automobilforum 2011 etc.).

Bei Suchbegriffen aus
mehreren Worten helfen
Anführungszeichen

Soll nach mehr als einem Suchbegriff zusammenhängend gesucht werden, empfiehlt es sich, beide Suchbegriffe in gemeinsame Anführungszeichen zu setzen. Ansonsten hat Google relativ freie Hand bei der Suche und findet auch Seiten, auf denen beide Begriffe ohne Zusammenhang irgendwo auf der Seite auftauchen.

Eine beispielhafte Abfrage nach „Optiker in Köln" brachte 61 Treffer in Nutzerforen zu Tage. Google blendet jeweils auch das Datum des Fundes ein, so dass die Aktualität der Beiträge auf einen Blick bewertet werden können.

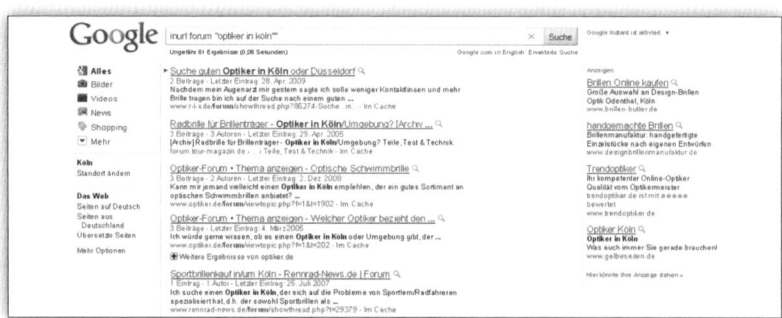

▶

Abb. 17: Google-Suche in Foren nach dem Stichwort „Optiker Köln"

Alternativ kann statt „forum" auch „board" verwendet werden. Eng-
lischsprachige Seiten und Forensoftwares verwenden eher das Wort
„board" zur Kennzeichnung eines Nutzerforums (bedingt durch den
englischsprachigen Begriff „bulletin board"). Bei internationalen Abfragen kommt man so eher zum Erfolg.

Analyse von Blogbeiträgen

Ein ähnliches Vorgehen bietet sich auch zur Analyse von Blogbeiträgen an. Auch hier liefert der „inurl"-Befehl gute Ergebnisse (inurl:
blog).

Abb. 18: Google-Suche in Blogs

Für Blogs gibt es bei Google auch eine zweite Funktion, die Google Blogsearch. Zu erreichen ist diese Funktion über den „Mehr"-Button oder direkt über http://blogsearch.google.com/.

Allerdings zeigt diese Funktion in der Praxis deutliche Schwächen. So werden längst nicht nur Blogs, sondern auch Presseportale und teilweise auch Nutzerforen erfasst. Die Suche gestaltet sich dadurch erheblich mühsamer als mit dem beschriebenen Suchbefehl inurl: blog. Da dieser jedoch nur Blogs erfasst, die auch das Wort „Blog" in der Adresse tragen, sollte man sicherheitshalber auf beide Varianten zurückgreifen.

Abb. 19: Google Blogsearch

Analyse der Twitter-Nachrichten

Auch ein Blick in Twitter lohnt sich in der ersten Phase, um relevante Meldungen und Personen zu identifizieren und sich mit der „Twitterspeech" vertraut zu machen. Auch ohne Twitter-Account ist eine Suche über http://search.twitter.com möglich. Die Ergebnisse können z. B. durch die Auswahl einer Sprache, eines Datumsbereichs oder eines geographischen Umfelds, in dem sich der Absender befindet, eingegrenzt werden.

Abb. 20: Twitter-Suche

Analyse von Facebook-Posts

Bei Facebook gestaltet sich die Suche etwas schwieriger, da hier längst nicht alle Bereiche für Suchmaschinen zugänglich sind. Viele Nutzer schützen ihre privaten Einträge vor dem Zugriff durch fremde Personen und lassen ihre Pinnwand nur Freunde oder Freundesfreunde betrachten. Suchmaschinen können also nur den öffentlich sichtbaren Bereich analysieren.

Private Facebook-Einträge lassen sich nicht durchsuchen

Ein gutes Tool, das diese Aufgabe erfüllt, ist http://www.openstatus-search.com. Dieses Werkzeug durchsucht die öffentlich sichtbare Timeline (also alle Pinnwände, die als „sichtbar" eingestellt wurden) nach gewünschten Begriffen.

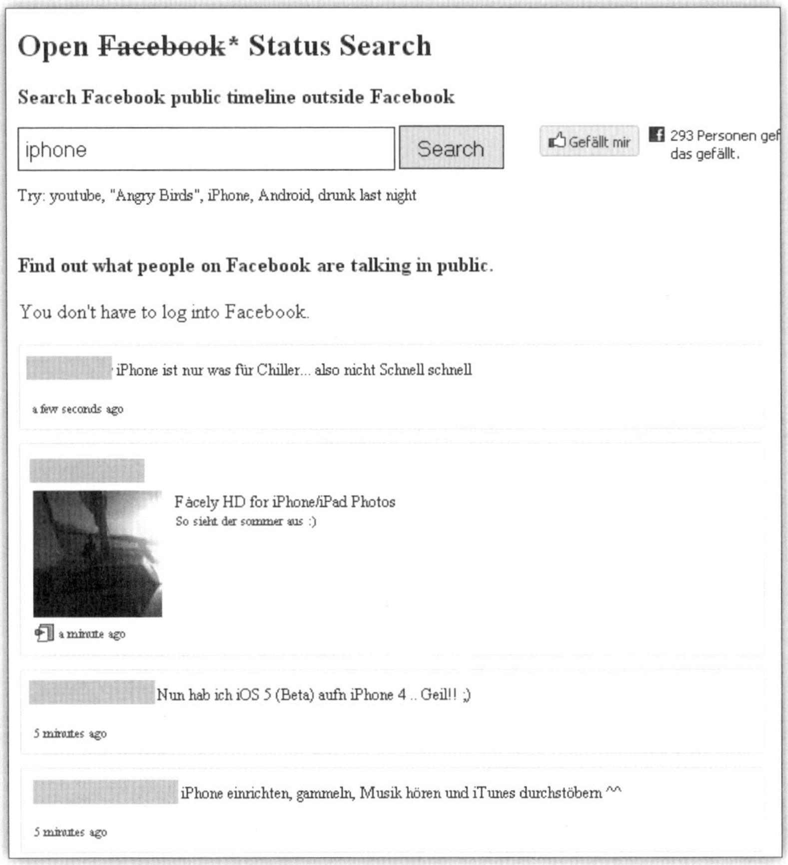

Open ~~Facebook~~* Status Search

Search Facebook public timeline outside Facebook

iphone	Search

👍 Gefällt mir   f 293 Personen gef
das gefällt.

Try: youtube, "Angry Birds", iPhone, Android, drunk last night

Find out what people on Facebook are talking in public.

You don't have to log into Facebook.

iPhone ist nur was für Chiller... also nicht Schnell schnell

a few seconds ago

Facely HD for iPhone/iPad Photos
So sieht der sommer aus :)

a minute ago

Nun hab ich iOS 5 (Beta) aufn iPhone 4 .. Geil!! ;)

5 minutes ago

iPhone einrichten, gammeln, Musik hören und iTunes durchstöbern ^^

5 minutes ago

Abb. 21: Openstatussearch.com durchsucht alle öffentlich zugänglichen Bereiche bei Facebook

Wie bereits angesprochen, erfüllt dieses Tool seinen Zweck, geht jedoch nicht in die nötige Tiefe, da Analysen wie Reichweite, Stimmung oder sozialer Einfluss des Urhebers fehlen.

Weitere Tools, mit denen sich Einsteiger einen Überblick über die Ist-Situation im Social Web machen können, zeigt das Kapitel „Social Media Monitoring" auf.

Identifikation der Meinungsmacher

Bereits in diesem ersten Schritt empfiehlt es sich, relevante Meinungsmacher und Personen mit hohem Einfluss zu identifizieren. Gibt es Accounts oder Personen, die besonders häufig über das eigene Thema sprechen? Haben diese eventuell sogar einen großen Kreis an Freunden, Fans oder Followern?

Identifikation relevanter Meinungsmacher bringt große Reichweite

Vielleicht konnten in diesem Schritt sogar schon Personen identifiziert werden, die eine sehr positive Meinung über das eigene Unternehmen oder die eigenen Produkte nach außen tragen. Diese „Fans" stellen einen wesentlichen Baustein in der späteren Strategie dar und sollten auf jeden Fall in einer Liste festgehalten werden.

Zu diesem Zweck eignet sich insbesondere eine Vorgehensweise, die Fundstellen nach Quellen, Einfluss und Stimmung kategorisiert. Die folgende Vorlage kann dabei hilfreich sein:

Fundstellenverwaltung							
Nr.	Fundstelle	Datum	Name/ Pseudonym	Stimmung	Relevanz	Anmerkung	Reaktion
01	www.twitter.com/...	15.08.2011	DIMMarketing	Positiv	Hoch	Multiplikator	Retweeten
02							
03							

Abb. 22: Verwaltung von Fundstellen in Social Media *(in Anlehnung an: Stuber, Reto (2011): Erfolgreiches Social Media Marketing mit Facebook, Twitter, XING & Co)*

2.3.2 Schritt 2: Antworten

Hat man sich nun mit den Eigenheiten der Instrumente und Kanäle vertraut gemacht und einige potenzielle Anknüpfungspunkte entdeckt, kann man beginnen, selbst in das Geschehen einzusteigen. Auch hierbei empfiehlt es sich, langsam einzusteigen. Statt direkt mit kontroversen oder plakativen Statements Meinung zu machen, sollte sich das Unternehmen darauf beschränken, auf bereits vorhandene Beiträge zu reagieren. Dazu gehört zum Beispiel:

- **Antworten auf bestehende Foreneinträge:** wenn die Einträge nicht zu alt und/oder noch nicht zufriedenstellend beantwortet sind, ist ein Eintrag möglich. Hierbei sollte sich der Ersteller durchaus als Vertreter des entsprechenden Unternehmens zu erkennen geben. Versteckte „Guerilla-Aktionen" kommen häufig ans Tageslicht und bewirken einen langfristigen Image-Schaden. Hilfreiche Postings und ehrliche Konversationen werden dagegen in so gut wie jedem Forum befürwortet, da es sich nicht um reine Werbeeinträge handelt.

- **Antworten auf Tweets:** Wenn bei Twitter einzelne Tweets oder bestehende Diskussionen zum eigenen Thema oder zur eigenen Marke bestehen, kann sich das Unternehmen durch Verwendung des @-Befehls und der passenden Hashtags in das Gespräch einschalten. Viele Twitterati fühlen sich geschmeichelt, wenn sie direkt von einem (größeren) Unternehmen wahrgenommen und angesprochen werden. Für zahlreiche Web 2.0-Nutzer macht die direkte Kommunikation mit ehemals unerreichbaren Personen und Unternehmen schließlich einen der großen Reize der sozialen Netzwerke aus. Auch hierbei gilt: lieber zurückhaltend und defensiv agieren und abwarten, wie die Reaktionen auf die „Einmischung" ausfallen.

- **Beantworten offener Fragen:** wenn in einem sozialen Netzwerk Fragen offen stehen, die bisher nicht beantwortet wurden, kann das Unternehmen hier helfend einspringen. Solche Fragen bieten einen guten Ansatzpunkt, um sich ins Gespräch zu bringen.

- **Eingehen auf Kritik:** etwas heikler gestaltet sich da schon die Reaktion auf berechtigte oder unberechtigte Kritik. Hier ist etwas Fingerspitzengefühl gefragt. Manchmal kann der beste Weg darin bestehen, die Sache auf sich beruhen zu lassen, insbesondere dann, wenn der Kritiker einen sehr begrenzten Einfluss hat oder die Kritik schon seit Jahren unbemerkt online steht. In diesen Fällen könnte eine Reaktion erst eine Kettenreaktion lostreten. In der Regel stellt eine angemessene und schnelle Reaktion auf die Kritik jedoch eher die richtige Vorgehensweise dar. Hierbei ist es wichtig, sich stets gesprächsbereit und kooperativ zu zeigen, auch wenn Nutzer die Kritik vielleicht unangemessen und emotional vortragen. Emotionen schlagen im Web 2.0 schnell hohe Wellen, wenn das angesprochene Unternehmen nicht verständnisvoll reagiert. Gerade kleinere Kritikpunkte, die sich schnell beheben lassen, bieten einen idealen Ansatzpunkt, um erste Erfahrungen mit potenziell heiklen Situationen zu sammeln, positive Eindrücke bei den Zielgruppen zu generieren und die eigene Reputation im Netz zu stärken.

2.3.3 Schritt 3: Mitmachen

Nach einer weiteren kleinen Eingewöhnungsphase in Schritt 2 kann das Unternehmen nun mit „Vollgas" ins Social Web starten. Nun ist es an der Zeit, selbst wirklich aktiv zu werden. Zu den möglichen Aktionen gehören:

Nach dem Lernprozess langsam einsteigen

- **Erstellen eigener Beiträge:** zum Beispiel eigene Blogbeiträge oder Facebook-Aktionen. Dabei kann es sich durchaus auch um kontroversere Beiträge handeln, wenn das zum gewünschten Image und zur aktuellen Situation passt.

- **Sammeln von Fans und Followern:** durch die direkte Ansprache potenzieller Follower kann das Unternehmen nun direkt auf die Zielgruppen zugehen und so nach und nach eine Schar von Anhängern um sich versammeln.

- **(Um-)Fragen erstellen:** Menschen werden gerne nach ihrer Meinung gefragt. Im Web 2.0 stellen Fragen an die Zielgruppe oder Umfragen an die Allgemeinheit eine wirksame Möglichkeit dar, mit Menschen ins Gespräch zu kommen und Diskussionen auszulösen.

- **Aktionen und Gewinnspiele:** beide Punkte sind im Netz gern gesehene und genutzte Taktiken, um einen „Hype" mit viralen Effekten zu generieren, sich bei den Zielgruppen bekannt zu machen und Fans bzw. Follower zu gewinnen. Manche Plattformen (insbesondere Facebook) schränken die Erlaubnis für Gewinnspiele jedoch ein, deshalb lohnt sich vorab ein Blick in die Nutzungsbedingungen.

- **An Diskussionen teilnehmen:** die Aktivitäten aus dem vorangegangenen Schritt lassen sich hier nun in Umfang und Intensität ausbauen. Jetzt, wo der Umgang miteinander und die Verhaltensweisen bekannt sind, öffnen sich zahlreiche neue Türen für die Interaktion mit begeisterten, aber auch kritischen Kunden.

Abbildung 23 zeigt, wie die Fluglinie Germanwings auf Fragen der Nutzer eingeht.

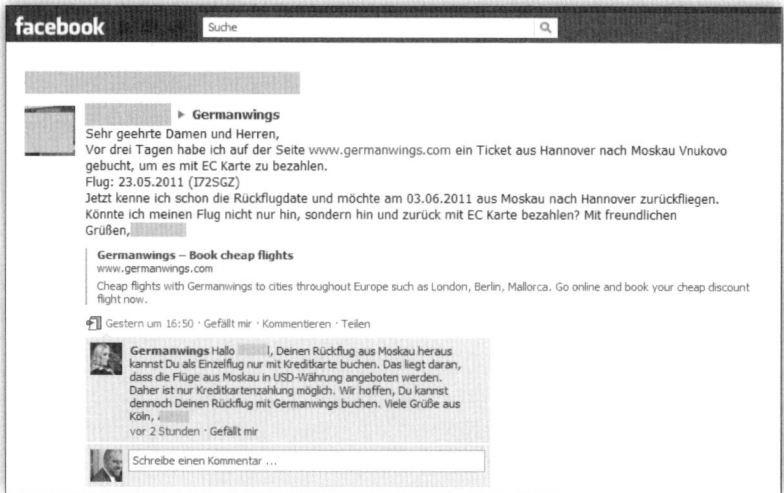

Abb. 23: Facebook-Account von Germanwings

Fans haben die Möglichkeit, auf der Germanwings-Pinnwand Ur-
laubs- und Reisebilder zu verlinken, Fragen zu stellen oder Lob und
Kritik zu äußern. Alle Beiträge werden zeitnah durch das German-
wings-Team kommentiert oder beantwortet. Durch die intensive Social Media Akvität konnte Germanwings bisher mehr als 43.000 Fans
um sich versammeln (Stand: April 2011).

2.4 Verknüpfung der Elemente

Eine erfolgreiche Social Media Strategie verknüpft die einzelnen
Elemente miteinander. So lassen sich die Vorteile, Zielgruppen und
Eigenschaften der Kanäle kombinieren, was die Reichweite deutlich
erhöht.

Eine mögliche Strategie zur Verknüpfung stellt die **„Spinnennetz-
strategie"** dar. Diese Strategie trägt ihren Namen, weil sie die Kanäle so miteinander verknüpft, dass eine netzartige Struktur entsteht.
Durch die Präsenz auf allen relevanten Plattformen steigt die Wahrscheinlichkeit, dass ein Nutzer auf das Unternehmen aufmerksam
wird (sich im Netz „verfängt") und auch die anderen Kanäle besucht,
stark an.

Das DIM nutzt
verschiedene Kanäle
integriert

Die Spinnennetzstrategie sei hier am Beispiel des Deutschen Instituts für Marketing vorgestellt. Das DIM bespielt im Wesentlichen
folgende Kanäle:

- Eigene Website

- Blog

- Facebook

- Twitter

- YouTube

- XING

- Newsletter

Dazu kommen noch Nischendienste wie FlickR, Slideshare oder verschiedene Social Bookmark-Dienste, die hier keine Beachtung finden. Auch die unternehmenseigene iPhone-App bleibt hier außen vor.

Abb. 24: Die Spinnennetz-Strategie des DIM

2.4.1 Blog und Twitter

Im Mittelpunkt der gesamten Strategie steht der DIM-Marketingblog (www.dim-marketingblog.de). Dort veröffentlicht das Institut neben längeren Fachbeiträgen und Betrachtungen zu aktuellen Marketingthemen auch Videos, Einblicke in Seminare, Buchrezensionen, Veranstaltungshinweise, Interviews mit Trainern und Experten und viele weitere Themen. Häufig werden auch Artikel oder Checklisten zum Download angeboten, um den Lesern und Abonnenten einen Mehrwert zu bieten.

Der Blog wird von zwei Mitarbeitern betreut, die Fachabteilungen (insbesondere Marktforschung und Beratung) liefern ebenfalls Inhalte aus ihren Fachgebieten. Die Zielvorgabe besteht darin, pro Woche mindestens zwei bis drei Beiträge zu veröffentlichen. Längere Artikel werden teilweise in mehrere kleinere Artikel aufgeteilt. So lässt sich mit vertretbarem Arbeitsaufwand eine regelmäßige Befüllung des Blogs sicherstellen.

Der Blog bildet die Ausgangsbasis für die weiteren Maßnahmen. Jeder Blogbeitrag wird über ein Plugin automatisch auch bei Twitter veröffentlicht.

@DIMMarketing
DIM

Neuer Blog-Eintrag: Kostenlose Podcast-Serie: „Projektmanagement" Teil 3 #podcast. Und neuer #Newsletter ist raus. t.co/bjtMLSec

vor 3 Stunden via web

Abb. 25: Automatisch aus dem Blog generierter Tweet

Diese automatisch erstellten Tweets lassen sich an dem vorangestellten Vermerk „Neuer Blog-Eintrag" erkennen (dieser Vermerk kann individuell angepasst werden) und bestehen aus der Überschrift des Blogbeitrags sowie einem Link zum Artikel. Erfahrungsgemäß werden diese Tweets genauso häufig weitergereicht wie händisch erstellte Tweets, solange diese Maßnahme nur eine Beimischung im Twitter-Mix darstellt und nicht den Hauptteil ausmacht.

Im Gegenzug befindet sich im Blog in der Seitenleiste ein Feld, in dem sich die jeweils letzten fünf Tweets wiederfinden. So werden sowohl Twitter-Fans auf den Blog aufmerksam als auch Blog-Leser auf den Twitter-Account. Auch an Tagen, an denen kein Blogbeitrag verfasst wird, findet ein Stück Aktivität im Blog statt, wenn neue Tweets in die Seitenleiste eingebunden werden.

Mit dieser Vorgehensweise bespielt das DIM bereits zwei Social Media Kanäle zwei bis drei Mal pro Woche mit Content. Die Reichweite geht schon jetzt weit über die einer statischen Website hinaus.

2.4.2 Blog und Facebook

Auch bei Facebook gibt es die Möglichkeit, alle Blogbeiträge automatisch zu importieren. Hierauf wurde bewusst verzichtet, um die

Nutzer nicht auf allen Kanälen mit dem gleichen Content anzusprechen. Besonders interessante Blogbeiträge übernimmt das DIM selbstverständlich auch bei Facebook und lädt zur Diskussion ein. Gerade Facebook mit seinem Like-Button bietet sich zur Verbreitung von Content an.

Im Blog wiederum ist ein Facebook-Plugin eingebunden, das den „Gefällt mir"-Button beinhaltet. Mit einem Klick werden Leser, wenn sie über einen Facebook-Account verfügen, automatisch zu Fans der Facebook-Seite. Das bedeutet, dass mit dem Klick auf den Button ein anonymer Leser zu einem sichtbaren Menschen wird, der sich gezielt ansprechen und nachfassen lässt. Dieser Effekt stellt einen der großen Vorteile der Implementierung von Social Plugins dar.

Plugins helfen bei der Verknüpfung

Durch das Plugin sehen auch andere Blogleser, wie vielen Menschen das Deutsche Institut für Marketing bereits „gefällt". Je größer diese Zahl, desto größer dürfte auch der Anreiz sein, ebenfalls auf den „Gefällt mir"-Button zu klicken bzw. desto geringer die Hemmschwelle, dies zu tun. Niemand möchte gerne der erste Fan sein und eine Seite mit nur einer geringen zweistelligen Fananzahl wirkt nicht sehr vertrauenerweckend. In dieser Hinsicht ist die bloße Zahl der Fans wirklich hilfreich – ansonsten sagt eine hohe Anzahl von Fans nicht zwangsläufig etwas über den Erfolg der Social Media Strategie aus.

Unter jedem Blogbeitrag befindet sich auch ein „Share-Button", mit dem die Leser den Artikel per Mausklick an das eigene Facebook-Netzwerk weiterleiten können. Gute Beiträge (lustige, informative oder aufsehenerregende Inhalte) erfahren so schnell eine relativ große Verbreitung.

2.4.3 Blog und XING

Auch in der XING-Gruppe des Deutschen Instituts für Marketing („MarketingWissen") werden die Blogbeiträge integriert. Auf der Startseite der Gruppe befindet sich ein RSS-Feed, der die neuesten Blogbeiträge automatisch anreißt und verlinkt. Besonders interessante Blogbeiträge werden auch in die Foren der Gruppe gepostet und von dort aus auf den Blog verlinkt.

Natürlich enthält auch der Blog einen Button, der direkt zur XING-Gruppe führt. Auf diese Weise ist wieder eine Verknüpfung der beiden Kanäle gewährleistet.

Darüber hinaus bieten sich auch die Statusmeldungen in den persönlichen XING-Profilen der Mitarbeiter an, um hin und wieder auf interessante Blogeinträge aufmerksam zu machen. Ein kurzer Teaser-Text, der den Nutzen für den Leser in den Vordergrund stellt, sowie ein Kurzlink zum Blog werden, je nach Größe des Netzwerks, für messbaren Traffic auf dem Blog sorgen. Erfahrungsgemäß funktionieren Teaser-Texte wie „7 Tipps für erfolgreiches Social Media Marketing" oder „Diese 3 Kundenbindungs-Strategien sollten Marketingleiter auf jeden Fall beachten" am besten, da sie den Leser neugierig machen und einen direkten Mehrwert versprechen. Durch die Verwendung eines bit.ly-Links lässt sich der Erfolg eines solchen Links sehr gut auswerten (siehe dazu Kapitel „Die Marktforschungs-Strategie").

Abb. 26: XING-Gruppe des DIM mit RSS-Integration

2.4.4 Blog und YouTube

Die Verknüpfung des Blogs mit YouTube erfolgt am einfachsten durch den von YouTube bereitgestellten „Embed"-Code. Dieser HTML-Code kann einfach in den Blogbeitrag eingebaut werden und integriert damit das Video in den Beitrag. Programmierkenntnisse sind dafür nicht erforderlich. Der Blogbesucher kann das Video direkt im Blog ansehen oder über einen Klick auf den Videotitel zum YouTube-Channel gelangen und das Video dort betrachten.

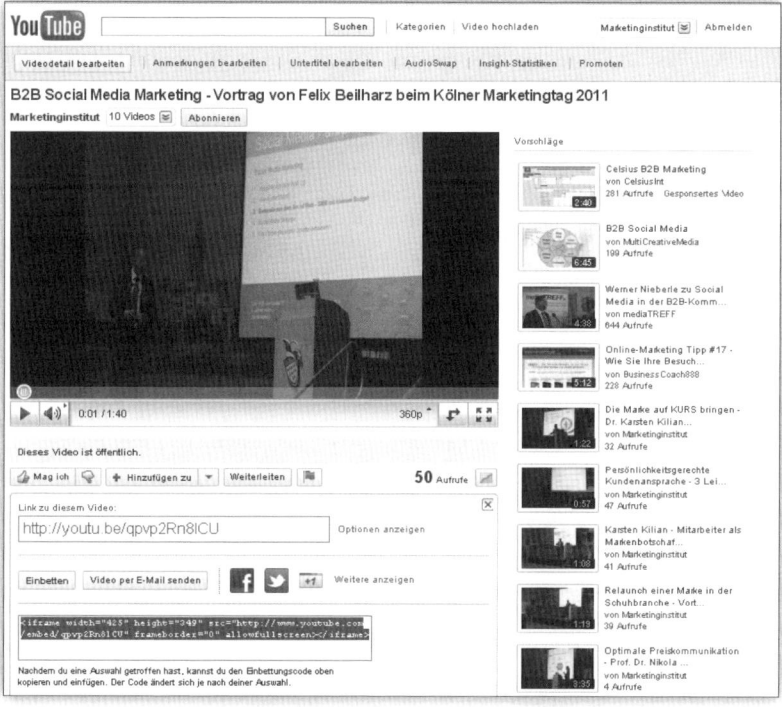

Abb. 27: Embed-Code eines YouTube-Videos

In der Beschreibung des Videos lassen sich Links zum Blog bzw. direkt zum Blogbeitrag unterbringen. So gelangen nicht nur Nutzer über den Blog auf den YouTube-Channel, sondern auch über die YouTube-Videos in den Blog. Dabei empfiehlt es sich, den Link direkt als erstes in der Beschreibung zu platzieren, damit der Link sofort und ohne weiteren Klick sichtbar ist.

Neben YouTube nutzt das DIM auch andere Content Sharing-Plattformen. So werden zum Beispiel bei Slideshare hochgeladene Powerpoint-Präsentationen ähnlich wie die Videos in den Blog eingebunden, um noch mehr multimediale Inhalte zu nutzen.

2.4.5 Blog und Newsletter

Einen Newsletter zu pflegen bedeutet sehr viel Arbeit. Mit einem Blog lässt sich diese Arbeit deutlich vereinfachen. Die Zeit und Energie, die in die (hochwertigen) Blogbeiträge investiert wurde, kann problemlos auch für den Newsletter genutzt werden. Dazu bietet sich die Verwendung eines oder zweier Blogbeiträge als Themenartikel im Newsletter an.

Newsletter-Artikel verweisen auf den Blog Die Artikel werden im Newsletter angerissen, eventuell mit einem Bild versehen und mit einem „Weiterlesen"- oder ähnlichen Link mit dem Blogbeitrag verknüpft. So gelangen die Newsletter-Leser immer wieder auf den Blog, was mehrere Vorteile bietet:

- Der Leser baut nach und nach eine **Vertrautheit** mit dem Blog auf und verknüpft positive Erwartungen und Einstellungen mit dem Blog und dessen Ersteller.

- Menschen lesen in Newslettern ungern **lange Texte**. Häufig empfiehlt es sich daher, im Newsletter nur auf einen längeren Artikel hinzuweisen und den vollen Artikel auf der Website oder im Blog zu präsentieren. Dieses Prinzip wird hier ideal umgesetzt.

- Der Newsletter lässt sich so weitgehend **werbefrei** halten, da die Werbung (z. B. durch Banner im oder neben dem Artikel) erst im Blogbeitrag enthalten ist. So lassen sich hohe Abmelderaten durch werblichen Newsletter-Inhalt vermeiden.

- Die Möglichkeiten der **Erfolgsmessung** steigen deutlich an. In einem Newsletter lassen sich Kennzahlen wie Zustellrate, Öffnungsrate oder Klickrate auswerten. Die Verweildauer beispielsweise kann jedoch nicht ermittelt werden. Besteht das Ziel des Newsletters jedoch darin, Besucher auf den Blog zu lenken, lässt sich diese Kennzahl einfacher erheben und somit der Erfolgsmessung des Newsletters ein weiterer Maßstab hinzufügen.

Natürlich sollten nicht alle Newsletter-Artikel aus „recycelten" Blogbeiträgen bestehen. Um eine dauerhafte Leserbindung zu gewährleisten, muss der Newsletter immer auch einen einzigartigen Mehrwert bieten, der Nicht-Abonnenten vorenthalten bleibt. Erfahren die Leser mit der Zeit, dass sämtliche Artikel auch im Blog zu finden

sind, werden die Klickraten sinken und eventuell sogar die Abmelderaten erhöhen.

Einen solchen Mehrwert lässt sich durch die Beimischung exklusiver
Inhalte wie Downloads, passwortgeschützte Artikel oder sonstige
spezielle Content-Elemente bieten.

Die Integration funktioniert auch umgekehrt. In manchen Blogarti-
keln wird der Newsletter beworben und ein Anmeldeformular in der
Sidebar erleichtert die Anmeldung.

2.4.6 Blog und Website

Die Website dient eher als statisches Medium, auf dem die Leistungen (Marketingberatung, Marktforschung und Seminare) vorgestellt
werden. Um hier trotzdem etwas „Leben" auf der Seite zu haben,
wurde auf der Startseite ein RSS-Feed aus dem Blog eingebunden.
Dieser Feed verlinkt jeweils die drei aktuellsten Blogbeiträge und
bietet die Möglichkeit, den Feed direkt zu abonnieren.

Auf diese Weise kommen auch Besucher, die den Blog (noch) nicht
kennen, auch mit diesem Kanal in Berührung.

Abb. 28: Startseite der DIM-Website, www.marketinginstitut.biz

Die Blogbeiträge bieten auf der anderen Seite viele Möglichkeiten zur Verlinkung mit der Website. Hier eröffnen sich in erster Linie Möglichkeiten zur Suchmaschinenoptimierung. Suchmaschinen bewerten Links mit entsprechendem Ankertext als wichtiges Signal für das Ranking. Eine Seite, die viele Links von anderen Websites mit einem bestimmten Begriff als Linkanker bzw. Linktext erhält, wird für diesen Begriff im Ranking steigen. Die hohen Platzierungen der DIM-Website für Begriffe wie „Marketing", „Marketingberatung" oder „Produktmanagement" verdanken sich zum Teil den Links aus diversen Blogbeiträgen, in denen diese Begriffe als Linktexte verwendet wurden.

Darüber hinaus stellt der Blog mittlerweile einen wesentlichen Traffic-Lieferanten für die Website dar. Teilweise liefert der Blog nach Google und Direkteingaben der Web-Adresse sogar die meisten Besucher, noch vor anderen Verzeichnissen.

Quellen	Besuche	% Besuche
google (organic)	3.541	59,13 %
(direct) ((none))	1.190	19,87 %
google (cpc)	372	6,21 %
dim-marketingblog.de (referral)	241	4,02 %

Abb. 29: Zugriffsquellen der DIM-Website

2.4.7 Social Media Buttons

Buttons erleichtern die Verbreitung über Social Media

Schließlich bieten die diversen Social Media Buttons eine Möglichkeit, die verschiedenen Kanäle zu verknüpfen. Für das Blogsystem WordPress gibt es beispielsweise mehrere Plug Ins, die automatisch Buttons von Twitter, Facebook und diversen Social Bookmarking-Diensten in die Sidebar oder in jeden Blogartikel einbauen. So wird den Lesern das Weiterreichen der Inhalte erleichtert, was die Verbreitung im Web 2.0 deutlich erhöht.

Social Bookmarking-Buttons werden erfahrungsgemäß sehr selten genutzt. Häufig entscheiden sich Blogbetreiber daher irgendwann, die Buttons wieder zu entfernen, zumal sich jeder zusätzliche Button negativ auf die Ladezeit des Blogs auswirkt.

Es gibt jedoch drei Buttons, deren Verwendung sich in jedem Falle empfiehlt.

Der **Facebook-Like-Button** (in Deutschland **„Gefällt mir"-Button**) stellt den am weitesten verbreiteten und bekanntesten Social Media Button überhaupt dar. Er kann als Vorreiter aller anderen Buttons gelten und hat das Internet durch die Integration auf hunderten von Millionen von Websites nachhaltig verändert. Mit einem Klick auf den Gefällt-mir-Button zeigt der Leser, dass der Inhalt seine Zustimmung findet. Die Anzahl der bisherigen Klicks wird in der Regel neben dem Button dargestellt. Gleichzeitig erfährt das Facebook-Netzwerk des Klickenden durch eine Meldung in ihrer Timeline davon, was schnell zu einer viralen Verbreitung führen kann.

Der **Twitter-Button** hat sich ebenfalls durchgesetzt. Mit einem Klick auf den Button öffnet sich ein Twitter-Fenster, in dem sich der Link an die eigenen Twitter-Follower weiterreichen lässt. Die Anzahl der bisherigen Tweets wird ebenfalls angezeigt. So erhalten die Blogbetreiber auch einen schnellen Überblick darüber, welche Inhalte besonders gerne weitergereicht werden.

Im Juni 2011 führte Google den **+1-Button** ein. „One-up" stellt im Amerikanischen einen Modebegriff für „super" oder „spitze" dar. *Google führt einen eigenen Like-Button ein* Der Button kann als Googles Antwort auf den Facebook-Button gelten und in Websites, Blogs oder andere Online-Medien eingebunden werden. Auch in den Suchergebnissen zeigt Google den +1-Button an. So lassen sich relevante Suchergebnisse schon vor dem Besuch der Website als interessant markieren. Zukünftig dürften die Signale, die sich aus der Verwendung des +1-Buttons ergeben, einen wesentlichen Ranking-Faktor darstellen. Blog- und Website-Betreiber sollten daher möglichst frühzeitig dazu übergehen, den Button in die eigenen Medien einzubauen.

2.4.8 Besonderheiten bei dieser Vorgehensweise

Diese Verknüpfungsstrategie sollte mit Bedacht angewendet werden. Sie funktioniert nur, wenn nicht die gesamte Social Media Kommunikation aus automatisch wiederverwendeten Inhalten besteht.

Nutzer sind relativ schnell verärgert, wenn ihnen auf mehreren Kanälen immer die gleichen Inhalte begegnen. Es besteht auch kein Grund mehr, Facebook-Fan zu werden, wenn die Fanseite nichts anderes ist als ein „aufgewärmter" Blog. Nutzer merken so etwas recht schnell und bestellen die abonnierten Kanäle wieder ab.

Die Blog-Inhalte sollten nur einen Baustein der sonstigen Kanäle darstellen. Jeder Kanal bedarf einer individuellen Befüllung mit Inhalten, um authentisch, lebendig und interessant zu bleiben. Wenn beispielsweise einer von fünf oder zehn Tweets ein automatisch erstellter ist, stört das in der Regel keinen Follower.

2.5 Social Media Guidelines

Die Einstiegshürden für Aktivitäten in den Social Media erweisen sich als äußerst gering. Eine Facebook-Seite oder ein Twitter-Account lassen sich innerhalb weniger Minuten einrichten. Die ersten potenziellen Fans und Follower sind ebenfalls binnen kürzester Zeit identifiziert. Da liegt die Versuchung nahe, „einfach mal anzufangen" und sich mehr oder weniger unvorbereitet in die Social Media Welt zu stürzen.

Dieses weit verbreitete Vorgehen kann jedoch schnell zu Problemen führen. Spätestens wenn ein Mitarbeiter in einem Forum oder einem Blog gut gemeinte Werbung für das Unternehmen macht und dabei als „Guerilla-Marketer" auffällt, kann sich schnell eine Welle der Empörung entwickeln. Aber auch wenn Mitarbeiter ganz offen für das Unternehmen auftreten, können sie eine Menge Schaden verursachen, wenn sie zum Beispiel auf Kritik unangemessen reagieren oder aus Versehen vertrauliche Details ausplaudern. Gut gemeinte Interaktion kann so das Firmenimage nachhaltig schädigen und im Extremfall sogar die Existenz des Unternehmens gefährden (beispielsweise wenn Insider-Informationen an die Öffentlichkeit geraten, die den Börsenkurs beeinflussen).

Sogar wenn sich ein Unternehmen gar nicht aktiv im Social Web engagieren will, sind klare Richtlinien bezüglich der Reaktion auf Krisen und negative Äußerungen auf Fremdplattformen wichtig. Die Augen vor der Realität zu verschließen und zu hoffen, dass das „Unwetter" schon wieder vorüberziehen werde, kann nachhaltigen Schaden anrichten.

2.5.1 Aufgaben von Social Media Guidelines

Den Social Media Guidelines (bzw. in ihrer verbindlichen Form den Social Media Policies, hier synonym verwendet) kommen je nach

Unternehmen und Ausgangslage verschiedene Aufgaben zu. Zu den wichtigsten Aufgaben gehören:

Social Media Guidelines haben verschiedene Aufgaben

- Motivation der Mitarbeiter, sich für das Unternehmen im Social Web zu engagieren

- Erklärung der Funktionsweise des Web 2.0

- Absicherung des Unternehmens

- Rahmenvorgabe für die Aktivität im Social Web

- Sicherstellung eines einheitlichen Auftretens in den sozialen Netzwerken

- Generierung eines Bewusstseins für die Chancen und Risiken der Social Media

- Darstellen der rechtlichen Rahmenbedingungen und Grenzen

Aus diesen Gründen ist es von enormer Wichtigkeit, dass Unternehmen bereits vor dem Start ins Social Media Marketing über Social Media Guidelines bzw. eine Social Media Policy verfügen. Die Richtlinien definieren sowohl die allgemeine Strategie des Unternehmens im Web 2.0 als auch konkrete Handlungsanweisungen für die Mitarbeiter. Hier besteht bei den deutschen Unternehmen noch großer Nachholbedarf. Gemäß der Studie „Social Media Governance 2010" der Universität Leipzig verfügten im Jahr 2010 nur 19% der Unternehmen, die sich bereits im Social Web engagieren, über eine Social Media Policy. Immerhin 36% planen die Erstellung solcher Richtlinien.

Natürlich garantiert auch eine Social Media Policy keinen 100%igen Schutz vor negativen Erfahrungen. Wenn das Unternehmen jedoch potenzielle Gefahren bereits im Vorfeld analysiert und den Mitarbeitern klare Regeln an die Hand gibt, lassen sich viele Probleme von Anfang an vermeiden. Insbesondere bei kurzfristig auftretenden Krisensituationen ermöglicht eine gute Social Media Policy schnelle Reaktionen und effektive Schadensbegrenzung. Sinnvoll ausgearbeitete Richtlinien schützen sowohl das Unternehmen als auch den einzelnen Mitarbeiter und stellen dauerhaft eine erfolgreiche Kommunikation im Social Web sicher.

2.5.2 Erstellung der Social Media Guidelines

Social Media lebt vom Involvement der Menschen. Aus diesem Grund funktioniert eine Social Media Policy, die von oben herab diktiert wird, in den meisten Fällen nicht. Stattdessen sollten Unternehmen die Guidelines gemeinsam mit den Mitarbeitern (bzw. Vertretern aus den verschiedenen Bereichen) erarbeiten. Eine so unter Einbeziehung der Basis ausgearbeitete Policy wird von den Mitarbeitern in der Regel sehr viel besser angenommen und auch dauerhaft aufrechterhalten.

Im Idealfall liegen die Guidelines bereits fertig ausgearbeitet vor, bevor das Unternehmen den Schritt ins Social Web wagt. Vielfach wird es dafür jedoch schon zu spät sein. In diesem Fall ist „jetzt" der richtige Zeitpunkt, die Richtlinien zu erstellen. Es muss keinen Nachteil darstellen, wenn das Unternehmen bereits erste Schritte in das soziale Netz gewagt hat. Die bisher gemachten Erfahrungen können so in die neue Strategie einfließen. In jedem Fall sollte eine Bestandsaufnahme der bisherigen Erkenntnisse erfolgen. Welche Dinge haben bisher gut funktioniert? Welche Probleme sind aufgetreten? Wo zeigten sich Schwächen oder potenzielle Gefahren? Diese „lessons learned" können die daraufhin erstellte Strategie von Anfang an praxisrelevanter und erfolgversprechender gestalten.

Guidelines sollten bereits vor dem Start erstellt werden

Die Guidelines müssen allen relevanten Mitarbeitern zugänglich gemacht werden. Gerade wenn die Richtlinien auch Vorschläge für das private Verhalten der Mitarbeiter in den sozialen Netzwerken enthalten, müssen diese auch Kenntnis von der Existenz der Guidelines erhalten. Optimalerweise stellt das Unternehmen die Guidelines so zur Verfügung, dass sie gut auffindbar und jederzeit zugänglich sind, zum Beispiel im Intranet, über den E-Mail-Verteiler und sogar als gedruckte Version.

Eine einmal erstellte Policy muss auch nicht starr und unveränderlich bleiben. Im Gegenteil, bei der aktuellen Geschwindigkeit, mit der sich das Social Web entwickelt, sind Anpassungen in den Guidelines unvermeidlich. Auch gemachte Erfahrungen und überstandene Krisen können die Richtlinien sinnvoll ergänzen. So bleibt die Policy lebendig und stets auf dem neuesten Stand.

Der Umfang der bekannten Policies schwankt zwischen zwei bis drei Seiten bis hin zu richtiggehenden Handbüchern. Im Interesse der Praktikabilität sollte der Umfang jedoch relativ gering gehalten werden. Die wenigsten Mitarbeiter sind bereit, sich zusätzlich zu ihrem Arbeitsalltag und den ohnehin schon für sie relevanten Richtlinien und Normen auch noch mit ausschweifenden und bis ins letzte Detail gehenden Social Media Richtlinien zu befassen. Ein Beispiel für sehr kurze Social Media Guidelines stellen die Richtlinien der Daimler AG dar, die nur knapp über zwei Seiten umfassen, auf denen die Mitarbeiter „10 Tipps für den Umgang mit Social Media" finden.

Kamerahersteller Kodak geht einen anderen Weg. Statt bloßer Guidelines hat das Unternehmen ein hübsch gestaltetes Booklet erstellt, das unter anderem die Social Media Landschaft erklärt, Fakten zu den Nutzerzahlen der einzelnen Netzwerke liefert und mit gängigen Vorurteilen gegenüber dem Web 2.0 aufräumt. Dementsprechend heißt das Dokument auch nicht Guidelines, sondern „Social Media Tips", die eigentliche Policy ist nur ein Unterpunkt. Für den leichteren Einstieg enthält das Booklet auch eine „Getting started"-Sektion mit Tipps zum Sofort-Loslegen. Sogar „Troubleshooting"-Hinweise zum Umgang mit Kritik oder mangelnder Reaktion finden sich dort. Die Social Media Guidelines stellen definitiv einen Best Practise-Case dar.

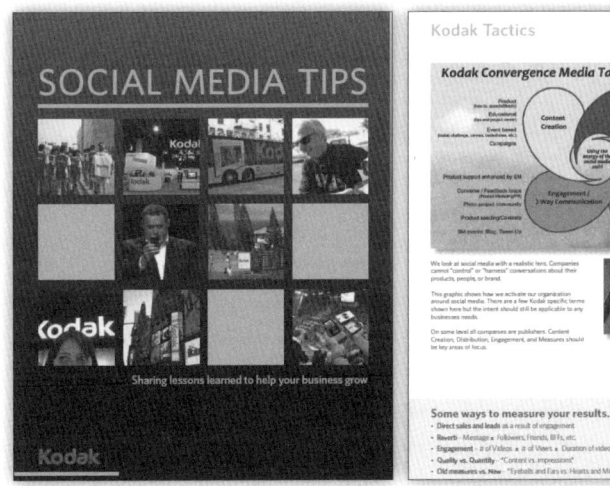

Abb. 30: Social Media Guidelines von Kodak (Deckblatt)

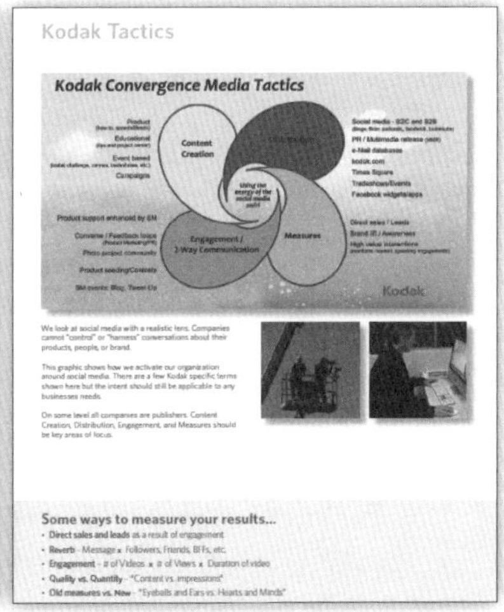

Abb. 31: Ausschnitt aus den Social Media Guidelines von Kodak

Entscheidet sich das Unternehmen für sehr umfangreiche Guidelines, sollte zumindest eine Summary vorangestellt werden, die die wichtigsten Regeln und Verhaltensweisen zusammenfasst, so dass auch Mitarbeiter, die das Thema nur am Rande betrifft, die Chance haben, sich die wichtigsten Inhalte rasch einzuprägen. Die Mehrheit der offen zugänglichen Guidelines umfasst zwischen drei und 10 Seiten. Dieser Umfang stellt ein gutes Mittelmaß zwischen Kürze und Tiefgang dar und dürfte für die meisten Unternehmen ausreichen.

2.5.3 Inhalte

Im Netz finden sich hunderte Social Media Guidelines großer und kleiner Unternehmen. Der Branchenverband BITKOM hat in seinem Leitfaden für Social Media Guidelines folgende Oberpunkte als relevant für die Erstellung von Richtlinien definiert:

- Zieldefinition und Strategie

- Abgrenzung zwischen beruflicher und privater Nutzung

- Eigenverantwortung

- Transparenz

- Kenntlichmachung einer privaten Meinung

- Einhaltung gesetzlicher Vorgaben

- Betriebsrat

- Verbreitung unternehmensschädlicher Äußerungen

- Respekt

- Kontinuität & Kapazität

- Monitoring & Expertise

Häufig enthalten Policies ähnliche Inhalte In vielen Social Media Guidelines finden sich diese und weitere immer wiederkehrende Punkte, denen die Unternehmen große Aufmerksamkeit schenken. Die folgende Checkliste stellt die wichtigsten Inhalte vor, die in den meisten Fällen enthalten sein sollten.

- **Unternehmensstrategie:** In vielen Fällen wird es sinnvoll sein, in kurzen Worten noch einmal die allgemeine Unternehmensstrategie inklusive der Positionierung des Unternehmens wiederzugeben. Zwar gehen die meisten Unternehmen davon aus, dass diese grundlegenden Dinge jedem Mitarbeiter bekannt sind; in der Realität trifft das jedoch nur selten zu. Da sich auch die Aktivitäten in den Social Media auf die Positionierung auswirken, sollten einige Worte hierzu nicht fehlen.

- **Verweis auf weitere, relevante Policies:** Ebenfalls empfiehlt sich ein Hinweis auf sonstige Corporate-Richtlinien, wie zum Beispiel Corporate Behaviour, Corporate Wording, Corporate Design, etc. So lässt sich die Wahrscheinlichkeit eines einheitlichen Auftretens auch über die verschiedenen SMM-Kanäle erhöhen.

- **Erklärung zur Wirkungsweise von Social Media:** Insbesondere alteingesessene Marketing-Fachleute sehen Social Media anfangs naturgemäß als weiteren Kanal an, über den Marketing- und Werbebotschaften gestreut werden können. Dies trifft teilweise zwar zu, die eigentliche Bedeutung von Social Media Marketing ist aber eine ganz andere. Reine Werbung funktioniert nicht und kann sich sogar schädigend auswirken. Ein kurzer Absatz zur generellen Funktionsweise der Social Media kann deshalb nicht schaden.

- **Erläuterungen zu den eingesetzten Kanälen:** Auf einigen Kanälen, wie Facebook oder auch Twitter, werden manche Mitarbeiter bereits privat aktiv sein und sich dementsprechend auskennen. Andere Dienste sind deutlich exotischer und weniger bekannt. Es empfiehlt sich daher, die eingesetzten Kanäle kurz zu erläutern und Vorteile sowie potenzielle Risiken zu erwähnen.

- **Ziele:** Nur wenn die Mitarbeiter wissen, was mit der Social Media Aktivität überhaupt erreicht werden soll, können sie sich auch entsprechend verhalten. Die definierten Ziele dürfen dementsprechend nicht fehlen.

- **Rechtliche Fragen:** Einen größeren Teil der meisten Social Media Guidelines nehmen rechtliche Fragen ein. Hierzu zählt zum Beispiel der Umgang mit Geheimhaltungserklärungen, Urheberrechten oder der Rechte am eigenen Bild. Werden diese Fragen vorab verbindlich festgehalten, lässt sich später manche Unsicherheit vermeiden oder zumindest leicht aufklären.

- **Eigentumsrechte:** Eng verwandt mit den rechtlichen Fragen ist auch die Frage der Eigentumsrechte. Wem gehört zum Beispiel ein privater Twitter-Account, über den unternehmensrelevanter Content verbreitet wird? Wer hat Anspruch auf die XING-Kontakte, die über einen privaten Account im Rahmen der angestellten Tätigkeit gesammelt werden? So lapidar diese Fragen scheinen mögen, so schnell können sich ernsthafte rechtliche Streitigkeiten daraus ergeben.

- **Beispiele für „No Gos" und Tabus:** Viele Unternehmen ergänzen die Guidelines durch Beispiele, die unbedingt zu vermeiden sind. Hierzu gehören zum Beispiel auch die Veröffentlichung geschützter oder noch nicht veröffentlichter Inhalte, Interna über Mitarbeiter, (negative) Äußerungen über Vorgesetzte, Mitarbeiter, Produkte oder Kunden. In den Medien tauchen immer wieder Berichte über Angestellte auf, die wegen solcher Äußerungen im (scheinbar privaten) Social Media Umfeld ihre Stelle verloren haben. Es kann daher nicht schaden, die Grenzen noch einmal klar und unmissverständlich aufzuzeigen.

- **Privates Verhalten:** Auch wenn sich Mitarbeiter völlig privat in Social Networks bewegen, lassen sich oft Rückschlüsse auf den Arbeitgeber ziehen, insbesondere in Netzwerken, in denen man sich mit seinem richtigen Namen anmeldet. Unternehmen können in das private Verhalten der Mitarbeiter zwar nur sehr begrenzt eingreifen. Hinweise auf potenziell schädigendes sowie angemessenes Verhalten („Netiquette") können trotzdem das Verständnis der Mitarbeiter schärfen und finden sich in vielen Social Media Guidelines. Hinzu kommt die Trennung von privaten und unternehmensbezogenen Aussagen. Private Meinungen und Aussagen der Mitarbeiter sollten als solche kenntlich gemacht werden. Auch hierüber muss in der Policy informiert werden.

- **Verantwortlichkeit der Mitarbeiter bei Verstößen:** Teilweise enthalten die Guidelines auch Sanktionen oder zumindest Hinweise auf die Verantwortlichkeit der Mitarbeiter bei Verstößen gegen die Policy. Hier sollten Unternehmen jedoch mit Bedacht vorgehen. Die Androhung von Sanktionen bewirkt nur selten eine moralische Selbstverpflichtung, sondern ruft bei vielen Mitarbeitern eher eine Abwehrhaltung hervor, womit das Ziel der Social Media Guidelines schon verfehlt wäre.

- **Zeithorizont:** Für die Nutzung von Social Media Diensten während der Arbeitszeit gibt es drei Möglichkeiten: Unternehmen lassen den Mitarbeitern völlig freie Hand, verbieten die Nutzung komplett oder erlauben eine (zeitlich oder inhaltlich) beschränkte Nutzung. Hier ist eine ähnliche Entwicklung wie zu Beginn des Internets zu beobachten, als Unternehmen oft die Nutzung komplett verboten und diese Richtlinien nach und nach lockerten. Immer mehr Unternehmen erkennen derzeit, dass sich die Mitarbeiter die Nutzung von Facebook und Co. nicht verbieten lassen. Für junge High Potentials stellt die Erlaubnis oft sogar ein relevantes Kriterium zur Wahl des Arbeitgebers dar. Vom kompletten Social Media Verbot gehen viele Unternehmen daher zum Aufruf für einen verantwortungs- vollen Umgang mit den Netzwerken am Arbeitsplatz um. Ein er- laubter Zeithorizont oder die Möglichkeit, die Zeit nachzuarbeiten, stellen zwei Möglichkeiten dar, die dieser Strategie entsprechen. Ein komplettes Verbot ist ohnehin nicht möglich: über so gut wie je- des Smartphone lassen sich die Dienste ebenfalls bequem nutzen.

- **Zuständigkeiten:** Im Social Web laufen viele verschiedene Zustän- digkeiten zusammen. Neben dem Marketing und der PR-Abteilung können auch der Service, die Investor Relations, Human Ressour- ces, die Geschäftsführung sowie weitere Bereiche betroffen sein. Die Guidelines sollten dann klare Zuständigkeiten abklären und Möglichkeiten für die Kooperation der Abteilungen schaffen, um Revierkämpfe und Unstimmigkeiten zu vermeiden.

- **Ansprechpartner:** Ein fester Ansprechpartner für alle Fragen recht- licher oder sonstiger Natur stellt einen sinnvollen Abschluss der Policy dar. An ihn können sich Mitarbeiter nicht nur mit Fragen oder bei Problemen wenden, sondern können an ihn auch entdeck- te Konversationen in den Netzwerken weiterleiten. So werden auch nicht direkt mit Social Media betreute Mitarbeiter zu „Scouts", was im Krisenfall eine schnelle und gezielte Reaktion stark vereinfacht.

Sowohl Umfang als auch Inhalt der Guidelines werden von Unterneh- men zu Unternehmen unterschiedlich ausfallen. Beides hängt sowohl von den internen Gegebenheiten als auch vom Marktumfeld und nicht zuletzt von der Größe des Unternehmens ab. Große Konzerne haben teilweise ein Social Media Zertifizierungsprogramm ausgearbeitet und erlauben nur zertifizierten Mitarbeitern, das Unternehmen im Social Web zu vertreten. Bei kleinen Unternehmen liegt SMM meist in den Händen der Marketing- oder PR-Abteilung, die ihrerseits oft sogar nur aus einer oder wenigen Personen besteht. Eine Guideline, wenn auch relativ kurz gehalten, gibt jedoch in jedem Fall Sicherheit und ergänzt sich mit der Social Media Strategie, um die Erfolgschancen im Social Web dauerhaft und nachhaltig zu erhöhen.

2.6 SWOT-Analyse

Im strategischen Marketing bildet die SWOT-Analyse (Analyse der Stärken, Schwächen, Chancen und Risiken) einen zentralen Baustein.

Kein Unternehmen, das sich ernsthaft mit Marketing beschäftigt, kommt heute ohne eine gründliche SWOT-Analyse aus.

Eine SWOT-Analyse hilft, Chancen und Risiken zu erkennen Im Social Media Marketing bietet sich eine SWOT-Analyse ebenso an. Mit diesem Hilfsmittel lassen sich die Rahmenbedingungen übersichtlich und greifbar darstellen und angemessene Reaktionen festlegen.

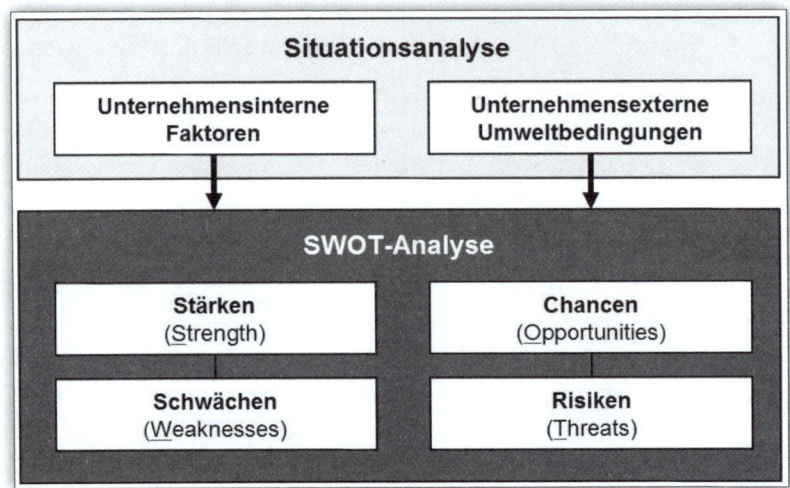

Abb. 32.1. Social Media SWOT-Analyse *(Quelle: www.strategietools.com)*

Stärken (Strenghts)

 Im ersten Schritt ermittelt das Unternehmen die Stärken in Bezug auf Social Media, auf die es bereits zurückgreifen kann. Dazu zählt zum Beispiel ein klar definiertes und nicht zu knappes Budget, das die Arbeit im Web 2.0 erleichtert. Aber auch Mitarbeiter, die sich mit dem Thema fundiert auskennen und denen die Arbeit in sozialen Netzwerken Spaß macht, stellen eine wesentliche Stärke dar.

Schwächen (Weaknesses)

Das Fehlen der genannten Stärken stellt in den meisten Fällen eine Schwäche dar. Aber auch andere Eigenschaften des Unternehmens können sich als Schwächen manifestieren: in der Öffentlichkeit negativ angesehene Produkte oder der Wunsch, gar nicht als Marke öffentlich in Erscheinung treten zu wollen, schränken die Möglichkeiten im Social Media Marketing stark ein.

Chancen (Opportunities)

Wenn bisher kein Wettbewerber im Web 2.0 aktiv ist, besteht die Möglichkeit, sich als „First Mover" zu positionieren und in den Augen der Zielgruppe eine besondere Stellung einzunehmen. Das wäre eine klare Chance in Bezug auf Social Media Marketing. Auch wenn sich die eigenen Produkte an einen Massenmarkt richten und vielleicht sogar emotionale Aspekte beinhalten, wird das die Arbeit vereinfachen.

Risiken (Threats)

Manche Unternehmen bzw. manche Branchen stehen immer in der Gefahr, sich massiver Kritik auszusetzen, wenn sie sich auf einen öffentlichen Dialog einlassen. Hierzu gehören zum Beispiel Energieversorger, Transportunternehmen oder Unternehmen der Pharma- und Chemiebranche. Ein offener Dialog, der den Kunden die Möglichkeit einräumt, die eigene Meinung öffentlich kund zu tun, könnte hier ein besonderes Risiko bedeuten, da Kunden die Plattformen nutzen können, um ihrem Ärger Luft zu machen. Die Deutsche Bahn oder Ölkonzerne wie BP und Shell wurden bereits Opfer solcher „Shitstorms", bei denen Nutzer in kürzester Zeit massenweise negative Beiträge über das Unternehmen veröffentlichen.

Checkliste

Stärken:

 □ Personal

□ Know-how

 □ Budget

□ Unternehmensstruktur

 □ Unternehmensphilosophie bzw. -kultur

□ Flache Hierarchie

□ Von Social Media überzeugte Führungsebene

□ Bekannte und beliebte Persönlichkeit unter den Führungskräften

□ Zufriedene Kunden

□ „Social Media"-nahe Produkte oder Dienstleistungen

Beispiele für Stärken, Schwächen, Chancen und Risiken

Schwächen:

☐ Fehlen obiger Stärken

Chancen:

☐ Wohlgesonnene Meinungsmacher

☐ Zielgruppe im Web 2.0 sehr aktiv

☐ Konkurrenz noch nicht aktiv

☐ Anknüpfungspunkte an vergangene, erfolgreiche Marketingaktivitäten

☐ Bereits bestehender Bekanntheitsgrad

☐ Wachsender Markt

Risiken:

☐ Fehlen obiger Chancen

☐ Negative PR in der Vergangenheit

☐ „Heikle" Produkte oder Dienstleistungen

☐ Konkurrenz bereits etabliert

☐ Enge rechtliche Schranken, was Marketing und Werbung anbelangt

---

Im nächsten Schritt findet eine Zusammenführung und Kombination der vier Felder statt. So ergeben sich Strategie-Optionen für verschiedene Ausgangssituationen.

- SO-Strategien (Chancen und Stärken): vorhandene Stärken anwenden, um Chancen zu nutzen.

- WO-Strategien (Schwächen und Chancen): vorhandene Schwächen abbauen, um Chancen zu nutzen.

- ST-Strategien (Stärken und Risiken): durch Einsatz der Stärken Risiken vermindern

- WT-Strategien (Schwächen und Risiken): Schwächen abbauen, um Risiken vorzubeugen.

Bezogen auf das Social Media Marketing könnte eine solche Strategiematrix wie folgt aussehen:

	Chancen (Opportunities)	Risiken (Threats)
Stärken (Strength)	**SO-Strategien** • Ansprache der wohlgesonnenen Meinungsmacher durch hochwertigen Content • Intensive Betreuung der aktiven Zielgruppe durch spezialisierte Mitarbeiter	**ST-Strategien** • Vorhandenes Social Media Know-how nutzen, um die Position der in den sozialen Medien bereits etablierten Wettbewerbern anzugreifen
Schwächen (Weaknesses)	**WO-Strategien** • Intensive Betreuung der unzufriedenen Kunden, um die Kundenzufriedenheit zu steigern	**WT-Strategien** • Festes Social Media-Budget etablieren, um bei Krisen aufgrund öffentlicher Kritik schnell und effizient reagieren zu können

Abb. 32.2: Strategien aufbauend auf einer SWOT-Analyse *(Quelle: in Anlehnung an www.strategietools.com)*

Interview mit Felix Holzapfel

Felix Holzapfel ist Geschäftsführer der deutschen Niederlassung einer internationalen Marketingagentur und Autor des Buches „Facebook – Marketing unter Freunden". In der Social Media Szene gilt er als einer der führenden Experten zum Thema Facebook-Marketing.

1. Herr Holzapfel, Ihr Buch „Facebook – Marketing unter Freunden" ist das wohl meistverkaufte Buch zum Thema Facebook in Deutschland. Stellen Sie sich doch bitte kurz vor.

Ich bin Mitgründer und Geschäftsführer der deutschen Niederlassung von conceptbakery. Unsere deutsch-amerikanische Agentur wurde im Jahr 2002 gegründet und hat sich seither auf die Entwicklung und Umsetzung alternativer Marketingstrategien spezialisiert. Zu Beginn haben wir dabei von Guerilla Marketing im Internet und Community Marketing gesprochen, dann lautete das Buzz Word eher virales Marketing. Inzwischen sprechen wir als auch der Markt von Social Media und in Zukunft werden sicher weitere neue Begriffe entstehen. Wobei die Begriffe für uns letztendlich egal sind. Uns interessiert viel mehr, was sich dahinter verbirgt. Sowohl an menschlichen Verhaltensmustern, als auch an Technologie. Dabei hilft uns der Austausch mit unserer amerikanischen Niederlassung, um Trends frühzeitig zu erkennen und in den USA bereits das entsprechende Know-how aufzubauen, um dann bestens aufgestellt zu sein, wenn die Themen in Deutschland an Bedeutung gewinnen. Unsere Kunden kommen dabei aus den unterschiedlichsten Branchen. Von A – wie Automobil bis Z – wie Zähne. Sie reichen von großen, international bekannten Marken, bis hin zu KMUs.

2. Kein Netzwerk hat in den vergangenen Jahren so für Furore gesorgt wie Facebook. Welche Marketingmöglichkeiten bietet das Netzwerk für Unternehmen?

Im Wesentlichen lassen sich die Werbemöglichkeiten auf zwei Hauptbereiche aufteilen: Innerhalb und außerhalb von Facebook. Innerhalb von Facebook stehen Werkzeuge wie eine Facebook-Seite, Applikationen und diverse Formen von Werbeanzeigen zur Verfügung. Hier können sich Unternehmen präsentieren, Interaktionen mit ihren Zielgruppen stimulieren, die Kommunikation mit und zu ihren bestehenden Kunden und Interessenten verbessern, neue Kontakte gewinnen und vieles mehr. Außerdem bietet Facebook sehr spannende Werbemöglichkeiten, denn man kann Nutzer hier sehr gezielt ansprechen. Schließlich hinterlassen diese vollkommen freiwillig unzählige Daten zu ihrer Person, persönlichen Interessen, Hobbys, Marken-Präferenzen und dergleichen. All diese Daten können für ein detailliertes Targeting verwendet werden. Aber auch außerhalb von Facebook bietet die Plattform spannende Möglichkeiten für Unternehmen. Seien es Social Plugins oder mobile Werbemöglichkeiten. Diese ermöglichen Funktionen von Facebook, wie den „Gefällt mir"-Button, eine Kommentarfunktion, einen Live-Chat oder dergleichen auf der unternehmenseigenen Website zu integrieren. Ganz einfach und mit einigen wenigen Klicks. Ohne Programmierkenntnisse. Außerdem wird Facebook immer mobiler. Insbesondere auf Smartphones, wie dem iPhone, Android Handys oder ähnlichen Endgeräten, erfreut sich die mobile Facebook-Applikation großer Beliebtheit. Auch dies bietet, insbesondere Unternehmen mit einem stationären Handel, interessante Werbemöglichkeiten. Vom CheckIn der Nutzer bei einem Besuch im Ladenlokal bis hin zu mobilen Couponing-Aktionen.

3. Eignet sich Facebook auch für Unternehmen aus einer B2B-Nische, die eigentlich für den Endverbraucher überhaupt nicht in Erscheinung treten (wollen)? Wenn ja, worauf müssen diese Unternehmen besonders achten?

Ein Großteil der Kampagnen auf Facebook ist auf B2C ausgerichtet. Aber Facebook hat dermaßen viele Gesichter, dass auch im Bereich Geschäftskunden durchaus spannende Möglichkeiten bestehen. Worauf ein Unternehmen besonders achten muss? Sich nicht vom derzeit oftmals vorherrschenden blinden Aktionismus anstecken zu lassen, unbedingt eine Facebook-Seite einzurichten, „weil man das halt gerade so macht". Man sollte sich gut überlegen, ob die Zielgruppe auf Facebook aktiv ist, welche Ziele man dort erreichen möchte, ob die Plattform dafür die richtigen Werkzeuge und Möglichkeiten bietet, man bereit für den dialogorientierten Ansatz in diesem Umfeld ist und auch den ausreichenden Atem hat, um das Engagement zu einem langfristigen Erfolg zu führen. Denn auch im Social Web fallen die gebratenen „Reichweite-Tauben" nicht ohne weiteres Zutun vom

Himmel. Hier sind sowohl personelle als auch finanzielle Ressourcen erforderlich.

5. Wie sollten Unternehmen reagieren, wenn Kunden verstärkt ihrem Unmut auf der Pinnwand der Fanseite Luft machen? Lässt sich so etwas von vornherein verhindern?

Hierbei handelt es sich um eine Angst, welche nahezu jedes Unternehmen plagt. Zuerst einmal muss man sagen, dass der Dialog mit den Kunden auf Plattformen wie Facebook oftmals wesentlich positiver ist, als viele Unternehmen befürchten. Entgegen dem Volksglauben sind nämlich beispielsweise auf Bewertungsplattformen wie tripadvisor.com ca. 80% der Beiträge positiv und nur 20% negativ. Aber natürlich kann es immer mal wieder vorkommen, dass sich ein Kunde auch negativ äußert. Das ist im wahren, sprich offline Leben so. Warum sollte dies im Social Web anders sein? Man kann es eben nie allen recht machen. Und das ist auch überhaupt nicht schlimm. Als Unternehmen sollte man offen mit Kritik umgehen, egal ob diese berechtigt oder unberechtigt ist. Wobei wir insbesondere bei unberechtigter Kritik immer wieder sehen, dass die so viel beschworene selbstreinigende Wirkung der Community zum Tragen kommt. Hier müssen Unternehmen oftmals gar keine Stellung beziehen. Dies übernehmen bereits andere Nutzer. Wenn das negative Feedback überhandnimmt, sollte man sich als Unternehmen ernsthafte Gedanken machen, ob man eventuell etwas Grundlegendes falsch macht und wie man dies ändern kann. Auch das ist kein Phänomen des Social Web. Ganz im Gegenteil. Hier helfen Plattformen wie Facebook & Co. Unternehmen sogar enorm weiter. Denn früher haben sich oft unterschwellige Flächenbrände entwickelt und Unternehmen haben diese erst erkannt, wenn es zu spät war. Dank der sehr direkten Interaktion und Kommunikation zwischen Unternehmen und Kunden auf Facebook können die Reaktionszeiten hier erheblich verkürzt und größerer Schaden oftmals abgewendet werden. Aber grundsätzlich verhindern lässt sich dies nicht. Denn eines hat das Social Web grundlegend verändert. Wobei egal ist, ob Unternehmen selbst auf Plattformen wie Facebook vertreten sind oder nicht. Inzwischen bestimmen nicht mehr die Unternehmen, wer, was, wann, wie, wo über sie kommuniziert. Diese Entscheidung liegt heute vielmehr bei den Nutzern.

6. Wie gelingt Unternehmen ein authentischer Auftritt auf Facebook? Was sind die Erfolgsfaktoren im Umgang mit Facebook?

Als Mensch sollte man sich nicht verstellen. Als Unternehmen auch nicht. Denn getreu dem Motto „You can fool some people sometimes, but you can't fool all the people all the time" kommt dies gezwungenermaßen früher oder später raus. Sprich man sollte sich die Faustformel „Sei einfach Du selbst" auch aus Unternehmenssicht zu Herzen nehmen.

Hier eine kurze Übersicht einiger weiterer Faktoren auf dem Weg zu einem erfolgreichen Unternehmensauftritt im Social Web:

1. Klare Positionierung

Auch im Web 2.0 haben die Menschen nur eine kurze Aufmerksamkeits-Spanne 1.0. Man sollte ihnen also auch hier am besten in einem prägnanten Satz sagen können, was man zu bieten hat und warum man es wert ist, dass ein Nutzer „Fan" wird und sich fest mit meinem Unternehmen vernetzt.

2. Rollenwandel – Kein Mono-, sondern Dialog

Man sollte nicht der Vergangenheit hinterher trauern, sondern sich mit den Gegebenheiten des Social Web anfreunden. Keine Angst vor der neuen Welt haben, sondern die damit verbundenen Chancen sehen und nutzen. Das heißt nicht länger Werbe-Monolog, sondern Zielgruppen-Dialog. Weniger Kontrolle, sondern mehr Moderation.

3. Klare Ziele formulieren

Leider laufen immer noch zu viele Unternehmen erst einmal los, bevor sie überlegen, wo sie überhaupt hin möchten. Auch im Social Web sollte man sich dies vorab gut überlegen, damit man den kürzesten Weg zum Ziel geht und sich auf dem Weg seine Ressourcen gut einteilt.

4. Nutzung der gestalterischen und technischen Möglichkeiten

Eine Facebook-Seite muss nicht langweilig aussehen und sich auf wenige Standard-Funktionen beschränken. Hier kann man inzwischen auf wirklich tolle Möglichkeiten zurückgreifen, welche den Nutzern besondere Erlebnisse bieten. Und das oft sogar ohne allzu großen Aufwand. Das ist vielen Unternehmen leider noch nicht bewusst. Einerseits schade. Andererseits toll. Denn das bietet cleveren Unternehmen die Möglichkeit, sich relativ einfach klar von der Konkurrenz abzuheben.

5. Crossmedia – Facebook in die Gesamtstrategie einbetten

Unternehmen sollten Facebook nicht losgelöst von ihren sonstigen Aktivitäten betrachten. Denn hier bieten sich viele Möglichkeiten klassische Aktivitäten zu verlängern und mit dem Social Web zu vernetzen. Und natürlich funktioniert dies auch andersherum. Das Ergebnis: Marketing ist nicht mehr länger nur die Summe der einzelnen Teile, sondern entfaltet zusätzliche Wirkung, indem sich verschiedene Bausteine gegenseitig befruchten.

Zu guter Letzt ein Erfolgsfaktor, der auf kein spezielles Medium begrenzt ist. Dieser lautet: Nicht nur reden, sondern machen! Und genau dabei wünschen wir viel Spaß und Erfolg.

3 Die Marktforschungs-Strategie

Kapitel 3

Die Marktforschungs-Strategie

Ein Unternehmen könnte sich nach einer Situationsanalyse und eines Abwägens von Kosten und Nutzen dafür entscheiden, das Social Web lediglich als Marktforschungskanal zu nutzen. In diesem Fall stehen zwei Möglichkeiten zur Auswahl: die passive und die aktive Nutzung. Beide Varianten schließen sich nicht gegenseitig aus, sondern können auch in Kombination zur Anwendung kommen. Die Grenzen zum reinen Monitoring sind hierbei fließend.

3.1 Passive Nutzung zur Marktforschung

Die passive Nutzung stellt den geringsten Grad des Engagements dar. In diesem Fall werden lediglich bestehende Beiträge und Interaktionen anderer Nutzer beobachtet, analysiert und ausgewertet. Ein eigenes Engagement findet nicht statt. In einigen Netzwerken müssen Nutzerkonten angelegt werden, um überhaupt Einblick in das Geschehen zu bekommen.

Entscheidet sich ein Unternehmen zur passiven Nutzung, spielen Instrumente des Social Media Monitorings eine wichtige Rolle. Auch die im Kapitel „Social Media Strategie" angesprochenen Möglichkeiten der Analyse bestehender Diskussionen stehen hier im Mittelpunkt.

Marktforschung spielt eng mit dem Monitoring zusammen

3.1.1 Analyse der Forenlandschaft

Leicht zu analysieren und daher als Erstes durchzuführen ist eine Analyse der Forenlandschaft. Mit den bereits genannten Google-Befehlen „inurl:forum" und „inurl:board" lässt sich schnell herausfinden, wo bereits diskutiert wird. Je nach Zielsetzung sollte das Unternehmen dabei folgende Suchbegriffe verwenden:

- Unternehmensname
- Produkt- und Markennamen
- Namen exponierter Mitarbeiter
- Telefonnummern
- URL der Website
- Gebräuchliche Begriffe der Branche
- Namen etc. der Wettbewerber

 *wichtig*

Die Fundstellen werden in einer entsprechenden Anwendung bzw. in einem Tabellendokument festgehalten. Dabei empfiehlt es sich, insbesondere neuere Beiträge und Beiträge mit hohem Krisenpotenzial besonders zu kennzeichnen. Hierfür empfiehlt sich die im Kapitel „Strategisches Vorgehen im Social Media Marketing" vorgestellte Tabelle.

Mit dieser Analyse lässt sich relativ schnell ein Überblick über relevante Foren schaffen, in denen häufiger über das eigene Unternehmen diskutiert wird. Auch ein generelles Bild der Stimmung in den Foren bildet sich so schnell heraus.

Foren können bezüglich der Geschwindigkeit der Kommunikation nicht mit Microblogging-Diensten oder Social Networks mithalten. Häufig treffen erste Antworten auf ein Thema erst nach einigen Tagen ein. Durch die stetige Natur der Forenlandschaft bleibt dafür ein Beitrag oft jahrelang auffindbar, wohingegen Tweets oder Postings in Social Networks oft schon nach Tagen oder Wochen archiviert und nicht mehr auffindbar sind.

Aktive Forennutzer haben oft auch in anderen Medien eine große Reichweite

In Foren finden sich häufig Multiplikatoren, die auch in anderen Medien kommunizieren. So haben aktive Forennutzer häufig auch einen Blog oder einen gut besuchten Twitter-Account. Es lohnt sich, diese Meinungsmacher besonders im Auge zu behalten.

3.1.2 Analyse der Social Networks

Eine umfassende Analyse der Social Network-Landschaft fällt im Gegensatz zur Forenlandschaft schon schwerer. Ein Großteil der Inhalte beschränkt sich auf den eigenen Freundeskreis der Nutzer und kann von Außenstehenden nicht eingesehen werden. Hier kommen selbst professionelle Anbieter von Social Media Monitoring oft nicht weiter.

Eine zentrale Aufgabe dieser Strategie besteht darin, herauszufinden, in welchen Social Networks überhaupt Diskussionen rund um das Unternehmen stattfinden. Das können je nach der Zielgruppe ganz unterschiedliche Plattformen sein: neben Facebook können sich auch StudiVZ, Wer-kennt-wen, XING oder KWICK! als wichtig erweisen.

Aufgrund der Schnelllebigkeit der Social Networks muss das Festhalten der Fundstellen anders erfolgen. In der Regel ist es nicht sinnvoll, einzelne Fundstellen zu archivieren, da diese bereits nach wenigen Tagen nicht mehr aufrufbar sein können. Stattdessen empfiehlt es sich, diejenigen Nutzer zu identifizieren, die häufiger über das Unternehmen bzw. die Produkte sprechen. Es geht hier also mehr um eine Übersicht der Personen als der einzelnen Beiträge.

3.1.3 Analyse von Blogs und Microblogs

Die passive Marktforschung in Blogs läuft ähnlich ab wie bereits in den Foren (Suchbefehle „inurl:blog" bzw. Google Blogsearch). Twitter ähnelt bezüglich der Analyse eher den Social Networks.

Zur Analyse von Blogdiskussionen gibt es auch spezialisierte Tools. An dieser Stelle sei Blogpulse vorgestellt, ein Dienst des US-Marktforschungsunternehmens The Nielsen Company. Blogpulse durchsucht die Bloglandschaft nach gewünschten Begriffen und zeigt einen Trendverlauf an, der auch als Vergleich verschiedener Begriffe aufgerufen werden kann. Neben der Trendanzeige lassen sich auch alle Fundstellen aufrufen sowie eine Benachrichtigungsfunktion per RSS-Feed einrichten.

Blogpulse

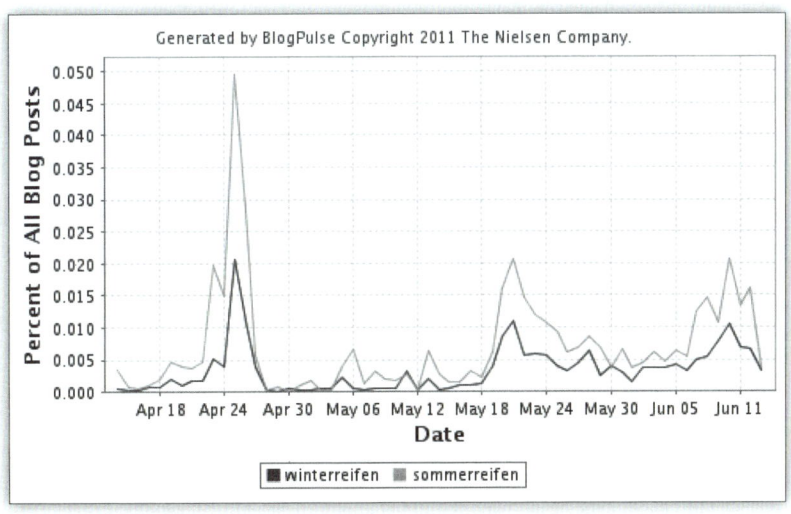

Abb. 33: Blogpulse-Analyse der Begriffe „Winterreifen" und „Sommerreifen"

Je einzigartiger ein Produkt- oder Markenname, desto leichter fällt es mit diesen Tools, den Begriff nachzuverfolgen. Abkürzungen, mehrdeutige Begriffe und häufig verwendete Eigennamen lassen sich nur schwer messen.

3.1.4 Auswertung von Links

Dem Microblogging-Dienst Twitter.com ist eine weitere Möglichkeit der Marktforschung zu verdanken. Durch die Kürze der Nachrichten ist Platz ein kostbares Gut – Twitter-User nehmen dankbar jede Gelegenheit zur Verkürzung der Inhalte an. Deshalb legten die Nutzer im Laufe der Zeit zahlreiche Abkürzungen und Codes fest, die lange Worte ersetzen (ähnlich wie es bereits bei den SMS der Fall war). Eine normale Web-Adresse besteht ebenfalls aus sehr vielen Zeichen und nimmt dementsprechend schon einen großen Teil des Tweets in Beschlag.

Aus diesem Grund kamen die ersten URL-Verkürzungsdienste auf den Markt. Diese Dienste ermöglichen, wie der Name schon sagt, die Verkürzung von Hyperlinks. Man gibt einfach den eigentlichen, langen Link im entsprechenden Dienst ein und erhält einen stark verkürzten, neuen Link, der auf den eigentlichen Link weiterleitet. So wird aus http://www.dim-marketingblog.de/2011/08/03/aufzeichnung-des-social-media-webinars-social-media-marketing-mit-facebook/ zum Beispiel http://bit.ly/nPmEyy – eine Ersparnis von fast 100 Zeichen.

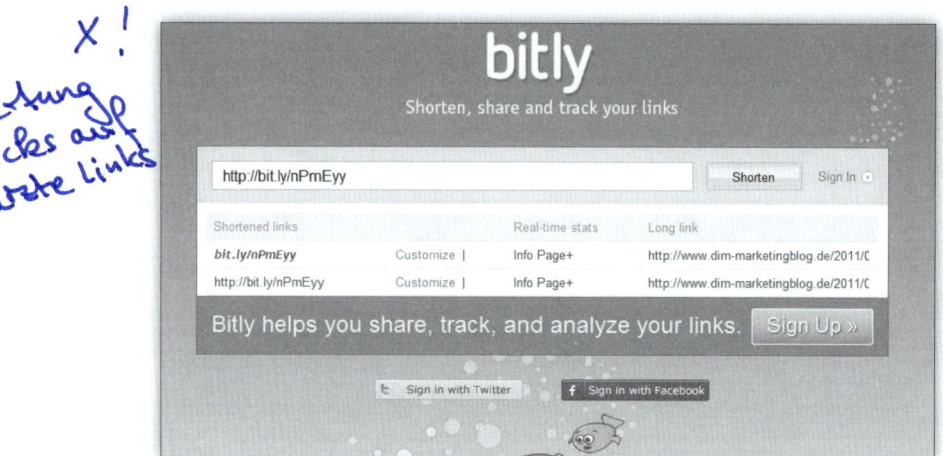

Abb. 34: Bit.ly verkürzt Internetadressen, um sie in Social Networks besser nutzen zu können

URL-Verkürzungsdienste ermöglichen eine Auswertung der Links

Der URL-Verkürzungsdienst bit.ly bietet eine interessante Funktion, nämlich die Auswertung der Klicks auf jeden verkürzten Link. Und das nicht nur für die Links, die man selbst verkürzt hat, sondern auch für jeden anderen verkürzten Link. Eine optimale Möglichkeit also, zu untersuchen, wie stark die Links der Konkurrenz angeklickt werden. Da die Mehrheit der Twitter-Nutzer und auch Nutzer einiger anderer Social Media Dienste bit.ly verwenden, kann man sich recht schnell ein breites Bild verschaffen.

Die Analyse erfolgt einfach durch Markieren und Kopieren des Links, Einfügen in die Adresszeile und Anfügen eines Plus-Zeichens. Nach dem Bestätigen mit Enter gelangt man nun auf eine Statistik-Seite, die einige Auswertungen zum Link zeigt, unter anderem wie oft der Link bei Facebook und Twitter weitergereicht wurde – und eben die Klickzahlen des Links.

Analyse der eigenen Klickzahlen und der Konkurrenz

Abb. 35: Der amerikanische Autor Tim Ferriss erzielt sehr hohe Klickraten in seinen Twitter-Links

Mit ein wenig Zeiteinsatz erhält man so ein Gefühl dafür, welche Links funktionieren und welche überhaupt nicht angeklickt werden. Unternehmen können sich erfolgreiche Inhalte von Wettbewerbern abschauen und entsprechend in ihr eigenes Repertoire übernehmen.

3.1.5 Google Alerts

Ein überaus wertvolles Tool für die Marktbeobachtung stellt Suchmaschinenriese Google mit den Google Alerts zur Verfügung. Die Google Alerts funktionieren wie eine umgekehrte Suchmaschine: anstatt aktiv nach einem Begriff zu suchen, informiert das Tool den Nutzer, sobald der gewünschte Begriff irgendwo auftaucht. Unter www.google.de/alerts lassen sich diese Benachrichtigungsaufträge kostenlos einrichten.

Konto einrichten

Abb. 36: Google Alert-Formular

Dabei ist zu beachten, dass unter Typ „Alles" und unter Umfang „Alle Ergebnisse" eingestellt ist, sonst gehen womöglich wichtige Ergebnisse unter. Die Häufigkeit „Einmal täglich" reicht in der Regel aus. Der Empfänger erhält dann einmal am Tag eine E-Mail, in der alle Fundstellen aufgelistet und verlinkt sind. Durch einen Klick auf die Überschrift gelangt der Nutzer, genau wie in den normalen Google-Suchergebnissen, zur Fundstelle.

Google erlaubt beliebig viele Alerts. Soll eine Suchphrase aus mehr als einem Begriff überwacht werden, empfiehlt es sich, die Wörter in Anführungsstriche zu setzen.

Die einmal bestellten Alerts lassen sich durch einen Link in jeder Mail ändern oder abbestellen.

Sobald mehr als ein Begriff überwacht werden soll, sind die Einrichtung eines separaten E-Mail-Accounts und das automatische Sammeln der Mails in einem separaten Ordner sinnvoll. So lässt sich ein Überquellen des eigentlichen Posteingangs vermeiden.

3.2 Aktive Nutzung zur Marktforschung

Der passive Ansatz erschöpft sich darin, bestehenden Diskussionen zuzuhören und Fundstellen auszuwerten. Das bringt ein Unternehmen bis zu einem gewissen Punkt weiter, da es so die aktuelle Stimmung im Netz authentisch und unzensiert mitverfolgen kann.

Aktive Marktforschung umfasst das gezielte Befragen der Nutzer

Um auf gezielte Fragestellungen Antworten zu erhalten, ist jedoch der aktive Ansatz notwendig. Hierbei geht das Unternehmen direkt auf die Konsumenten zu und fragt gezielt nach Meinungen, Einstellungen oder Vorschlägen. Hierfür muss sich das Unternehmen in der Regel bereits aktiv im Web 2.0 engagieren, da nur so die notwendigen Zielgruppen erreicht werden können.

Wie bei einem Offline-Marktforschungsprozess sind auch hier im Vorfeld bereits einige Dinge zu beachten. Da Social Media Marktforschung nicht unbedingt die Ausmaße und die Prozessgenauigkeit einer (oftmals teuren und aufwändigen) herkömmlichen Marktforschung annehmen muss, fällt das Ausmaß der Planung meist geringer aus. Wichtig ist jedoch, dass sich das Unternehmen überhaupt Gedanken über die folgenden Fragen macht, um hinterher zu verwertbaren Ergebnissen zu kommen

3.2.1 Definition des Marktforschungsgegenstands

Im ersten Schritt ist das eigentliche Thema zu definieren, das Gegenstand der Marktforschung sein soll. Sollen die Nutzer zu ihrer Zufriedenheit mit einem Produkt oder dem Unternehmen als Ganzes befragt werden? Sollen Meinungen zu aktuellen Marktentwicklungen eingeholt werden? Oder besteht das Ziel gar darin, neue Produktideen zu generieren?

Auch wenn die Marktforschung in einem sehr engen Rahmen und nicht in Erwartung valider und reliabler Ergebnisse erfolgt, bedingt eine klare Definition des zu erhebenden Problems letztendlich den Erfolg. Je genauer sich die Befragenden Gedanken machen, worum es eigentlich gehen soll, desto zufriedenstellender können die Ergebnisse ausfallen.

3.2.2 Design

In der Marktforschung dient die Designphase dazu, die Art und Weise der Informationsbeschaffung zu definieren. Hier werden die Methoden und Erhebungsquellen definiert, sowie die Zielgruppen, Stichprobengröße und Stichprobenziehung festgelegt.

In der Social Media Marktforschung werden in dieser Phase die Kanäle definiert, in denen die Befragung stattfinden soll. Die Marktforschung könnte zum Beispiel auf Twitter stattfinden, bei Facebook oder auch im eigenen Unternehmensblog (oder natürlich über eine Kombination der verschiedenen Kanäle). Die Antwort auf diese Fragen hängt in hohem Maße davon ab, wo das Unternehmen bisher aktiv ist und bereits Zielgruppenkontakte (Follower, Fans, etc.) vorweisen kann. Ein Twitter-Account mit 20 Followern wird sich nicht zur Marktforschung eignen, ebenso wenig wie ein brandneuer Blog, der noch kaum Besucher aufweist.

Auch einige Überlegungen zur Zielgruppe können nicht schaden: sollen Bestandskunden befragt werden, Social Media Nutzer allgemein oder neue Zielgruppen, die bisher noch keinen Kontakt mit dem Unternehmen hatten?

Schließlich fällt in diese Phase die Frage, ob die Daten einmalig oder mehrmals erhoben werden sollen. Bei einer mehrmaligen Befragung der gleichen Stichprobe spricht man von einem Panel. Hierbei lassen sich zum Beispiel die Entwicklung der Zufriedenheit oder Einstellungen zu bestimmten Themen ermitteln und im Zeitverlauf vergleichen.

3.2.3 Datenerhebung

Blog-Plugins bieten Umfragenmöglichkeiten an

Im **Blog** könnte beispielsweise ein Fragebogen eingebunden werden, der bestimmte Themen abfragt. Einfache Lösungen lassen sich über fertige WordPress-Plugins (insbesondere das Plugin WP-Polls) realisieren. Dieses Plugin ermöglicht allerdings nicht die Erhebung offener Fragen.

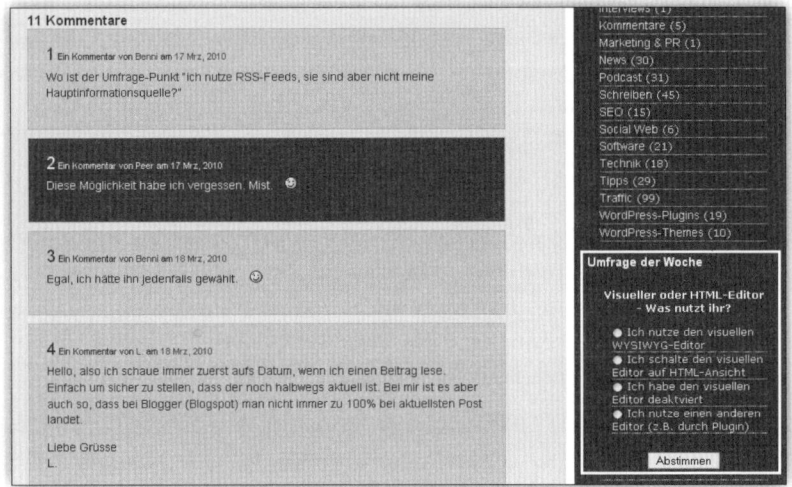

Abb.37: Umfrage-Plugin in der Sidebar bei www.blogprojekt.de

Eine weitere Low Budget-Lösung bieten Google Docs. Mit den kostenlosen Text- und Tabellenblättern von Google lassen sich ebenfalls Umfragen realisieren, die über einen einfachen Code in den Blog eingebunden werden können.

Die Google Docs ermöglichen sowohl offene als auch geschlossene Fragen, Auswahlboxen, Drop Down-Menüs und zahlreiche weitere Optionen.

Die professionelle Variante besteht natürlich in der Programmierung eines professionellen Fragebogens, der in den Blog eingebunden

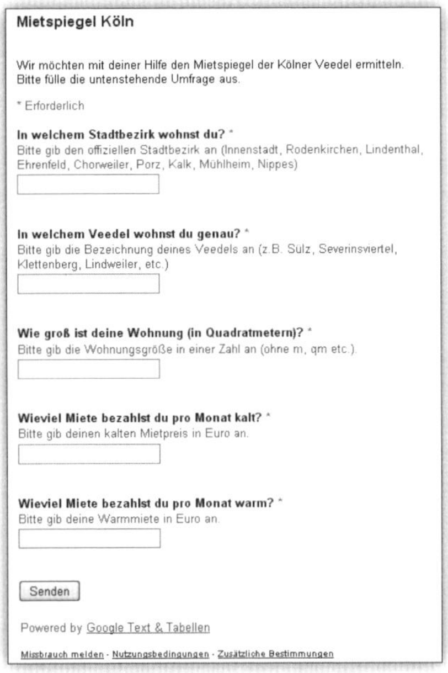

Mietspiegel Köln
Wir möchten mit deiner Hilfe den Mietspiegel der Kölner Veedel ermitteln. Bitte fülle die untenstehende Umfrage aus.
* Erforderlich
In welchem Stadtbezirk wohnst du? *
Bitte gib den offiziellen Stadtbezirk an (Innenstadt, Rodenkirchen, Lindenthal, Ehrenfeld, Chorweiler, Porz, Kalk, Mühlheim, Nippes)
In welchem Veedel wohnst du genau? *
Bitte gib die Bezeichnung deines Veedels an (z.B. Sülz, Severinsviertel, Klettenberg, Lindweiler, etc.)
Wie groß ist deine Wohnung (in Quadratmetern)? *
Bitte gib die Wohnungsgröße in einer Zahl an (ohne m, qm etc.)
Wieviel Miete bezahlst du pro Monat kalt? *
Bitte gib deinen kalten Mietpreis in Euro an.
Wieviel Miete bezahlst du pro Monat warm? *
Bitte gib deine Warmmiete in Euro an.
Senden
Powered by Google Text & Tabellen
Missbrauch melden - Nutzungsbedingungen - Zusätzliche Bestimmungen

Abb. 38: Umfrage über Google Docs, eingebunden im Blog www.miete-koeln.de

wird. Der hierfür notwendige Programmieraufwand stellt jedoch einen gewissen Kostenblock dar. Im Gegenzug liefert ein solcher Fragebogen jedoch auch die umfangreichsten und wertvollsten Ergebnisse und sollte für eine vollwertige Marktforschung die einzige Option darstellen.

Umfragen lassen sich auch über **Twitter** leicht realisieren. Hierfür steht mit twtpoll ein fertiges, in der Grundversion kostenloses Tool zur Verfügung (twtpoll.com), mit dem sich „Polls" (eine Frage) und „Surveys" (mehrere Fragen) erstellen lassen. Hierbei stehen schon in der einfachsten Variante verschiedene Fragetypen zur Verfügung, zum Beispiel Multiple Choice, Drop Down, verschiedene Skalen, freie Antworten und weitere Möglichkeiten.

twtpoll
home | features & pricing | contact us | Questions? support online | Sign in
Create a Poll
Create a Survey
Create a Poll
For more details about Twtpoll, see our features & pricing.
Twitter account? *
@dimmarketing
Not on Twitter? Create an account!
Type of question? *
Multiple Choice (select only one answer)
See examples
Question? *
Haben Sie in der Vergangenheit bereits (einmal oder mehrmals) eine Kundenzufriedenheitsanalyse durchgeführt? #Marktforschung #Marketing
5
Question about an Image / Video?
Answer type: Text Images/Videos Twitter handlers Addresses (Maps)
One answer per line
Answer choices? *
Ja, einmal
Ja, mehrmals
Nein
Add "Other" option.
Display answer choices at random order.
Automatically closes in 1 week. Click here to modify it!
Allow multiple votes per IP address
Choose this only if you're conducting a poll to people on the same network.
However this will allow anybody to cast a vote more than once.
You cannot change this option after the first vote has been cast.
Create a Poll

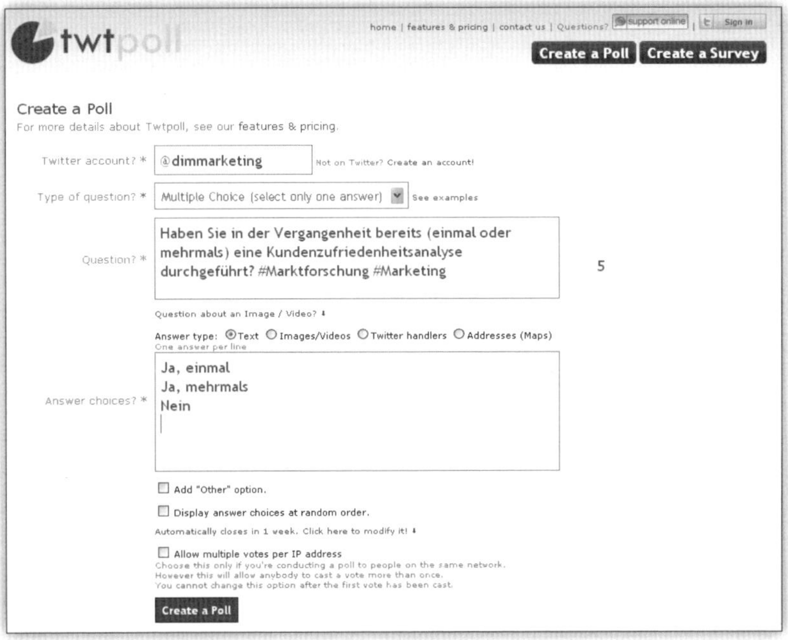

Abb. 39: Umfragenerstellung mit twtpoll (www.twtpoll.com)

Nach der Fertigstellung der Umfrage kann der Tweet direkt über twtpoll gesendet werden und funktioniert anschließend wie ein gewöhnlicher Tweet.

Der Link leitet die Teilnehmer auf die twtpoll-Seite weiter, wo sie die Umfrage ausfüllen können.

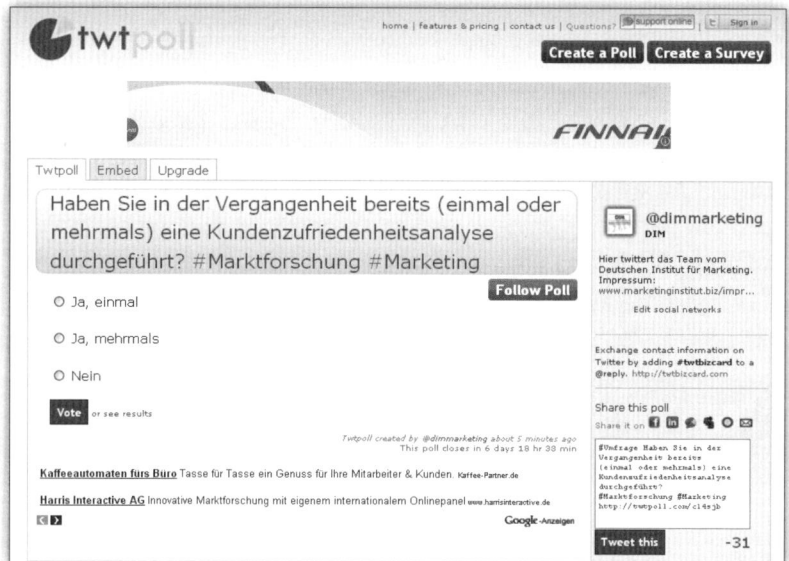

So lassen sich Umfragen über Twitter innerhalb weniger Minuten realisieren. In den kostenpflichtigen Varianten stehen zahlreiche Zusatzoptionen zur Verfügung. Das Limit an Teilnehmern, das in der kostenlosen Variante besteht, gilt in den Bezahlvarianten nicht mehr, es können beliebig viele Probanden an der Umfrage teilnehmen.

Eine ähnliche Möglichkeit bietet Facebook mit dem Umfrage-Tool. Hiermit lassen sich Umfragen in Seiten einfügen und Kunden zu beliebigen Themen befragen.

In welchen Situationen setzen Sie Persönlichkeitsmodelle ein?

☐ Teambuilding   ···

☐ Vertriebstraining   ···

☑ Führungscoaching   ···

☐ Persönlichkeitsentwicklung / Potenzialanalyse   ···

☐ Trainerausbildung   ···

☐ Personalauswahl   ···

╋ Option hinzufügen …

Abb. 42: Umfragen-Tool bei Facebook

3.2.4 Datenauswertung

Die im dritten Schritt erhobenen Daten gilt es nun auszuwerten. Je nach Datenmenge kommen dabei mehr oder weniger komplexe Verfahren zum Einsatz. Fundierte Kenntnisse der statistischen Methoden stellen gerade bei größeren Stichproben ein unverzichtbares Erfordernis dar.

3.2.5 Dokumentation

Im letzten Schritt erfolgt die schriftliche und/oder mündliche Dokumentation und Präsentation der Ergebnisse. Abbildungen und Grafiken helfen, die Ergebnisse auf einen Blick zu verstehen, Tabellen und „Zahlenwüsten" gehören eher in den Anhang. Durch eine dauerhafte Aufbewahrung der Ergebnisse lassen sich auch Vergleiche im Zeitverlauf ziehen und Auswirkungen der Social Media Maßnahmen nachvollziehen.

Interview mit Dr. Nils Weber

Dr. Nils Weber ist geschäftsführender Rechtsanwalt der JONAS Rechtsanwaltsgesellschaft mbH und Fachanwalt für gewerblichen Rechtsschutz. Durch zahlreiche Veröffentlichungen in namhaften Publikationen hat er sich im Bereich des Internetrechts einen Namen gemacht.

1. Herr Dr. Weber, bitte stellen Sie kurz sich und Ihr Fachgebiet vor.

Die JONAS Rechtsanwaltsgesellschaft mbH steht ihren Mandanten auf dem Gebiet des Marken- und Wettbewerbsrechts über die gesamte Wertschöpfungskette rechtsberatend zur Seite. Das heißt, wir befassen uns mit der Auswahl, Entstehung und Verteidigung von Marken sowie Marktpositionen. Die rechtlichen Fragen des Social Media Marketing haben dabei eine zunehmend dominierende Relevanz.

Als Rechtsanwälte beraten wir unsere Mandanten selbstverständlich nicht nur in außergerichtlichen Angelegenheiten, sondern führen auch Prozesse und sonstige streitige Auseinandersetzungen für unsere Mandanten.

Ich selbst arbeite in diesen Bereichen seit zehn Jahren als Rechtsanwalt, wobei ich in dieser Zeit auch für ein Jahr als Richter tätig war.

2. Wie sollte sich ein Unternehmen aus rechtlicher Sicht auf den Einstieg in die Social Media vorbereiten? Welche Aspekte müssen berücksichtigt werden?

Bei der Nutzung von Social Media müssen sich die Unternehmen in rechtlicher Hinsicht darauf einstellen, dass sie ein Stück weit die Kontrolle über ihre Kommunikation verlieren. Ein typisches Merkmal von Social Media Diensten ist, dass jeder Nutzer auf der Seite des Unternehmens Inhalte veröffentlichen kann, die Inhalte von jedem wahrgenommen werden können und dass durch die Verlinkung von Inhalten und Personen ein unüberschaubares Netzgeflecht entsteht.

Die Anonymität und Vielzahl der Akteure, die unkontrollierbare Kombination und Verbreitung der Inhalte sowie die Verbindung von Privatem und Kommerziellem stellen die besonderen rechtlichen Anforderungen dar. Anonymität bringt mit sich, dass vielfach die für Rechtsverstöße Verantwortlichen nicht identifiziert und damit nicht verfolgt werden können. Die Frage ob es sich um private oder geschäftliche Einträge handelt, lässt die Frage nach einer Markenverletzung oder einem Wettbewerbsverstoß, die nur im geschäftlichen Verkehr vorgenommen werden können, oft im Unklaren. Die Vernetzung der Inhalte im In- und Ausland macht es schwer, die Verantwortlichkeiten im Netz rechtlich zuzuordnen. Anders als bei sonstigen Medien wird damit eine Verfolgung etwa von geschäftsschädigenden Darstellungen oder einer rechtswidrigen Verwertung von Inhalten schwieriger.

Wer erst jetzt beginnt, über den Einstieg in Social Media nachzudenken, wird möglicherweise feststellen, dass ein Wunschname für z. B. eine Facebookseite bereits vergeben ist. Vielfach kann in der Praxis beobachtet werden, dass sich Privatleute oder Wettbewerber Accounts mit Namen Dritter registrieren und damit besetzen. Es ist dann erforderlich, mit den juristischen Mitteln des Namen- und Markenschutzes diese Accounts wieder frei zu bekommen.

Schließlich sollte man als Unternehmer darauf gefasst sein, dass auch Mitarbeiter mit der Unternehmensseite in Berührung kommen werden. Es empfiehlt sich daher, den Mitarbeitern Richtlinien an die Hand zu geben, wie mit privaten Accounts und der Unternehmenspräsenz umgegangen werden soll.

3. Wo lauern aus Ihrer Sicht die größten Fallen, wenn ein Unternehmen erstmal bei Facebook & Co. aktiv ist?

Für Unternehmensseiten bei Facebook und anderen Social Media Diensten gelten dieselben Bestimmungen wie für den Aufbau von Internetseiten, da es sich um geschäftliche Internetpräsenzen handelt. Dementsprechend müssen solche Seiten ein vollständiges und zutreffendes Impressum und in der Regel auch eine Datenschutzerklärung beinhalten. Dies wird oft nicht beachtet. Wettbewerber und Anwaltskanzleien, die auf Verfolgung derartiger Verstöße aus sind, haben hier ein weites und rechtlich ziemlich sicheres Betätigungsfeld.

Die Unternehmen sollten sich des Weiteren gut überlegen, welche Inhalte, insbesondere Fotos, Produktabbildungen und persönliche Abbildungen in das Internet eingestellt werden. Oft ist eine schnelle und unvorhersehbare Verbreitung der Inhalte unkalkulierbar.

4. Und gibt es Verbote oder Vorschriften, die aus Laiensicht erst einmal überraschend sind, mit denen man beim besten Willen nicht rechnen würde?

Wer die Impressumspflicht bei Social Media beachtet, hat den größten Teil der überraschenden Vorschriften berücksichtigt.

Ebenso wichtig wie gesetzliche Regelungen sind jedoch auch die vertraglichen Klauseln der Plattformanbieter, wie beispielsweise die Nutzungsbedingungen bei Facebook. Diese zumeist aus dem amerikanischen Sprach- und Rechtsraum stammenden Regelungen beinhalten für den deutschen Nutzer in der Tat vielfach überraschende Klauseln. So erhalten beispielsweise Facebook, Amazon oder YouTube nach ihren Bedingungen an den eingestellen Inhalten zeitlich und örtlich unbegrenzte Lizenzen was im Extremfall bedeuten könnte, dass Facebook mit eingestellten Inhalten und Namen Eigenwerbung betreibt oder eigene Produkte vertreibt. Derartigen Regelungen sind derzeit Gegenstand vielfältiger gerichtlicher Auseinandersetzungen. Erst kürzlich hat das Oberlandesgericht Nürnberg solche Klauseln vor dem Hintergrund des Transparenzgebotes und des Überraschungsverbotes für nichtig erklärt.

Aufgrund der Internationalität des Internets und der Social Media Dienste überrascht es des Weiteren oft, dass für Social Media Rechtsfragen nicht nur das deutsche Recht von Bedeutung ist, sondern je nach Anwendung auch ausländische Rechtsordnungen zu beachten sind.

Schließlich gibt es eine Fülle datenschutzrechtlicher Fragen, die ebenfalls nicht Gegenstand des Allgemeinwissens sein können.

5. Wie ist aus arbeitsrechtlicher Sicht mit Social Media umzugehen? Kann man Mitarbeiter verpflichten, für das Unternehmen in privaten oder beruflichen Netzen aktiv zu werden? Wo liegen hier die Risiken?

Social Media und Arbeitsrecht haben vielfältige Berührungspunkte. So stellt sich bereits die Frage, ob Mitarbeiter eines Unternehmens auf der Social Media Seite des Unternehmens kritische Kommentare verfassen und abgeben dürfen. Grundsätzlich können sich die Arbeitnehmer hierbei auf die Meinungsfreiheit berufen. Sie haben jedoch auch die Verpflichtungen zur Verschwiegenheit und zur Treue gegenüber ihrem Arbeitgeber zu berücksichtigen. Die Grenzziehung ist rechtlich oft schwierig und kann je nach Standpunkt unterschiedlich beurteilt werden. Es hat sich als vorteilhaft gezeigt, Richtlinien für die Nutzung von Social Media vorzugeben und die Mitarbeiter auf die Möglichkeiten und Risiken in allgemeiner Art aber auch konkret in Hinblick auf ihr Arbeitsverhältnis aufzuklären.

Bei der Frage, ob Arbeitnehmer zur aktiven Teilnahme an Social Media verpflichtet werden können, ist nach der Funktion der Arbeitsstelle zu unterscheiden. Im Marketing oder Vertrieb tätige Arbeitnehmer können im Rahmen des Weisungsrechts des Arbeitgebers verpflichtet werden, diese Medien für berufliche Zwecke zu nutzen. Bei einer Buchhaltungskraft dürfte dies schwieriger werden.

Zu beachten ist allerdings, dass Arbeitgeber keinesfalls ihre Mitarbeiter dazu veranlassen dürfen, private Accounts etwa für die Anpreisung von Produkten des Unternehmens einzusetzen. Dies würde sich als eine unlautere verdeckte Werbung darstellen, die nach Wettbewerbsrecht verboten ist. Folglich kann auch bei derartigen rechtswidrigen Handlungen kein Arbeitnehmer wirksam angewiesen werden.

Schließlich ist es arbeitsrechtlich empfehlenswert, Administratoren von Social Media Seiten darauf zu verpflichten, die Log-In Daten und sämtliche zum Weiterbetrieb der Seiten erforderlichen Daten spätestens bei Beendigung des Arbeitsverhältnisses herauszugeben und offenzulegen. Andernfalls könnte die etablierte Social Media Präsenz nicht oder nicht sofort weiterbetrieben werden.

6. Können Sie 1-2 Fallbespiele aus der Praxis beschreiben, wo rechtliche Probleme im Social Media Marketing zu ernsten Problemen geführt haben?

Ebenso wie das Internet oder sonstige Werbemedien muss sich auch beim Social Media Marketing an die allgemeinen rechtlichen Regelungen gehalten werden. An erster Stelle ist hier das Gesetz gegen unlauteren Wettbewerb zu nennen. Verstöße hiergegen sind auch im Social Media Marketing häufig anzutreffen, sie stellen jedoch keine besondere Problematik dar.

Problematisch wird es in der Regel dann, wenn die besonderen Kommunikationsmöglichkeiten des Social Media Marketing nicht bedacht oder unterschätzt werden. Es kann dann der sogenannte „Barbra Streisand"-Effekt eintreten. Dieser Name geht darauf zurück, dass sich die amerikanische Sängerin Barbra Streisand gegen die Veröffentlichung privater Bilder zurecht gewendet hat, dies jedoch bekannt wurde und sodann die bereits mehrfach kopierten und weitergeleiteten Bilder noch eine weit größere Aufmerksamkeit und Verbreitung gefunden haben. Damit trat der gegenteilige Effekt des Beabsichtigten ein.

Ähnlich ist es einem Hersteller von Schokoriegeln gegangen, der von Greenpeace durch ein sehr unansehnliches Video zu den Auswirkungen der Nutzung von Palmöl kritisiert wurde. Der Hersteller ist zwar rechtlich erfolgreich gegen Greenpeace vorgegangen. Faktisch hat er damit jedoch das Gegenteil bewirkt, weil das Video danach über Dritte eine noch größere Verbreitung fand.

Die Tücken des Social Media Marketing hat auch ein großes deutsches Versandhaus erlebt, das einen Model-Wettbewerb ausschrieb. Gewinner im Voting der User wurde ein offensichtlich als Frau verkleideter Spaßteilnehmer. Der Versandhändler hat darauf sehr souverän und dem Kommunikationsmittel angemessen reagiert. Er hat die geplante Werbekampagne mit diesem als Frau verkleideten Modell durchgeführt. Jede andere Reaktion eines Ausschlusses oder ähnlicher Maßnahmen hätte mit großer Wahrscheinlichkeit ein PR-Desaster unter den Usern nach sich gezogen. So hatte die Kampagne eine sehr große Aufmerksamkeit und Beliebtheit.

7. Was muss ein Unternehmen beachten, wenn es sich rechtlich beraten lassen will? Welche Themen müssen beachtet werden? Über welchen Zeitraum sollte sich eine Beratung erstrecken usw.?

Bei der Frage der rechtlichen Beratung ist es empfehlenswert, die Beratung bereits im Planungsstadium der Social Media Präsenz vorzunehmen. Die rechtlichen Regelungen haben erhebliche Auswirkungen auf die inhaltliche und technische Gestaltung der Seite.

Bei der Wahl des Beraters ist es sicherlich hilfreich, wenn dieser über einschlägige Erfahrungen in diesem Rechtsbereich verfügt.

Der zeitliche Rahmen der Beratung sollte sich schwerpunktmäßig auf den Installations- und Erstellungszeitraum erstrecken sowie bei jeder wesentlichen Änderung des Auftritts gesucht werden. Es ist zudem zu empfehlen, bei besonderen Anlässen, wie der Einstellung von Gewinnspielen, Problemen mit einzelnen Nutzern oder wettbewerbswidrigen Verhalten von Konkurrenten rechtlichen Rat einzuholen. Der Themenbereich der Rechtsberatung erstreckt sich zumeist auf die Hinweispflichten im Internet, Wettbewerbs-, Marken- und Urheberrecht sowie Datenschutzrecht.

8. Bitte geben Sie dem Leser noch 3 konkrete Tipps mit, um aus Unternehmenssicht zumindest die größten rechtlichen Risiken im Social Media zu vermeiden.

Am wichtigsten ist es, die formalen und jederzeit durch Konkurrenten überprüfbaren Bedingungen sicher zu stellen. Damit ist insbesondere die Aufführung des Impressums und die Beachtung der Datenschutzbestimmungen gemeint.

Bei der Einstellung von Inhalten ist zwingend darauf zu achten, dass keine Rechte Dritter verletzt werden.

Schließlich sollte jedes Unternehmen bei der Nutzung von Social Media darauf eingestellt sein, dass nicht immer die rechtliche Reaktion auf ein Problem dessen Lösung bringen muss, sondern oftmals der kommunikative Weg mit den Mitteln des Social Media die wirtschaftlich bessere Lösung sein kann.

Workshop
Online-Marketing

Das Online-Marketing ist aus dem Instrumentarium eines modern auftretenden Unternehmens nicht mehr wegzudenken. Noch nie war es möglich, einen weltweiten Markt so zielgerichtet zu bearbeiten. Doch was macht erfolgreiche Unternehmen im Internet aus? Der Workshop richtet sich an Marketingverantwortliche, welche ihre Kenntnisse und Fertigkeiten optimieren wollen. Usability, E-Mail-Marketing, SEO, SEA, Social Media – nach diesem Seminar beherrschen Sie die gesamte Klaviatur des Online-Marketing.

Termine: Mo, 12. – Di, 13. Dez. 2011 • Mo, 09. – Di, 10. Jan. 2012 • Mo, 12. – Di, 13. Mrz. 2012 • Mo, 21. – Di, 22. Mai 2012 • Mo, 23. – Di, 24. Jul. 2012 • Mo, 08. Okt. – Di, 09. Okt. 2012 • Mo, 17. – Di, 18. Dez. 2012

Ihr Nutzen	Aus dem Inhalt
1. Sie erhalten einen komprimierten Überblick zu den relevanten Themen.	• Erfolgreiche Websites – Strategie, Usability, Conversion
2. Sie sehen an „echten" Fällen, wie Sie die Erkenntnisse direkt für sich umsetzen können.	• Suchmaschinen-Optimierung (SEO)
3. Die Checklisten und Tools erleichtern Ihnen den Transfer in den Alltag.	• Keyword-Advertising (SEA)
4. Zahlreiche Online-Tools helfen Ihnen bei der Realisierung.	• Online-Werbung / Display-Advertising
5. Komprimierte Darstellung der notwendigen Inhalte.	• Affiliate-Marketing
6. Online-Marketing aus Sicht des Marketing und nicht aus Sicht der Technik.	• E-Mail-Marketing / Newsletter
7. Blended-Learning – Sie erhalten für zwölf Monate einen Zugang zum DIM-Online-Campus.	• Web-Analytics
	• Social Media Marketing

Nutzen Sie unser Wissen für Ihren Erfolg!

4 Die Kundenbindungs-Strategie

Kapitel 4

Die Kundenbindungs-Strategie

Social Media eignen sich auch hervorragend, um Bestandskunden an das Unternehmen zu binden. Die Kundenansprache über soziale Medien ist vergleichsweise günstig, was eine höhere Kontaktfrequenz zu geringeren Kosten ermöglicht. Dabei ist natürlich verstärkt darauf zu achten, dass die Kontakte von hoher Qualität bleiben und einen echten Mehrwert bieten. Je günstiger die Kontaktaufnahme mit den Kunden ist, desto höher auch die Verlockung, „aus allen Rohren zu feuern". Hierin liegt eine große Gefahr – der Kunde fühlt sich belästigt und unterbindet die künftige Kontaktaufnahme, im schlimmsten Fall nicht nur in den Social Media, sondern auch über die weiteren Maßnahmen (Newsletter etc.).

Eine hohe Kundenbindung gilt für viele Unternehmen als eines der erstrebenswertesten Ziele überhaupt. Kein Wunder, denn zahlreiche Studien haben gezeigt, dass die Akquisition eines Neukunden deutlich mehr kostet, als einen Bestandskunden zum Wiederkauf zu bewegen. Durch den ständig steigenden Werbedruck, dem die Konsumenten ausgesetzt sind, sinkt die Effektivität der einzelnen Werbebotschaft – das Unternehmen bezahlt letztlich einen höheren Preis für eine Neukundenansprache.

Ein Bestandskunde hat aber im besten Fall bereits eine oder mehrere gute Erfahrungen mit dem Unternehmen und dessen Leistungen gemacht, fühlt sich vertraut mit der Marke, ist überzeugt von den Serviceleistungen und weiß, womit er es zu tun hat. Nicht unterschätzt werden sollte auch die Bequemlichkeit vieler Kunden – ein Anbieterwechsel stellt immer eine Hürde, einen Aufwand dar.

Je nach Grund der Kundenbindung unterscheidet man verschiedene Grade. Die geringste Stufe stellt die bloße situative Kundenbindung dar, bei der der Kunde zum Beispiel aufgrund von räumlicher Nähe oder der oben angesprochenen Bequemlichkeit Kunde bleibt. Die vertragliche Bindung, die einen Wechsel für einen bestimmten Zeitraum unmöglich macht, und die technisch-funktionale Bindung, auf die zum Beispiel Anbieter von Kaffee-Pads, Rasierklingen oder

Kundenbindung kann verschiedene Ausprägungsgrade aufweisen

Aufsteckzahnbürsten abzielen, gehen schon einige Schritte weiter. Die emotionale Kundenbindung, bei der der Kunde wirklich „Fan" des Unternehmens und dessen Leistungen ist, stellt die höchste und dauerhafteste Ausprägung dar, da der Kunde wirklich Kunde bleiben will. Nicht aus Bequemlichkeit, Zwang oder technischer Notwendigkeit, sondern weil er aus tiefstem Herzen vom Unternehmen überzeugt ist. Unternehmen wie Harley Davidson oder Apple haben es geschafft, sich so eine treue Fangemeinde aufzubauen, die im wahrsten Sinne des Wortes zu „Jüngern" der Marke wird (so ist es bei Harley-Fahrern nicht ungewöhnlich, sich das Logo der Marke auf die Haut zu tätowieren).

Diese Fans bzw. Jünger sind genau das, was man mit Kundenbindungsmaßnahmen in den Social Media erreichen möchte. Denn diese „Brand Evangelists" erzählen auch ihren Freunden von den Produkten, laden sie in Gruppen oder auf die Facebook-Seite ein, stehen dem Unternehmen bei Kritik zur Seite und sorgen für den so begehrten positiven User Generated Content. Oberstes Ziel der Kundenbindungsmaßnahmen stellt also die Schaffung einer Fangemeinde dar, die nicht nur als Wiederkäufer den Umsatz des Unternehmens sichert, sondern auch als Multiplikator für eine höhere Reichweite und authentische Ansprache von Neukunden sorgt. Um soweit zu kommen, ist jedoch ein aufwändiger Beziehungsaufbau, ein hohes Maß an Offenheit, Ehrlichkeit und Transparenz seitens des Unternehmens und die Schaffung von echten Mehrwerten notwendig.

Im Marketing bedient man sich zur Steigerung der Kundenbindung verschiedener Maßnahmen. Hierzu gehören zum Beispiel Kundenzeitschriften, Mailings und Newsletter, Kundenkarten, Couponing-Aktionen oder Mehrwertprogramme.

Social Media bieten sich geradezu für eine Steigerung der Kundenbindung an. Durch den Dialog und direkten Austausch mit den Kunden und die vielfältigen technischen Möglichkeiten der Kommunikation scheinen soziale Medien prädestiniert für diesen Einsatzzweck. Das folgende Vorgehen stellt einen beispielhaften Prozess mit dem Ziel der Kundenbindung dar.

4.1 Kunden kennen

An erster Stelle gilt es, herauszufinden, wo sich die Bestandskunden im Netz aufhalten. Es ist meistens einfacher und günstiger, eine Anlaufstelle dort zu schaffen, wo die Kunden bereits aktiv sind, als sie auf eine völlig neue Plattform zu ziehen.

Dieser erste Schritt lässt sich zum Beispiel mit Hilfe einer Kundenbefragung umsetzen. Per Newsletter oder Mailing werden die Kunden gefragt, auf welchen sozialen Plattformen sie sich häufiger aufhalten. Auch im persönlichen Gespräch lassen sich solche Hinweise ermitteln.

Durch eine Kundenbefragung lässt sich herausfinden, wo sich die Kunden im Netz aufhalten

In großem Umfang hängen die späteren Schritte auch von der Demografie der Benutzer ab. Besteht der Kundenkreis eher aus Führungskräften mittleren Alters, dürfte XING eine erfolgversprechende Plattform darstellen. Richtet sich das Unternehmen dagegen an ältere oder jüngere Zielgruppen, können andere Netzwerke wie Platinnetz. de oder StudiVZ.net geeigneter sein. In sehr vielen Fällen dürfte sich allerdings eine überwiegende Nutzung von Facebook herausstellen.

Die zunehmende Aufweichung der Grenzen zwischen Berufs- und Privatleben führt dazu, dass sich auch Geschäftskunden über Facebook erreichen lassen. Schließlich haben die meisten Facebook-Nutzer mittlerweile nicht nur Statusmeldungen ihrer Freunde, sondern auch interessanter Unternehmen abonniert. Wenn es also gelingt, zielgruppenrelevante und wirklich wertvolle Inhalte zu generieren, kann Facebook auch im B2B-Sektor zu einem wirksamen Marketingkanal werden.

4.2 Dienste aufbauen

Aufbauend auf der Erkenntnis, welche Dienste die Kunden bereits aktiv nutzen, geht das Unternehmen nun daran, die jeweiligen Ressourcen aufzubauen.

In vielen Fällen bietet sich auch bei der Kundenbindungs-Strategie ein Blog als zentrale Anlaufstelle an. Hier kann das Unternehmen nicht nur hilfreiche Inhalte und aktuelle Neuigkeiten publizieren, sondern auch zur Diskussion einladen.

Als gutes Beispiel kann hier der Lebensmittelhersteller Frosta gelten, der bereits seit einigen Jahren einen erfolgreichen Blog betreibt. Auf diesem Blog informiert das Unternehmen über neue Produkte, über Inhaltsstoffe, rechtliche Entwicklungen oder verschiedene Herstellungsverfahren. Außerdem findet der Kunde kurze Videoclips mit Kochtipps, die über YouTube bereitgestellt werden. Besonders interessant ist aber die Kategorie „Deine Meinung zählt". Hier bezieht

Frosta die Kunden in verschiedene Prozesse mit ein. So standen bereits verschiedene Verpackungsalternativen, Zusammensetzungen oder Inhaltsangaben zur Diskussion. Kunden, die sich hier aktiv beteiligen, werden nicht nur eine engere Beziehung und damit auch eine höhere Bindung an Frosta aufbauen, sondern sich auch verstanden und ernst genommen fühlen. Wer hier kommentiert, ist jemand, der auch im Freundeskreis oder sogar auf Social Networks von den Produkten und seinen Erfahrungen damit erzählt. Es handelt sich um genau die „Brand Evangelists", die jedes Unternehmen begehrt. Und selbst die Kunden, die nicht aktiv kommentieren, wissen die Möglichkeit dazu zu schätzen und bauen eine positive Haltung zur Marke auf.

Abb. 43: Frosta nutzt einen Blog zur Kundenbindung

RSS-Feeds ermöglichen das Abonnieren der Blogbeiträge

Eine Funktion, durch die sich der Blog zur Kundenbindung eignet, stellen die „RSS-Feeds" dar. Mit Hilfe dieser Technologie lassen sich neue Blogbeiträge abonnieren und automatisch empfangen. Der Kunde kann dabei auswählen, ob er die Beiträge in einem speziellen „Feedreader" oder per E-Mail zugeschickt bekommen möchte.

Der RSS-Feed informiert nun den Feedreader bei jedem neuen Beitrag, der Kunde erhält aktuelle Beiträge automatisch, ohne den Blog jedes Mal besuchen zu müssen.

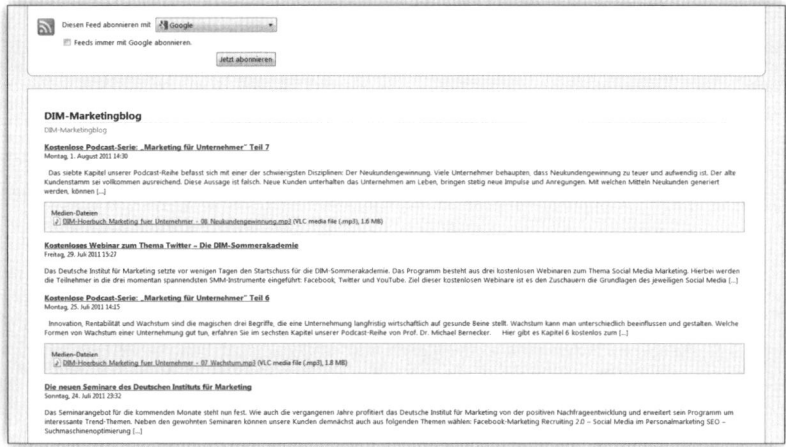

Abb. 44: Der RSS-Feed des DIM-Marketingblogs

Durch Anklicken des RSS-Symbols, dass in Blogs zu finden ist, kann man auswählen, mit welchem Programm die Beiträge abonniert werden sollen.

Um die RSS-Feeds zur Kundenbindung nutzbar zu machen, sollte das Unternehmen aktiv auf diese Möglichkeit hinweisen. Dies kann durch eine prominente Platzierung des Symbols im Blog oder auf der Website mit entsprechenden Erklärungen geschehen. Die Möglichkeit, RSS-Feeds per E-Mail zu abonnieren, dürfte dabei den meisten Kunden eher entgegenkommen als die des Feedreaders, vor allem, wenn es sich um ein technisch eher wenig versiertes Publikum handelt.

Allerdings reicht ein Blog zur Kundenbindung häufig nicht aus. Durch die Öffentlichkeit der geposteten Artikel fehlt das Gefühl der Exklusivität, das eine emotionale Kundenbindung ausmacht. Der Kunde möchte zu einem exklusiven Kreis gehören, zu dem eben nicht jedermann Zugang bekommt.

Bestandskunden wollen exklusive Vorteile erhalten

Hierfür bieten die **Social Networks** mehr Potenzial. Hat die Analyse der Zielgruppen ergeben, dass die Kunden überwiegend auf XING aktiv sind, bietet sich die Einrichtung einer zugangsbeschränkten XING-Gruppe an.

In diese Gruppe werden nur Bestandskunden eingeladen. Eine XING-Suche nach dem Stichwort „Kunden" fördert zahlreiche Gruppen zu Tage, die Unternehmen für ihre Kunden aufgebaut haben.

Abb. 45: XING-Gruppe aus der Suche
ausschließen

In vielen Fällen kann es auch sinnvoll sein, die Gruppe aus der Suchfunktion auszuschließen. In diesem Fall ist die Gruppe nur für Kunden sichtbar, die eine direkte Einladung erhalten. Wenn die Gruppe sehr exklusiv gehalten und nach außen hin nicht bekannt werden soll, bietet diese Funktion einige Vorteile. Außerdem bleiben so Anfragen zum Gruppenbeitritt aus, die man sonst ablehnen müsste.

In dieser geschlossenen Kundengruppe kann ein intensiver Austausch der Kunden untereinander sowie zwischen dem Unternehmen und den Kunden stattfinden. Durch die Vertraulichkeit und die intime Atmosphäre innerhalb der Gruppe trauen sich Kunden eher, Fragen zu stellen oder auch mehr zu erzählen, als dies in einem öffentlichen Rahmen der Fäll wäre. Wenn die Kunden hierzu bereit sind, zeigt das ein hohes Maß an Vertrauen und eine hohe Bereitschaft, sich an das Unternehmen zu binden – einem Fremden würde man solche Dinge nicht anvertrauen. Wenn der Kunde nun auf sein Problem auch noch eine passende, hilfreiche Antwort erhält, stellt das einen großen Schritt auf dem Weg zur emotionalen Kundenbindung dar. Häufig wird auch **Twitter** als Tool zur Kundenbindung erwähnt. Durch die Abonnementfunktion („Folgen"), den regelmäßigen Kontakt und die Möglichkeit, Angebote, Rabatte und sonstige Vergünstigungen zu verbreiten, bietet sich Twitter in hohem Maße für die Kundenbindung an. Andererseits besteht ein enormer Nachteil in der teilweisen Anonymität der Twitter-Nutzer. Wer sich bei Twitter anmeldet, muss keinen Klarnamen angeben, sondern kann den Dienst auch mit einem Pseudonym nutzen. Dies kommt in der Praxis leider sehr häufig vor.

Twitter-Follower bleiben häufig anonym Ein Blick in die Twitter-Followerliste des offiziellen Lufthansa-Accounts (@lufthansa_DE) zeigt genau dieses Phänomen. Ein geschätztes Drittel der Follower besteht aus nicht identifizierbaren anonymen Accounts. Für die persönliche Kundenansprache und damit auch die Kundenbindung sind diese Follower relativ unbrauchbar.

Abb.46: Die Twitter-Follower vieler Unternehmen lassen sich häufig nicht identifizieren

Was Twitter für die Kundenbindung wertvoll macht, ist der hohe Anteil an Dialog. Wenn Kunden in regelmäßigem Austausch mit dem Unternehmen stehen, Meinungen abgeben und Fragen stellen können und vom Unternehmen auch wirklich Antworten erhalten, kann das zu einer starken Kundenbindung beitragen. Über Twitter lässt sich diese Form des Dialogs mit den verschiedenen Befehlen wie @-Erwähnungen, Retweets oder Direktnachrichten sowie über Aktionen wie „Follow Friday" realisieren.

Mehr Aufwand, aber auch ein deutlich höheres Potenzial hat eine **eigene Community**. Statt den „Umweg" über fremde Social Networks zu gehen, baut sich das Unternehmen ein eigenes Netzwerk auf. Der Vorteil liegt dabei im ungleich größeren Handlungsspielraum, den ein Unternehmen so hat. Die Regeln der Netzwerke stellen so keine Beschränkungen mehr da – Design, Inhalte, Rahmenbedingungen und Zugang regelt das Unternehmen komplett selbst. Auch besteht keine Gefahr der Ablenkung, der die Kunden in den großen Netzwerken permanent ausgesetzt sind. Schließlich sammelt das Unternehmen bei Anmeldungen im eigenen Unternehmen die Daten selbst ein, statt sie den fremden Netzwerken zu überlassen – für das Nachfassen per Mailing oder Newsletter ein enormer Vorteil.

Auf der anderen Seite stellt der Aufbau einer eigenen Community hohe Anforderungen an das Unternehmen. Neben einem nicht zu unterschätzenden finanziellen Budget sind auch Zeit- und Personalaufwand, Know-how und Sicherheitsrisiken Faktoren, die Beachtung finden müssen. Während z. B. bei XING die Infrastruktur (Gruppen, Foren etc.) bereits gegeben ist und nur noch gefüllt und angepasst werden muss, ist beim eigenen Netzwerk alles komplett neu zu erstellen. Allein die Programmierung kann bereits einen mittleren fünfstelligen Betrag kosten. Zu all dem kommen noch Kosten für die Pflege und Betreuung hinzu, die ebenfalls stark ins Gewicht fallen. Einige Netzwerke beschäftigen beispielsweise zum Launch mehrere freiberufliche Moderatoren, die sich um die Einladung von Mitgliedern, die Animation zum Schreiben und den Austausch untereinander kümmern. Je nach Umfang fallen hier noch einmal Kosten im mittleren vierstelligen Bereich pro Monat an – zusätzlich zu den ohnehin festangestellten Mitarbeitern.

Eine weitere Schwierigkeit besteht darin, die Kunden erst einmal in die Community zu bekommen. Auf Facebook, XING, etc. verfügt ein Großteil bereits über ein Profil. Die Netzwerke werden regelmäßig besucht und gerne genutzt. Die Hemmschwelle, sich bei noch einem neuen Netzwerk anzumelden und dies regelmäßig zu nutzen, lässt sich nur durch einen ausreichend großen Mehrwert überwinden.

Eine eigene Community bedeutet viel Arbeit, aber auch eine hohe Kundenbindung

Der Konsumgüterhersteller Procter & Gamble baut bereits seit einigen Jahren erfolgreich eigene Communities zur Kundenbindung auf. Unter www.beinggirl.de betreibt der Konzern eine Community für junge Mädchen zwischen 12 und 15 Jahren. Das Konzept hat sich bereits in mehr als 20 Ländern bewährt und Procter & Gamble eine enorme Steigerung beispielsweise des Tampon-Absatzes beschert (laut Procter & Gamble ist der ROI in den USA viermal so hoch wie bei herkömmlichen Werbemaßnahmen (Quelle: http://www.brain-injection.com/Kosmetik-und-Pflege/procter-a-gamble-vertreibt-mit-community-marketing-tampons/Menu-ID-67.html)).

Die für jugendliche Mädchen heiklen Themen „Pubertät" und „Hygieneprodukte" werden in dem Netzwerk zielgruppengerecht und unaufdringlich aufgearbeitet. Im Vordergrund steht dabei nicht das eigentliche Ziel „Tampons verkaufen", sondern der Austausch mit und unter den Mädchen. Die Blogs und Foren informieren über alle Themen, die Mädchen dieser Altersgruppe interessieren: Musik, Make-Up, Beziehungen, Schule, Klatsch & Tratsch, Probleme mit

Freunden oder Eltern. Die Mädchen haben aber auch die Möglichkeit, ihre Fragen an ein Expertenteam zu stellen, statt sie mit anderen Mitgliedern zu diskutieren.

P&G nutzt die einzelnen Bereiche der Community mehr oder weniger stark für Werbeeinblendungen, z. B. durch Banner, Erwähnungen in den Expertenratschlägen und Artikeln etc.

Abb. 47: Die Community ermöglicht einen engen Austausch mit den Kunden

Auch wenn die deutsche Community sehr viel weniger stark genutzt wird als beispielsweise das amerikanische Schwesternportal, stellt dieses Vorgehen ein Paradebeispiel für Kunden- und Zielgruppenbindung bei einem sehr heiklen Thema dar.

4.3   Kunden einladen

Nachdem die richtigen Zielgruppen bzw. Kundensegmente identifiziert und die passenden Netzwerke bzw. Kanäle festgelegt wurden, müssen die Kunden natürlich auch von der Existenz der Dienste erfahren. In diesem Schritt gilt es also, die Maßnahmen bekannt zu machen und Kunden zu deren Nutzung einzuladen.

Hierzu lassen sich alle Maßnahmen der Kundenkommunikation heranziehen:

- Newsletter
- Mailings
- Telefonkontakte
- Hinweise in der E-Mail-Signatur
- Hinweise auf Veranstaltungen
- Flyer
- Website

sowie die meisten sonstigen Werbemittel.

Wenn der Kundenkreis eines Unternehmens noch überschaubar (z. B. im dreistelligen Bereich) und namentlich bekannt ist, besteht auch die Möglichkeit, in den Netzwerken direkt nach den Namen zu suchen und die Kunden dann manuell anzuschreiben bzw. zum Folgen/Liken einzuladen. Viele Kunden wissen eine solche Kontaktaufnahme als Zeichen der Wertschätzung zu würdigen, wenn sie nicht aggressiv und werberisch erfolgt.

Häufig reicht es nicht aus, die Kunden einmalig auf die neuen Möglichkeiten hinzuweisen. Sie müssen gelegentlich erinnert und zur Aktivität aufgefordert werden. Das kann beispielsweise durch persönliches Anschreiben bei XING geschehen, durch erneute Mailings bei besonderen Aktionen oder durch Hinweise in bereits existierenden Auftritten der großen Social Networks.

4.4 Mehrwert bieten

Trotz aller Einladungen werden die Kunden die neuen Angebote nur dann annehmen und nutzen, wenn sie wirklich einen Mehrwert bieten. Insbesondere bei einer eigenen Community muss der Mehrwert deutlich erkennbar und überzeugend sein. Die wenigsten Unternehmen verfügen über eine so starke Marke, dass die Kunden freiwillig und begeistert zu Fans, Mitgliedern oder Kommentatoren werden, nur um mit der Marke in Verbindung gebracht zu werden.

Verschiedene Kundengruppen wünschen sich unterschiedliche Mehrwerte

Der Mehrwert kann dabei je nach Unternehmen, Zielgruppe und Branche völlig unterschiedlich ausfallen. Im Vordergrund steht dabei häufig guter, relevanter Content. Hier bieten sich zum Beispiel

Anwendungsempfehlungen, „How To's", kurze Videoclips oder ähnliche Beiträge an, die einen echten Nutzen bringen.

Häufig setzen Unternehmen auch **Couponing-Aktionen** zur Kundenbindung ein. Dabei erhalten Kunden bestimmte Sonderangebote oder rabattierte Preise, zum Beispiel gestaffelt nach der Dauer des Kundenstatus oder der Höhe der bisherigen Umsätze. Der Coupon wirkt hierbei als eine Belohnung der bisherigen Treue und wirkt sich positiv auf die Zufriedenheit und langfristige Kundenbindung aus.

Einen Sonderfall des Couponing stellt das **Location Based Couponing** dar. Mit dieser Technologie lässt sich die Vergabe von Coupons nicht nur hinsichtlich des Kundenstatus, sondern auch des geografischen Aufenthaltsortes steuern. Das Netzwerk Facebook bot hier mit den **Facebook Loyality Deals** eine hervorragende Möglichkeit für lokale Unternehmen (Geschäfte, Restaurants, Friseure, Museen, Schwimmbäder etc.). Facebook Deals funktionierten dabei nach einem einfachen Prinzip: Das Unternehmen legte seinen Standort mit Hilfe von geografischen Daten bei Facebook als Ort (Place) an. Facebook-Mitglieder, die mit ihrem Smartphone im Facebook Place des Unternehmens eincheckten (was gleichzeitig automatisch dem eigenen Netzwerk mitgeteilt wurde), erhielten die Möglichkeit, bestimmte Rabattangebote wahrzunehmen, die es jedoch nur für eingecheckte Mitglieder gab. Beim Untertyp Loyalty Deals wurde dieser Rabatt nur Kunden zugänglich gemacht, die an diesem Ort mehrmals eingecheckt haben. So ließen sich beispielsweise Kunden belohnen, die ein Restaurant regelmäßig besuchten, ihr Auto regelmäßig beim gleichen Anbieter wuschen oder regelmäßig eine Fußpflege wahrnahmen. Die Möglichkeiten für diese Art von Couponing Aktionen sind nahezu grenzenlos. Zum Zeitpunkt des Lektorats dieses Buches gab Facebook bekannt, das Deals-Angebot einzustellen. Wie das Nachfolgeprogramm aussehen wird, ist noch nicht absehbar. Der Trend zu (mobilem) Couponing wird sich jedenfalls fortsetzen, unabhängig davon, welche Anbieter sich hier durchsetzen.

Location Based Couponing eignet sich insbesondere für lokale Anbieter

Wähle eine Angebotsart aus:

Individuelles Angebot
Belohne einzelne Kunden, wenn sie dein Geschäft besuchen. Diese Variante ist am besten für einfache Rabatte oder Geschenke beim Kauf eines Gegenstands geeignet.

Freundschaftsangebot
Belohne Kundengruppen, wenn sie deinen Ort gemeinsam besuchen. Dadurch erfahren Nutzer schneller von deinem Unternehmen.

Treueangebot
Belohne Kunden, wenn sie deinem Geschäft eine bestimmte Anzahl an Besuchen abgestattet haben, ähnlich wie bei einer herkömmlichen Lochkarte.

Wohltätigkeitsangebot
Verpflichte dich an eine wohltätige Organisation deiner Wahl zu spenden, wenn deine Kunden dein Geschäft besuchen. Das ist für alle gut!

Abb. 48: Couponing-Angebote wie Facebook Loyalty Deals eignen sich ideal für die Kundenbindung

Mit Aktionen wie den Loyalty Deals vermeiden Unternehmen den größten Nachteil der Couponing-Maßnahmen: preissensitive Schnäppchenjäger anzulocken, die niemals zu Stammkunden werden. Da sie den Deal erst ab einer bestimmten Anzahl an Besuchen erhalten, kann das Unternehmen künftig sogar auf den Druck altmodischer und relativ teurer Bonuskarten oder Stempelheftchen verzichten. Deal-Angebote über Social Networks haben demgegenüber einen entscheidenden Vorteil: das Netzwerk des Kunden (häufig weit über 100 Kontakte) erfährt über eine automatische Statusmeldung, dass ihr Freund gerade eingecheckt oder sogar einen Deal wahrgenommen hat. So verbreitet sich diese Tatsache und damit das Angebot relativ schnell „viral" weiter, was zu einer sehr hohen Reichweite bei geringen Kosten führen kann.

Wie auch immer der Mehrwert aussehen mag, den das Unternehmen über Social Media bieten will, wichtig ist eine hohe Relevanz für die Kunden. Hierzu muss nicht nur die Art der Kundenbeziehung (einmalig, dauerhaft, intervallartig, etc.) Beachtung finden, sondern auch die speziellen Bedürfnisse und Erwartungen der Kunden, die Positionierung des Unternehmens, die generelle Strategie, das Preismodell und viele weitere Faktoren. Je genauer das Unternehmen erkennt, was die Kunden wollen, brauchen und sich wünschen, desto höher fällt der Grad der erreichbaren Kundenbindung aus – im Offline- wie auch im Social Media Marketing.

☐ Gehören die Kunden generell zur online-affinen Zielgruppe?

☐ Sind die Kunden im Social Web aktiv?

☐ Welche Social Media Kanäle nutzen die Kunden bereits?

☐ Wie lassen sich die Kunden auf die neuen Social Media Angebote aufmerksam machen?

☐ Welche Mehrwerte tragen in der konkreten Konstellation zur Kundenbindung bei?

☐ Wie lassen sich diese Mehrwerte transportieren?

☐ Gibt es die Möglichkeit, Kunden mit Vergünstigungen und Aktionen zu binden?

☐ Wie gelingt eine ständige interaktive Kommunikation mit den Kunden?

☐ Wie können die Social Media Kanäle eingesetzt werden, um die Kundenbindung über Serviceverbesserung zu erhöhen?

☐ Wie lässt sich der Schritt von der Kundenbindung zur Neukundengewinnung durch Empfehlungen der Bestandskunden realisieren?

Interview mit Franz-Sebastian Welter

Franz Sebastian Welter verantwortet das Social Media Marketing der Volksbank Bühl. Durch frühzeitiges Engagement im Social Web und regelmäßige Aktionen konnte sich die Volksbank Bühl einen Ruf als „First Mover" erwerben und gilt heute als Paradebeispiel im Sektor der Genossenschaftsbanken.

1. Herr Welter, Sie sind verantwortlich für das Online-Marketing der Volksbank Bühl. Beschreiben Sie doch bitte kurz Ihren Werdegang und Ihre tägliche Arbeit.

Nach meiner Ausbildung zum Informatikkaufmann bei der Volksbank Baden-Baden-Rastatt, bin ich zur Volksbank Bühl in die Abteilung Organisation/IT gewechselt und habe ein berufsbegleitendes BWL-Studium absolviert. In meiner Abschlussarbeit habe ich mich mit den Chancen und Risiken einer Social Software Plattform im genossenschaftlichen FinanzVerbund beschäftigt. Und während dieser Zeit haben wir auch die Multikanalstrategie der Volksbank Bühl überarbeitet. So haben wir das Eine mit dem Anderen verbunden und Ideen und Wissen aus der Bachelor Thesis in unsere Multikanalstrategie einfließen lassen. Im Anschluss an mein Bachelor Studium habe ich ein MBA-Studium begonnen. Momentan beschäftige ich mich mit der Fragestellung, wie man die Innovationsfähigkeit von Unternehmen optimieren kann – natürlich am Beispiel der Volksbank Bühl. Als Teamleiter E-Business sind unsere Social Media Aktivitäten nur ein kleiner aber wachsender Teil meiner täglichen Arbeit. Neben unseren E-Commerce Aktivitäten – also Direktvertrieb, Online-Marketing, Social Media – bin ich auch für die IT und verschiedene Aspekte der Bankorganisation verantwortlich. Nebenberuflich halte ich Vorträge und führe Workshops zu verschiedenen Themen rund um das Internet durch.

2. Wie unterscheidet sich das Social Media Marketing einer Bank von dem anderer Unternehmen? Gibt es Besonderheiten?

Ich denke schon, dass es da einige Unterschiede gibt. Zum einen ist die emotionale Bindung eines Bankkunden zu seiner Bank eine andere als beispielsweise die Bindung zu Marken wie z. B. Harley Davidson oder Apple. Das hat natürlich Auswirkungen auf die Art und Weise wie eine Bank Social Media nutzen sollte. Zum Anderen spielen Themen wie Datenschutz und Datensicherheit eine herausragende Bedeutung. In der Volksbank Bühl dürfen z. B. Kolleginnen und Kollegen Social Media am Arbeitsplatz nutzen. In diesem Zusammenhang spielen Guidelines aber vor allem auch entsprechende Mitarbeiterschulungen eine sehr wichtige Rolle.

3. Welche guten und weniger guten Vorgehensweisen beobachten Sie bei anderen Banken? Was sollten Banken verbessern und worauf müssen sie besonders achten?

Die Social Media Aktivitäten eines Unternehmens von außen zu beurteilen ist äußerst schwierig. Zum Beispiel ist nur ein Teil unserer Social Media Aktivitäten für jeden sichtbar. Der für Dritte nicht sichtbare Teil findet zwischen Berater und Kunde statt. Von daher bin ich sehr vorsichtig in der Bewertung anderer Social Media Aktivitäten. Eigentlich sollte man Social Media Aktivitäten nur dann bewerten, wenn man die entsprechende Zielsetzung dahinter kennt. Und diese ist in Banken z. B. auch davon abhängig ob Mitarbeiter Social Media nutzen sollen bzw. dürfen.

Was man aber pauschal sagen kann ist, dass nahezu alle Banken – vor allem in Europa – vor der Herausforderung stehen, das Web 2.0 in ihre Prozesse zu integrieren. Damit meine ich nicht nur die Integration der verschiedenen Kommunikationskanäle sondern vor allem auch die Entwicklung von neuen Dienstleistungen und Services im Netz. Das Internet hat sich in den letzten Jahren enorm weiterentwickelt und bietet heute nicht nur Möglichkeiten für den Produktvertrieb über Konditionen. Erste interessante Ansätze für neue Geschäftsmodelle kann man insbesondere in den USA beobachten.

4. Welchen Personalaufwand muss eine Bank bzw. ein Unternehmen ähnlicher Größenklasse für Social Media Maßnahmen sinnvollerweise einkalkulieren? Gibt es hier Tipps zur Optimierung und Effizienzsteigerung?

Das ist natürlich abhängig von der jeweiligen Strategie. Außerdem muss man hier auch die Einführungsphase von der späteren Nutzung trennen. Insbesondere in der Einführungsphase müssen viele Abteilungen eingebunden werden und es braucht einfach eine gewisse Zeit bis man gelernt hat mit den neuen Medien umzugehen.

Prozesse müssen sich einspielen und Rahmenbedingungen (Guidelines, Social Media Monitoring etc.) geschaffen werden. In unserem Haus nehmen die reinen Social Media Aktivitäten heute ca. 10 h pro Woche in Anspruch. Viele Prozesse wie z. B. das Monitoring laufen weitgehend automatisiert. Zu den 10 h kommt natürlich noch die Zeit, die unsere Beraterinnen und Berater investieren (wobei das nicht gemessen wird) und die Zeit, die für „verwandte" Themen wie unserer InnovationsWerkstatt aufgewendet wird. Bei letzterem handelt es sich um ein Projekt, das das Ziel hat, Trends und Innovationen im Finance Bereich zu screenen und ins Unternehmen hineinzutragen. Den entsprechenden Projektblog finden Sie übrigens unter http://blog.volksbank-buehl.de.

5. Wie sind Sie bei der Erstellung der Social Media Strategie der Volksbank Bühl vorgegangen? Welche Erkenntnisse haben Sie währenddessen gewonnen?

In 2009 haben wir unsere Multikanalstrategie überarbeitet und in diesem Zusammenhang auch unsere Social Media Aktivitäten eingebettet. Wobei das damals eigentlich eher so war, dass wir einzelne Dienste wie z. B. Twitter genutzt haben, ohne uns davor ein klares Zielbild zu machen. Erst durch die Nutzung haben wir dann so viel gelernt, dass uns langsam dämmerte, was man mit Social Media machen kann und was nicht. Dieses Wissen haben wir dann in das Projekt zur Überarbeitung der Multikanalstrategie einfließen lassen. In dieses Projekt waren verschiedene Fachbereiche integriert. Im Anschluss haben wir Social Media Workshops für alle interessierten Mitarbeiter durchgeführt. Diese Workshops hatten das Ziel, zu erklären, um was es bei Social Media geht und warum das Thema für uns als Bank relevant ist. Auch wichtige Aspekte wie Datenschutz und Datensicherheit wurden damals schon thematisiert. Danach haben wir die rechtlichen Grundlagen gelegt und unsere Betriebsvereinbarung zur Nutzung des Internets überarbeitet. Im Anschluss daran haben wir vier verschiedene Schulungsmodule angeboten. Von einem Internet für Einsteiger-Modul bis hin zu einer Social Media für Fortgeschrittenen-Schulung, in denen wir den Kolleginnen und Kollegen z. B. zeigen, wie sie die private Nutzung von der beruflichen Nutzung bestmöglich trennen können.

6. Welche Ziele verfolgen Sie mit den Social Media Maßnahmen? Und was glauben Sie, wohin sich das Thema noch entwickeln wird?

Wie vorhin schon einmal angedeutet basiert unsere Social Media Strategie auf zwei Säulen: Die zentrale Nutzung als Institution und die dezentrale Nutzung über Beraterinnen und Berater der Volksbank Bühl. Die zentrale Nutzung als Institution umfasst alle offiziellen Accounts der Volksbank Bühl. Mit diesen Maßnahmen verfolgen wir mehrere Ziele: First Choice, Employer Branding und natürlich die Kommunikation mit Kunden. Mit der Nutzung über unsere Beraterinnen und Berater ist das Ziel verbunden unsere Kundenbeziehung auf das Internet zu übertragen. Wir sind der Meinung, dass diese Kundenbeziehung nur schwer z. B. über eine zentrale Facebook-Unternehmensseite transportiert werden kann. Die Facebook-Seiten werden typischerweise von Social Media Verantwortlichen gepflegt, nicht aber vom jeweiligen Berater, mit dem der Kunde in einer langjährigen Kundenbeziehung steht. Diese Beziehung kann nur transportiert werden, wenn der Berater die sozialen Netzwerke als Tool zur Pflege seiner Kundenbeziehungen erkennt und diese entsprechend sensibel nutzt. Von daher ist die Nutzung über unsere Beraterinnen und Berater im Rahmen unsere Social Media Strategie sehr wichtig.

Wohin sich das Thema noch entwickelt? Im Bereich der sozialen Netzwerke als Kommunikationsinstrument werden wir eine Professionalisierung erleben. Das Thema wird normal und die verschiedenen Kommunikationskanäle werden zunehmend integriert. Mit den zunehmenden Social Media Erfahrungen, werden sich die Banken auch stärker Gedanken darüber machen, wie sich ihr Geschäftsmodell weiterentwickeln kann. Insbesondere für das Modell der Genossenschaftsbanken bieten Crowdsourcing, Open Innovation & Co. viele spannende Ansätze zur Integration von Mitgliedern und Kunden in Entscheidungs- oder Entwicklungsprozesse.

7. Was können Unternehmen vom Social Media Marketing der Banken lernen? Und was Banken von Unternehmen?

Ehrlich gesagt hinken die Banken im Bereich Social Media vielen anderen Branchen noch etwas hinterher. Viele Unternehmen aus dem Handel oder der Industrie machen vor, wie soziale Netzwerke genutzt werden können, um Kunden z. B. in Produktentwicklungsprozesse zu integrieren. Generell ist die Investitionsbereitschaft vieler Banken in Innovationen im Vergleich zu anderen Branchen eher zurückhaltend. In diesem Zusammenhang können Banken noch etwas lernen.

5   Die Reputation Management-Strategie

Kapitel 5

Die Reputation Management-Strategie

In Zeiten immer stärker zunehmender Digitalisierung des täglichen Lebens kommt der Pflege des eigenen Rufes im Internet eine enorme Bedeutung zu. Reputationsschaden ist schnell passiert. Dabei muss die Krise gar nicht so extreme Ausmaße annehmen wie beispielsweise bei der Greenpeace vs. Nestlé-Aktion. In diesem Fall hatte Greenpeace ein Video bei YouTube hochgeladen, das dem französischen Konzern vorwarf, durch die Verwendung von Palmöl im Schokoriegel Kitkat der Ausrottung der letzten Orang-Utans Beihilfe zu leisten. Nestlé reagierte mit rechtlichen Schritten und Löschung des Videos, was einen wahren Sturm der Entrüstung im Social Web auslöste. Tausende von Beiträgen auf der Facebook-Seite und unzählige neu hochgeladene und verbreitete Videokopien später sah sich Nestlé nicht mehr in der Lage, die Situation zu beherrschen und schaltete die Facebook-Seite komplett ab. Letzten Endes knickte der Konzern ein und versprach die Auswechslung des Palmöl-Lieferanten. Der Imageschaden für die Marke war jedoch bereits längst passiert, die Glaubwürdigkeit des Konzerns nachhaltig beschädigt. Dieser Fall zählt sicherlich zu den schwerwiegenderen PR-Debakeln im Web 2.0.

Bereits kleine Verfehlungen oder auch nur negative Meinungen können sich im Social Web schnell verbreiten und zu einem messbaren Imageschaden führen.

Ein Beispiel hierfür stellen Einträge in den Suchvorschlägen von Google dar („Instant Search"). Wenngleich dieses System nicht zum eigentlichen Social Web gehört, kann hier doch durch das Verhalten von Nutzern ein dauerhafter Schaden entstehen.

Häufige Suchanfragen führen zu Vorschlägen in der Google-Suche

Gibt ein Nutzer in den Suchschlitz ein Wort ein, zeigt Google ihm sofort („instant") weitere Vorschläge mit dem entsprechenden Begriff an. Hierbei handelt es sich um Begriffe, die andere Nutzer bisher gesucht haben (in die Berechnung, welche Begriffe Google anzeigt, gehen darüber hinaus noch weitere Faktoren ein). Suchen also genügend Menschen nach einer Marke oder einem Firmennamen und einem kritischen Begriff (z. B. „Betrug", „Abzocke", etc.), kann Google diese Kombination als Suchvorschlag anzeigen. Der Kaffee-automaten-Anbieter „Kaffee Partner" ist beispielsweise Opfer dieses Mechanismus. Eine Suchanfrage nach dem Firmennamen führt neben anderen Vorschlägen auch zum Vorschlag „Kaffee Partner Betrug". Und das, obwohl die daraus resultierenden Suchergebnisse zwar durchaus kontroverse Meinungen zu den Produkten enthalten, jedoch keinen Hinweis auf betrügerische Aktivitäten.

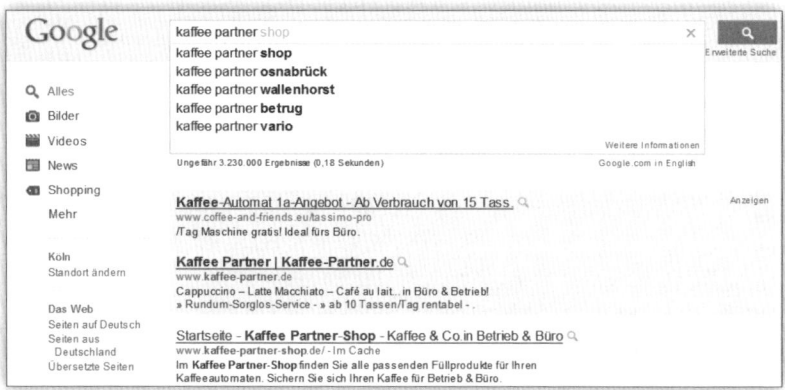

Abb. 49: Bisherige Suchanfragen können die Reputation eines Unternehmens gefährden

Der durchschnittliche Internetnutzer kann sich von solchen Such-vorschlägen jedoch schnell abschrecken lassen. Insbesondere wenn es neben dem eigentlich gesuchten Unternehmen noch weitere Anbieter gibt, die ähnliche Produkte oder Dienstleitungen anbieten, werden mit Sicherheit einige potenzielle Kunden „sicherheitshalber" Abstand nehmen und sich für die Konkurrenz entscheiden. In der Konsequenz heißt das: dem Unternehmen entgehen Kunden und damit Umsatz, obwohl dafür objektiv kein Grund besteht. Allein das Suchverhalten der Nutzer ist dafür ausschlaggebend.

Noch gravierender wirken sich echte negative Treffer in den Suchergebnissen aus. Häufig finden sich auf den ersten Plätzen Einträge aus Foren, Blogs oder Social Networks, die negativ über ein Unternehmen berichten. Eine bekannte deutsche Online-Marketing-Agentur leidet bis heute unter diesem Effekt.

2009 wurden das Unternehmen und dessen Kunden von Google mit Rankingverlusten bestraft, weil unerlaubte Methoden zum Linkaufbau eingesetzt wurden. Davon berichtete ein bekannter deutscher Blogger der Suchmaschinenoptimierungsszene in seinem Blog. Das Unternehmen hatte die Web 2.0-Regeln damals noch nicht verinnerlicht und reagierte auf den Blogbeitrag mit einer Abmahnung. Der Blogger ließ es sich daraufhin nicht nehmen, auch über die Abmahnung im Blog zu berichten, was naturgemäß von zahlreichen anderen Bloggern aufgegriffen wurde. Kurz darauf zeigten die Google-Top-10 bei einer Suche nach dem Firmennamen fast ausschließlich negative Beiträge diverser großer und bekannter Blogs an.

Ein solches Ergebnis kann den Todesstoß für ein Unternehmen bedeuten. Potenzielle Auftraggeber geben häufig den Unternehmensnamen bei Google ein, um sich vor einer Buchung über den Ruf des Unternehmens zu informieren. Trifft der Interessent nun auf zahlreiche Negativberichte, dürfte sich hier nur noch sehr schwer ein Kunde gewinnen lassen.

Das angesprochene Unternehmen reagierte jedoch relativ schnell auf das Desaster. Um die ersten 10 Google-Plätze wieder „reinzuwaschen" und die negativen Berichte zu verdrängen, setzt der Anbieter vornehmlich auf Blogs, die den Firmennamen im Domainnamen tragen. So finden sich aktuell zum Beispiel Blogs wie „www.xyz-news.de" oder „www.xyz-tools.de" unter den ersten Treffern (wobei „xyz" hier einen Platzhalter für den Firmennamen darstellt). Tatsächlich ist es bisher gelungen, sämtliche Negativberichte bis auf 3 von der ersten Ergebnisseite zu verdrängen. Zwar steht der ursprüngliche Blogbeitrag immer noch auf dem zweiten Platz, aber zumindest konnte die erdrückende Anzahl an negativen Einträgen größtenteils durch eigene Ressourcen ersetzt werden.

Durch eigene Blogs und Websites die Google-Ergebnisse optimieren

Das Beispiel zeigt, wie sich Social Media Dienste zum Reputation Management einsetzen lassen. In diesem Kapitel werden daher verschiedene Vorgehensweisen und Tipps erläutert, um den eigenen Ruf im Social Web zu gestalten und zu fördern.

Eine ausgearbeitete Strategie zum Reputation Management ist dafür unerlässlich. Wie jede andere Strategie beginnt die des Reputation

Management mit einer genauen Situationsanalyse. Dabei helfen die folgenden Leitfragen bei der Orientierung.

Leitfragen zur Situationsanalyse im Reputation Management

- Wo wird bereits über das eigene Unternehmen oder die eigenen Produkte gesprochen?

- Wie ist die Stimmung bezüglich der eigenen Marke im Netz?

- Wie aktuell sind die Beiträge?

- Wie häufig und intensiv finden Diskussionen statt?

- Von wem gehen die Beiträge aus? Sind die Absender persönlich identifizierbar oder anonym?

- Gibt es „Sammelstellen" besonders kritischer Meinungen?

- Handelt es sich dabei um seriöse, anerkannte Plattformen (z. B. Uni-Foren etc.) oder eher unbekannte Nischendienste?

- Welche Multiplikatoren gibt es?

Aufbauend auf der Beantwortung dieser Fragen lassen sich dann Maßnahmen identifizieren, die sich in der jeweiligen Situation eignen.

5.1 Negative Einträge bei Google verdrängen

Ein häufiges Problem stellen wie bereits dargestellt negative Einträge auf Websites, in Foren oder Blogs dar, die bei einer Google-Suche unter den ersten Treffern gerankt werden. Der Schaden wirkt sich um ein Vielfaches stärker aus, wenn die Top 10 betroffen sind, als wenn die kritischen Treffer erst auf den Folgeseiten auftauchen. Denn deutlich weniger als 20% der Suchenden sehen sich überhaupt mehr als die erste Ergebnisseite an; die Seiten drei und folgende werden gar nur noch von weniger als 10% besucht. Insofern lautet das Ziel, die erste Seite „sauber" zu bekommen – also mit positiven Beiträgen zu füllen. Diese Strategie ist natürlich kein Freibrief für Unternehmen, mangelhafte Leistungen oder schlechten Service anzubieten, in der Hoffnung, dass man die daraus resultierende berechtigte Kritik ja „wegschieben" könne. Dauerhaft schlechte Angebote funktionieren in Zeiten des Social Web einfach nicht mehr. Die Möglichkeiten der Beeinflussung der Google-Suchergebnisse sind begrenzt und Nutzer

„kämpfen" auf verschiedenen Schauplätzen um ihr Recht – die Finanzkraft und Kapazitäten der Unternehmen, die all diese Kanäle kontrollieren wollen, sind jedoch begrenzt.

Wenn jedoch einmal etwas vorgefallen ist oder durch einzelne Nutzer oder sogar Wettbewerber negative Einträge produziert wurden, lässt sich mit den hier vorgestellten Methoden durchaus viel erreichen. Das Ziel lautet dabei immer: Kundenzufriedenheit hat oberste Priorität – Kritik ist eine Möglichkeit, die eigenen Leistungen zu verbessern.

Klassische Suchmaschinenoptimierung funktioniert auch für Blogs

Google rankt Beiträge auf den ersten Plätzen, denen die Suchmaschine für den jeweiligen Suchbegriff eine hohe Relevanz beimisst. Das bedeutet: eine Seite, die auf Platz 1 steht, hat aus Sicht von Google von allen Websites die höchste Relevanz.

Die Relevanz bemisst sich dabei nach verschiedenen Faktoren. Insbesondere sind dabei folgende Faktoren von Bedeutung.

- Suchbegriff im Domainnamen

- Suchbegriff im Seitentitel

- Suchbegriff in Überschriften und im Text der Seite

- Interne Verlinkung der Unterseiten

- Anzahl der auf die Seite verweisenden Links

- Herkunft der verweisenden Links

- Link-Ankertexte der verweisenden Links

Dazu kommen noch zahlreiche weitere Faktoren, die den Rahmen dieses Buches sprengen würden. Insbesondere bezieht Google in den letzten Jahren immer stärker das Vertrauen in eine Seite als Kriterium mit ein. Eine alte Seite, die seit Jahren regelmäßig gepflegt wird und nie durch Spam oder verbotene Maßnahmen aufgefallen ist, regelmäßig neue Links von ebenfalls vertrauenswürdigen Seiten erhält und die ihre Besucher mit hochwertigem Content und nutzerfreundlichem Aufbau zufriedenstellt, bekommt relativ einfach ein gutes Ranking. Mit den richtigen Maßnahmen unterstützt lassen sich so für viele Suchbegriffe recht schnell Top-10-Platzierungen erreichen.

Konkret bedeutet das: finden sich für den Unternehmensnamen viele negative Einträge bei Google, besteht der erste Schritt darin, eigene Seiten und Blogs aufzubauen. Die eigene Website reicht nicht aus, da sie nicht mehr als 1-3 Platzierungen in den Top 10 besetzen kann. Google listet eine Domain in aller Regel nur einmal in den Top 10, nur in Ausnahmefällen erhalten Domains mehrere Platzierungen (wenn sie für einen Suchbegriff als besonders relevant gelten).

Diese neuen Blogs enthalten im Idealfall den Unternehmensnamen in allen oben erwähnten Platzierungen, insbesondere im Domainnamen. Dabei können zum Beispiel Domains wie www.firmenname-blog.de oder www.mein-firmenname.de zum Einsatz kommen. Insbesondere wenn viele Menschen nach „Firmenname Erfahrungen" suchen, lässt sich ein Blog mit diesem Domainnamen und ausgewählten Referenzen zufriedener Kunden aufbauen.

Neben den eigenen Ressourcen sollten auch fremde Blogs und Dienste mit einbezogen werden. Ein gutes Beispiel hierfür ist www.interview-blog.de, der bei Google über ein hohes Ranking verfügt. Aber auch Gastartikel, Interviews etc. auf anderen Blogs helfen dabei, die Online-Reputation zu verbessern.

Im Zweifel sollte für diese Maßnahmen eine professionelle Online-Reputation-Management-Agentur oder ein Anbieter von Suchmaschinenoptimierung zum Einsatz kommen, da die Herausforderungen an dieses Themengebiet doch ständig steigen und kaum mehr „nebenbei" erledigt werden können.

5.2   Die integrierte Suche mit weiteren Treffern „füttern"

Seit einigen Jahren integriert Google ebenfalls immer häufiger auch die weiteren Suchindizes (Video, Bilder, Shopping, News, etc.) in die normale Suche. Es kann also nicht schaden, auch auf externen Portalen vertreten zu sein, die von Google mit einbezogen werden.

Von besonderer Bedeutung, weil deutlich von den eigentlichen Ergebnissen abgehoben und durch Bildvorschau besonders auffällig, ist die Video- und Bildersuche.

Abb. 50: In der Musikbranche bezieht Google besonders häufig Bilder und Videos
in die generischen Suchergebnisse mit ein

Die Videos zieht Google dabei in erster Linie vom unternehmenseigenen Netzwerk YouTube. Daneben finden sich noch folgende Videodienste unter den einbezogenen Quellen:

Es gilt, mit möglichst vielen Inhalten gefunden zu werden

- MyVideo

- DailyMotion

- Vimeo

- Clipfish

- MySpace

- Metacafe

- Wat.tv

- sowie weitere Videoportale und

- große Websites wie bild.de, n-tv.de oder mtv.de.

Ein Teil der Reputation Management-Strategie besteht demnach darin, auch die großen Videoportale mit positiven und suchmaschinenoptimierten Videos zu befüllen. Um den Aufwand hierzu gering zu halten, kann sich das Unternehmen in der Regel auf YouTube beschränken (auch wenn Dienste wie www.tubemogul.com ein gleichzeitiges Hochladen auf viele verschiedene Dienste ermöglichen).

Ein Beispiel des Deutschen Instituts für Marketing zeigt, wie sich die Suche im Videonetzwerk YouTube dominieren lässt. Bei einer Suche nach dem Stichwort „Projektmanagement" taucht an erster Stelle ein Video des Instituts auf. Dieses Video wird teilweise auch in Google-Suchanfragen nach dem Stichwort angezeigt.

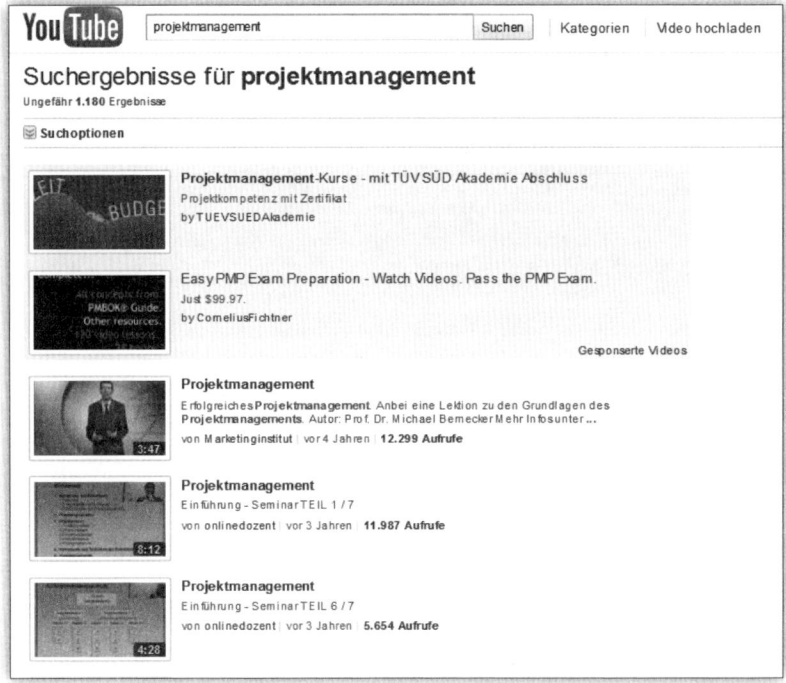

Abb. 51: Bei YouTube hoch gerankte Videos erscheinen oft auch im Google-Suchergebnis

Um bei YouTube und damit auch als Video in den Google-Suchergebnissen hoch gelistet zu werden, sind vor allem folgende Faktoren entscheidend:

- Suchbegriff im Titel

- Suchbegriff im Beschreibungstext

- Suchbegriff als Tag (Schlagwort) vergeben

- Hohe Anzahl an Views

- Anzahl der Kommentare

- Anzahl der „Daumen hoch"-Votes

Aller Wahrscheinlichkeit nach rankt auch ein HD-Video besser als ein Video normaler Qualität und ein Video, das häufig auf Websites eingebunden wird, besser als ein Video, bei dem dies nicht der Fall ist. Hierfür gibt es jedoch noch keine offizielle Bestätigung von Google.

Einige der Faktoren lassen sich wie gezeigt sehr gut beeinflussen. Sogar die Anzahl der Views und positiven Abstimmungen kann man durch entsprechende Bitten im Kunden-, Kollegen- und Bekanntenkreis erhöhen. Für viele Suchbegriffe reichen diese Maßnahmen in der Tat schon aus, um unter die ersten Plätze zu kommen – und damit eine positive Image-Wirkung zu erzeugen.

Die Einbeziehung der Kunden ermöglicht eine höhere Reichweite bei weniger Aufwand

Eine noch wirksamere und auch eher „social media mäßigere" Vorgehensweise besteht darin, Kunden zum Hochladen eigener Videos zu bewegen. Dies könnte zum Beispiel in Form eines Wettbewerbs geschehen: alle Videos, die binnen der nächsten 3 Wochen hochgeladen, mit entsprechenden Tags versehen und verlinkt werden, nehmen automatisch am Gewinnspiel teil. Das Prinzip lässt sich noch durch die Einbeziehung der „Daumen hoch"-Anzahl als Gewinnkriterium verstärken. Je nach Themenstellung des Gewinnspiels (z. B. „Meine schönste Erfahrung mit…" o.ä.) befinden sich bald dutzende oder sogar hunderte positiv gestimmter Videos im Netzwerk, was den Ruf des Unternehmens nachhaltig stärkt.

5.3 Auftritte in sozialen Netzwerken optimieren

Neben der Google-Suche, die für den Großteil der Internetnutzer immer noch die erste Anlaufstelle im Internet darstellt, gewinnen die Social Networks immer mehr an Relevanz für das Reputation Management. Die meisten Unternehmen können davon ausgehen, dass bereits jetzt über sie gesprochen wird – und falls nicht, müssen sie in allernächster Zukunft damit rechnen, wenn sich die Social Media Kanäle weiter etablieren. Viele dieser Diskussionen laufen „hinter verschlossenen Türen", also auf als privat eingestellten Pinnwänden oder Gruppen ab, die sich von außen nicht einsehen lassen.

Umso wichtiger ist es für Unternehmen, die vorhandenen Möglichkeiten des Reputation Managements in den sozialen Netzen auszuschöpfen. Hierzu gehört in erster Linie ein professioneller und ansprechend gestalteter Firmenauftritt.

Das Business-Netzwerk XING bietet hierzu unter anderem die Möglichkeit, kostenpflichtige Unternehmensprofile zu erstellen. Für einen Aufpreis lässt sich das kostenlose Grundprofil deutlich erweitern, z. B. um eigene News, Stellenangebote oder Bewertungen von externen Websites einzubeziehen. Für Unternehmen ab einer bestimmten Größenklasse kann sich dieses Profil durchaus als sinnvoll erweisen, um einen gewünschtes Image zu transportieren. Dies gilt in doppeltem Maße, da nicht nur XING-Mitglieder das Profil finden können, sondern auch Google die Seite in den Index aufnimmt und so einer breiten Öffentlichkeit zugänglich macht.

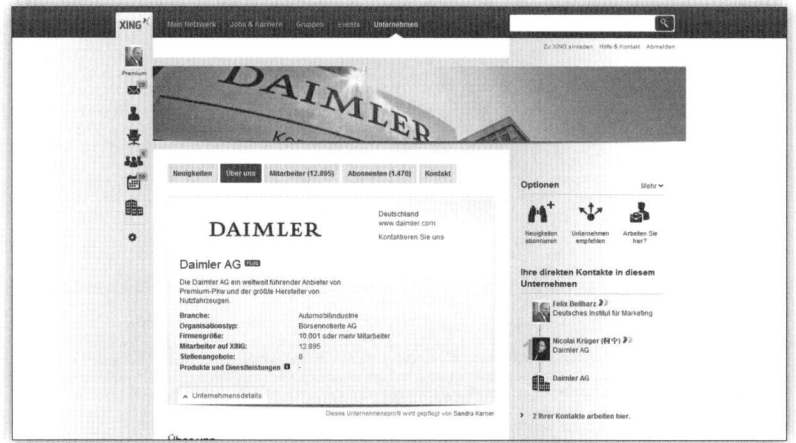

Abb. 52: XING-Unternehmensprofil von Daimler

Auch die eigene Facebook-Seite bietet viel Potenzial für das Reputation Management. Diese Seite steht nicht nur oft im Mittelpunkt der Social Media Kampagnen, hier läuft auch ein großer Teil der öffentlichen Diskussion über das und mit dem Unternehmen ab. Oft bildet die Facebook-Seite den ersten Anlaufpunkt für Interessenten (manchmal sogar vor der Website). Umso wichtiger, gleich beim ersten Kontakt einen guten Eindruck zu machen.

Der erste Schritt hierfür ist eine professionell gestaltete und regelmäßig gepflegte Oberfläche. Facebook bietet einige Optionen zur An-
passung des Layouts; zum Beispiel lässt sich eine eigens program-
mierte Seite als Startseite definieren, die der Nicht-Fan als erstes zu
sehen bekommt. Diese Fläche kann hervorragend genutzt werden,
um einen ersten positiven Eindruck zu vermitteln und den Besucher
zum Klicken des „Gefällt mir"-Buttons zu animieren.

Eine professionelle
Facebook-Seite dient
dem Unternehmensimage

Abb. 53: Die Facebook-Startseite von BMW Deutschland in ansprechendem Design

Direkt nach der definierten Startseite stellt die Pinnwand die zweite
Anlaufstelle für Interessenten dar. Hier ergibt sich ebenfalls viel Potenzial für das Reputation Management. Die Frage, wie auf kritische
Nachfragen, Beschwerden und Reklamationen eingegangen wird, ist
entscheidend für den Eindruck des Besuchers. Eine Pinnwand, die
entweder verwaist erscheint oder überschwemmt von unbeantwor-
teten Hilferufen offensichtlich frustrierter Kunden wird sicher den
einen oder anderen potenziellen Kunden abschrecken.

5.4 Aktive Pflege der Bewertungsportale

Die diversen Bewertungsportale stellen ebenfalls einen wichtigen
Baustein im Reputation Management dar. Hier entsteht Reputation
direkt an der Basis, hier wird Meinung gemacht. Verschiedene Studien haben gezeigt, dass sich die überwiegende Mehrheit der Konsu-

menten von Bewertungen anderer Nutzer beeinflussen lässt – im positiven wie im negativen Sinne. Das Marktforschungsinstitut Nielsen ermittelte beispielsweise, dass die Empfehlungen von Online-Konsumenten direkt nach der Empfehlung von Bekannten das höchste Vertrauen genießen – im Social Web eine doppelte Herausforderung, da die Konsumenten sowohl auf Empfehlungen ihrer Freunde als auch auf die Dritter stoßen.

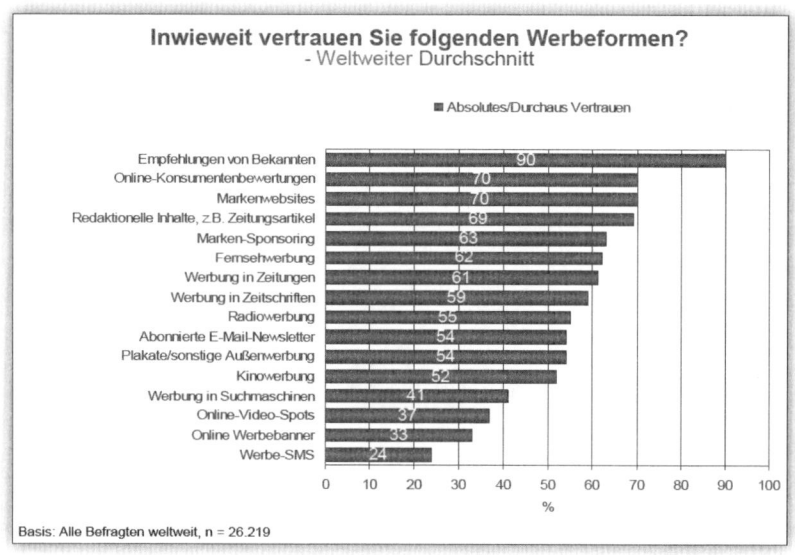

Abb. 54: Studie „Vertrauen in Werbung", 2009. *Quelle: Nielsen Research*

Umso wichtiger also, dass die verschiedenen Bewertungsportale zumindest überwiegend positive Berichte über die eigenen Produkte und Marken enthalten. Doch Vorsicht: das Generieren gefälschter Bewertungen hat in der Vergangenheit mehr als einmal zu massivem Reputationsschaden geführt. Nicht nur Großunternehmen wie die Deutsche Bahn oder die WeTab GmbH waren bereits betroffen, auch kleinere Unternehmen fallen regelmäßig durch gefälschte Bewertungen auf. Diese Vorgehensweise kann also nicht der richtige Weg sein.

Sinn- und wirkungsvoller ist das Animieren der eigenen Kunden, echte Bewertungen auf den Portalen abzugeben. Ein Großteil der Kundschaft mag zufrieden sein, jedoch von sich aus nicht auf die Idee kommen, darüber bei Qype oder Amazon zu berichten. Mit einer freundlichen Bitte lassen sich aber viele dazu bewegen, insbesondere wenn die Erfahrungen aus der Vergangenheit wirklich positiv ausfielen. Mit ein wenig Geduld, Ausdauer und Einfühlungsvermögen kann so nahezu jedes Unternehmen echte, positive Bewertungen auf den Portalen generieren. Hilfsmittel dazu können neben gezielten Mailings an zufriedene Kunden auch Massenmailings an die gesamte Kundschaft, verteilte Kärtchen bzw. Flyer mit entsprechenden Hinweisen oder Aufdrucke auf Visitenkarten sein. Motto: „Zufrieden? Dann sagen Sie es weiter. Sie finden uns auf Qype unter … und auf Google Places unter ….. Herzlichen Dank für Ihre Hilfe". „Bitte" und „danke" helfen hier oft weiter als „Bestechungsversuche" durch Geschenke oder sonstige Vergünstigungen, obwohl dieses Vorgehen natürlich ebenfalls funktionieren kann.

Neben dem positiven Eindruck, den gute Bewertungen beim Besucher machen, wirkt sich die Anzahl an Bewertungen häufig auch auf das Ranking in den Portalen aus. Eine Suche bei Qype.de nach „Notar" und „Köln" zeigt deutlich, wie sich die Suche nach der Anzahl der Bewertungen abstuft. Dies mag nicht das einzige, jedoch ein wichtiges Rankingkriterium sein.

Abb. 55: Notare in Köln – das Profil mit den meisten Bewertungen steht oben

5.5   Genaues Monitoring der Reputation

Bei der Reputation Management-Strategie ist es vielleicht sogar noch wichtiger als bei anderen Strategien, die Situation rund um die eigene Marke bzw. das eigene Unternehmen genau im Blick zu behalten. Wo taucht der Unternehmensname auf? In welchem Zusammenhang? Welche Wellen schlägt die Erwähnung?

Krisensituationen lassen sich nur meistern, wenn schnelle und angemessene Reaktionen erfolgen. Um schnell reagieren zu können, müssen Unternehmen aber immer auf dem Laufenden sein. Daher empfiehlt es sich, neben einer täglichen Nutzung der kostenfreien Tools auch einen professionellen Dienstleister oder ein professionelles Tool im Einsatz zu haben. Der Schaden, der durch einen übersehenen Krisenherd entstehen kann, übersteigt die Kosten der Tools und Anbieter oft deutlich. Im schlimmsten Fall führt die Krise sogar zu einer dauerhaften Beschädigung der Marke.

Ein Social Media Manager sollte daher „im Hintergrund" immer eines der Real-Time-Analysetools wie SocialMention.com laufen haben und mehrmals täglich einen Blick auf die Ergebnisse werfen.

Abb.56: Große Marken fördern naturgemäß mehr Treffer in den Social
Networks zu Tage

Auch die Google Alerts stellen ein Pflichtinstrument für das Reputation Management dar. Da sich beliebig viele Alerts anlegen lassen,
sollte auch für jedes relevante Keyword ein Alert laufen. Um den
Posteingang nicht mit zu vielen Mails zu verstopfen, empfiehlt es
sich, die Alerts einmal pro Tag gesammelt und mit einer eigens dafür
angelegten E-Mail-Adresse in einem separaten Postfach zu empfangen. So reicht oft ein schneller Blick jeden Abend in dieses Postfach,
um über Neuigkeiten auf dem Laufenden zu bleiben.

Google Alerts eignen sich für das Reputation Management

5.6 Erfolgsfaktoren für das Reputation Management

Reputation Management ist ein dauerhafter und aufwendiger Prozess – der jedoch mit einer starken Marke und zufriedenen Kunden
belohnt wird. Damit Reputation Management gelingt, gilt es, folgende Erfolgsfaktoren zu beachten.

· **Glaubwürdigkeit** und Authentizität: diese beiden Werte stehen
an oberster Stelle. Wenn auffällt, dass ein Unternehmen versucht,
mit gefälschten Bewertungen und eingekauften Erfahrungsbe-
richten Meinung zu machen, geht die Glaubwürdigkeit verloren.
Solche Fälle sind darüber hinaus ein gefundenes Fressen für die
Medien, was den negativen Effekt schnell multiplizieren kann.
Ein Unternehmen muss daher darum bemüht sein, ehrlich zu
bleiben und offen zu kommunizieren. Nur wenn Marketing, PR,
Service und Online eng zusammenarbeiten und Unterstützung
durch die Geschäftsführung erfahren, kann sich ein guter Ruf
dauerhaft etablieren. Social Media stellt sowohl Fluch als auch

Segen für Unternehmen dar – je nachdem, wie die Reaktion auf bestimmte Situationen aussieht.

- **Schnelligkeit:** eine handfeste PR-Krise kann sich innerhalb eines einzigen Tages entwickeln. Daher sind schnelle Reaktionen und gezieltes Vorgehen von entscheidender Bedeutung. Klare Vergabe von Zuständigkeiten und vorgefertigte Reaktionspläne auf verschiedene Szenarien helfen, die Reaktionsgeschwindigkeit zu erhöhen. Die Bedeutung schneller Reaktionen hat in den letzten Jahren stetig zugenommen und wird sich noch verstärken.

- **Konsistenz:** ein guter Ruf baut sich nicht von heute auf morgen auf (auch wenn er leider von heute auf morgen zerstört werden kann). Hierfür sind lang andauernde und konstante Bemühungen wichtig. Ein konsistentes Auftreten über alle Kanäle, ständiges Pflegen der Kanäle und Kunden, Festhalten an den Markenwerten und deren ständige Kommunikation stellen wichtige Erfolgsfaktoren beim Reputation Management dar. Ausdauer zahlt sich aus – mit einem guten Ruf (nicht nur) im Social Web.

Interview mit Henri Apell

Henri Apell ist selbständiger Business-Coach und betreibt unter www.coach-im-netz.de einen reichweitenstarken Blog zum Online-Marketing für Coaches.

1. Herr Apell, bitte stellen Sie sich doch unseren Lesern kurz vor.

Studiert habe ich evangelische Theologie, Diakonie und Sprechwissenschaft. Danach war ich in der Kirche und Diakonie tätig. Nebenbei habe ich mich weitergebildet in NLP und systemischem Coaching. Nach den Weiterbildungen habe ich in der Erwachsenenbildung gearbeitet und mich 2007 in diesem Bereich selbständig gemacht.

Auch zu den Bereichen Web 2.0 habe ich viele Kurse besucht und 2008 mein Blog gestartet.

2. Ihr Blog www.coach-im-netz.de ist mittlerweile eine anerkannte Autorität zum Thema „Marketing für Coaches". Können Sie sich noch an die Anfangszeit des Blogs erinnern? Wie sind Sie gestartet? Was war gut und was würden Sie aus heutiger Sicht anders machen?

Ich habe am Anfang meiner Selbständigkeit zunächst nach Möglichkeiten gesucht, um auf mich aufmerksam zu machen. Dazu erschien mir ein Blog mit WordPress die beste Möglichkeit. Nachdem ich mir eine passende Domain registriert habe, fing ich auch schon an, Artikel zu posten. Anfangs benutzte ich noch ein kostenloses Theme, jedoch ließ ich mir nach ca. einem Jahr ein eigenes Theme von einem Designer erstellen: Passende Farben, individuelles Design und schnelle Ladezeit. Ferner suchte ich nach Verlinkungsmöglichkeiten und habe da am Anfang natürlich erst mal Kollegen gefragt. Danach habe ich in Fachforen und Blogs kommentiert. Das brachte dann auch weitere Besucher.

Nach und nach stellte sich eine gewisse Routine beim Schreiben ein, da ich konsequent jeden Tag einen Artikel veröffentlicht habe.

Das Schöne bei WordPress ist, dass es von vielen Bloggern genutzt wird. Wenn ich Probleme oder Fragen hatte, konnte ich Antworten in Fachforen finden oder Blogger direkt fragen.

Vieles würde ich am Anfang nicht anders machen: Wichtig war, meine Zielgruppe genau zu definieren, für diese Artikel zu posten und für genügend Verlinkungen und Aufmerksamkeit zu sorgen. An einem Blog zu schreiben, der kaum gelesen wird, das macht wenig Freude. Bei vielen Blogs von Kollegen merke ich, die schreiben halt ihren Blog, weil man halt heutzutage einen Blog haben sollte, veröffentlichen unregelmäßig oder posten nur Werbung für ihre Seminare. Diese Blogs haben jedoch kaum Besucher. Ein Blog muss lebendig sein.

3. Welche wichtigen Erfahrungen haben Sie im Laufe der Zeit beim Aufbau Ihres Blogs gemacht? Worauf führen Sie die positive Entwicklung Ihres Blogs zurück?

Auch wenn ich mich wiederhole: Regelmäßig Artikel veröffentlichen ist sehr wichtig. Das kann wöchentlich sein, zwei oder drei Mal die Woche oder eben wie ich täglich. Diese Entscheidung sollte ich am Anfang bei der Planung treffen und mir dann auch die Zeit dafür frei halten.

Die nächste wichtige Erfahrung: Andere Blogger nach Tipps fragen, auch fachfremde Blogs lesen, die sich z. B. mit Selbständigkeit beschäftigen. Viele Blogger geben gerne Auskunft, auch sie haben mal angefangen.

Die positive Entwicklung meines Blogs führe ich darauf zurück, dass ich eine genau definierte Zielgruppe habe und für sie schreibe, selbst Trainer und Coach bin, die Szene kenne und eine Neutralität an den Tag lege und nicht polarisiere. Ferner war mir klar, dass ich von Anfang an für genügend Verlinkungen sorgen muss, weil mich sonst keiner über die Suchmaschinen findet.

Auch meine Buchbesprechungen kommen sehr gut an, da die meisten Coaches und Trainer an Informationen zu neuen Fachbüchern interessiert sind. Ich selbst lese viel Fachliteratur und so kann ich das in meinen Blog sehr gut integrieren.

4. Was bringt Ihnen der Blog konkret für Ihr Geschäft?

Ich erhalte durch mein Blog Kundenanfragen für Beratungen in Social Media. Auch einige Newsletterempfänger haben schon meine Leistungen gebucht. Ferner betreibe ich aktiv Social Media für einige Trainingsinstitute. Durch meine Buchbesprechungen habe ich viele Kontakte zu Autoren, Agenturen und Verlagen aufgebaut. Auch schreibe ich Artikel für die Fachzeitschrift „Kommunikation und Seminar". All dies hätte ich ohne mein Blog in so kurzer Zeit nicht erreicht.

5. Was würden sie als die fünf Hauptfaktoren beim Aufbau eines erfolgreichen Blogs bezeichnen?

1) Legen Sie Ziel und Zielgruppe Ihres Blogs genau fest. Planen Sie genügend Zeit für Ihren Blog in Ihrem Tagesablauf ein. Und dann halten Sie das auch ein.

2) Fangen Sie sofort an: Sichern Sie sich eine Domain, laden Sie Word-Press hoch und schreiben Sie Ihren ersten Artikel. Design und Gestaltung kann später noch geändert werden.

3) Bloggen Sie regelmäßig. Nur so lässt sich eine treue Leserschaft aufbauen. Bieten Sie Feeds an, damit sich Ihre Leser über Ihre neuen Posts freuen können.

4) Schreiben Sie für Ihre Leser. Denken sie nicht ständig daran, ob ein Artikel gut in den Suchmaschinen rankt. Ich bin manchmal erstaunt, welcher Artikel mir aufgrund der guten Suchmaschinenergebnisse viele Besucher bringt. Dies lässt sich oft nicht vorhersagen.

5) Achten Sie auf korrekte Rechtschreibung und Grammatik. Es gibt nichts Schlimmeres als Artikel voller Rechtschreibfehler. Das schadet Ihrem Ruf als Experten.

6. Viele Unternehmen sind der Meinung, nicht genügend Content zum regelmäßigen Bloggen zu haben. Wie können Unternehmen für interessanten Content sorgen? Was gibt es dabei zu beachten?

Dafür sind die Sozialen Netzwerke hervorragend geeignet. Wer den richtigen Leuten folgt, bekommt immer tolle Tipps und Hinweise. Auch kann man z. B. Google Alerts nutzen und sich zu einen Thema oder Stichwort die neuesten Infos zukommen lassen. Bei Google Plus funktioniert das mit den Sparks schon hervorragend.

Ich sichere solche Informationen immer gleich in einem einfachen Worddokument mit Link und kurzer Beschreibung. Das kostet kaum Zeit und danach kann ich damit Artikel erstellen oder es twittern oder auf Facebook veröffentlichen. Auch lohnt sich das Abonnieren einiger interessanter YouTube-Kanäle von Kollegen. Wenn sie ein neues Video veröffentlichen, bekomme ich eine Mail und schon kann ich darüber kurz etwas schreiben.

7. Generell spricht man im Social Media Marketing viel häufiger von Twitter und Facebook als von Blogs. Ist das gerechtfertigt? Welchen Stellenwert messen Sie Blogs im Social Media Mix bei?

Das Blog ist Dreh- und Angelpunkt meines Social Media Mixes: Meine Leser sind z. B. immer sehr interessiert an neuen Tools. Darüber schreibe ich ein Blogpost und danach veröffentliche ich ihn bei Twitter, Facebook und nun auch bei Google Plus. Dafür gibt es nützliche Hilfsmittel, die das automatisch erledigen.

Ein Blogartikel hält auch länger; ein Tweet oder eine Meldung bei Facebook geht schnell verloren oder unter. Ein Blogartikel kann öfter erwähnt werden. Wenn er außerdem gut bei den Suchmaschinen rankt, bringt mir das zusätzlich Besucher auf mein Blog.

8. Wie gelingt es, Leser zur aktiven Teilnahme im Blog zu bewegen?

Wichtig ist, seine eigene Meinung zu vertreten. Einige meiner Kollegen äußern sich sehr kontrovers und erhalten dadurch die unterschiedlichsten Reaktionen.

Außerdem helfen offene Fragen, darüber kann dann kommentiert werden.

Ich selbst nutze immer mal wieder Verlosungen von Fachbüchern, die mir Verlage freundlicherweise zur Verfügung stellen, dafür.

9. Welche Ratschläge können Sie Blog-Einsteigern geben, um langfristig einen bekannten, erfolgreichen Blog aufzubauen?

Machen Sie es richtig oder gar nicht. Je mehr eigenes Engagement Ihre Leser erkennen, umso eher sind sie bereit, das Blog zu lesen und zu empfehlen.

Schreiben Sie einige Artikel auf Vorrat, es kann immer mal zeitlich eng werden.

Vernetzen Sie sich mit Kollegen, fragen Sie ob Sie Gastartikel bei deren Blogs schreiben können. Im Gegenzug können diese dann bei Ihnen Artikel veröffentlichen.

Nutzen Sie alle Möglichkeiten der Verbreitung im Web 2.0.

6 Die Produktentwicklungs-Strategie

Kapitel 6

Die Produktentwicklungs-Strategie

In den letzten Jahren hört man immer häufiger Slogans wie die „Weisheit der Masse" („Wisdom of the crowd") oder „Schwarmintelligenz". Gemeint ist damit, dass Viele schlauer sind als Einzelne und bessere Entscheidungen treffen. Obwohl dieses Konzept wissenschaftlich umstritten ist, trifft es auf das Marketing bzw. die Produkterstellung häufig erstaunlich treffend zu. Ein Produkt, das in engster Zusammenarbeit mit den Marktteilnehmern entwickelt wurde, hat später bessere Chancen, da es eher den wahren Bedürfnissen des Marktes entspricht.

Die Einbeziehung der Online-Community nennt man im Social Media Fachjargon **„Crowdsourcing"** und bietet vielfältige Möglichkeiten für aufmerksamkeitsstarke Aktionen. Dabei geht Crowdsourcing weit über reines Social Media Marketing hinaus – es findet eine echte Wertschöpfung statt, die dem Unternehmen einen dauerhaften Nutzen generieren kann.

Dabei gibt es verschiedene Abstufungen, die Unternehmen anwenden können.

6.1 Verbesserung von Services und begleitenden Leistungen

Einen möglichen Ansatzpunkt für das Crowdsourcing kann die Verbesserung der das Produkt umgebenden Services darstellen. Das Web 2.0 bietet vielfältige Chancen für Unternehmen, den Kundenservice oder begleitende Dienstleistungen zu optimieren, ohne wirklich in das Produkt als solches eingreifen zu müssen. Dieses Vorgehen stellt somit eine Vorstufe zur eigentlichen Produktentwicklungs-Strategie dar und eignet sich als „Testballon", wenn das Unternehmen von den Vorteilen eines in der Community entwickelten Produkts noch nicht überzeugt ist.

So lassen sich zum Beispiel Twitter-Follower oder Facebook-Fans zum Abgeben von Verbesserungsvorschlägen oder zum Einreichen bisheriger Erfahrungen auffordern, die sich unter anderem auf folgende Aspekte beziehen können:

Crowdsourcing kann für verschiedene Aspekte eingesetzt werden.

- Erfahrungen mit dem Kundenservice

- Öffnungszeiten, Erreichbarkeit

- Verständlichkeit von Anleitungen, Beschreibungen etc.

- Wirkung von Werbebotschaften und Werbemitteln

- Fehlen von bzw. Optimierung bestehender Zusatzleistungen

- Attraktivität von Rabatten und Aktionspreisen

- Produktbundles

- Zahlungsmodalitäten

Die eingereichten Vorschläge und vorgebrachten Kritikpunkte müssen nach einer ausführlichen Analyse kategorisiert und priorisiert werden. Nicht alle Vorschläge sind sinnvoll oder sogar umsetzbar. Jedoch darf das Unternehmen hier nicht den Fehler machen, nur die Ideen herauszupicken, die bequem erscheinen oder der eigenen Sichtweise entsprechen. Der Sinn und Zweck dieser Strategie besteht ja gerade darin, die Leistungen stärker an den Wünschen der Zielgruppen auszurichten – auch wenn dies bedeutet, von liebgewonnen Eigenschaften und Details Abschied nehmen zu müssen.

6.2 Verbesserung bestehender Produkte

Einen Schritt weiter gehen Unternehmen, die Kundenmeinungen direkt in die Optimierung bestehender Produkte einbeziehen. Hierfür ist ein größeres Maß an Offenheit, Veränderungsbereitschaft und Einsichtsfähigkeit notwendig; als Belohnung winkt dafür aber auch die Chance auf größeren Markterfolg. Denn Kunden nehmen die Chance gerne an, auf Produkte Einfluss zu nehmen, die sie täglich anwenden.

Die Hürde liegt hier eher bei den Unternehmen, die sich nicht „in die Karten" schauen lassen wollen oder den Kunden nicht genügend Kompetenz zusprechen. Hier dürfen Unternehmen nicht den Fehler machen, die Kunden zu unterschätzen. Durch die oft sehr intensive Nutzung der Produkte verfügen die Anwender über Erfahrungen, Kenntnisse und Einfälle, die sich sehr gut als Ressourcen zur Verbesserung des Leistungsportfolios nutzen lassen.

Das Cover dieses Buches wurde beispielsweise über eine Abstimmung bei Facebook ermittelt. Da sich die Autoren und Designer nicht auf einen gemeinsamen Entwurf verständigen konnten, wurde die

Abstimmung zwischen zwei Optionen kurzerhand der Community überlassen. Über eine Facebook-Aktion konnten alle Interessierten über das Layout entscheiden und dabei auch Exemplare des Buches gewinnen.

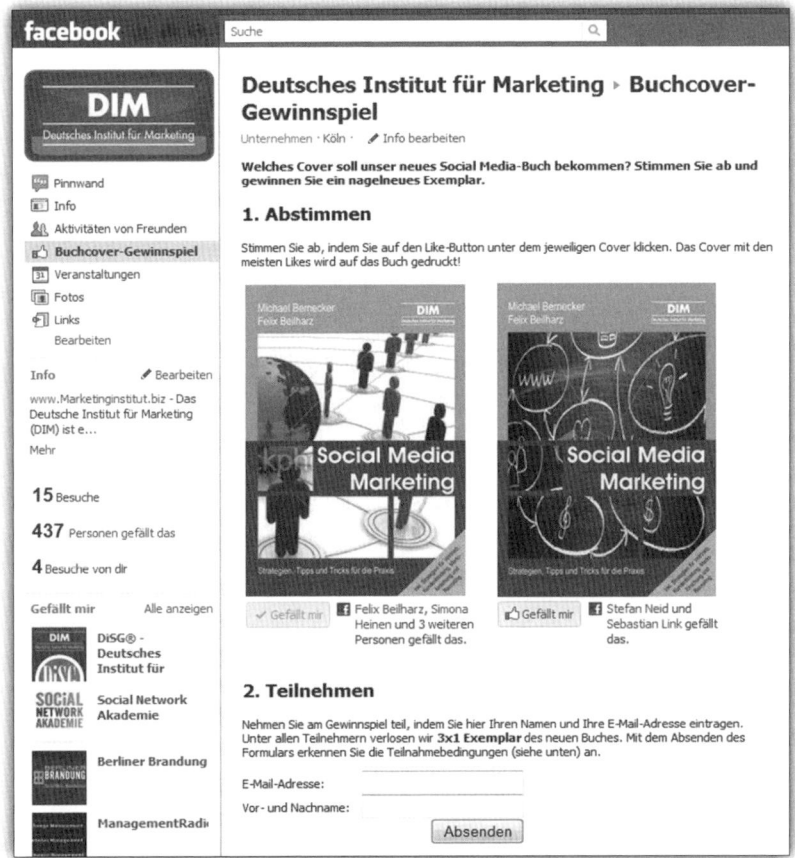

Abb. 57: Das Cover dieses Buches wurde von den Facebook-Fans bestimmt

Die Effekte dieser Aktion wirken sich jedoch in mehrfacher Weise positiv aus:

Die Aktion verbessert die Verkaufschancen des Buches

- Das letztendliche Cover ist nicht der Entwurf, der den Autoren am besten gefällt, sondern der, der den potenziellen Lesern gefällt. Wenn genügend Nutzer abstimmen, kann man davon ausgehen, dass das gewählte Cover schließlich auch bei den Zielgruppen besser ankommt und das Buch sich besser verkauft.

- Durch die Abstimmung per Like-Button entsteht ein viraler Effekt. Die Netzwerke der Teilnehmer werden auf die Aktion aufmerksam, erfahren so vielleicht zum ersten Mal von dem Buch, den Autoren und dem Institut. Bei angenommenen 50 Teilnehmern, die im Schnitt 130 Freunde aufweisen, bedeutet das 6.500 potenzielle Sichtkontakte bei einem Budget von Null Euro (lediglich zwei Stunden Zeitaufwand für die Erstellung der Unterseite).

- Durch das Gewinnspiel generiert das Institut Abonnenten für den Newsletter und so Leads, die regelmäßig nachgefasst werden können.

- Nicht zu vergessen ist schließlich der Image-Effekt, den das Institut mit dieser Aktion erzielt. Das Unternehmen „lebt" die Social Media Werte wie Nutzerintegration, Offenheit und Innovationsfreude und kommuniziert diese Haltung auch nach außen. Das wirkt sich positiv auf das Image und den Ruf des Instituts aus.

Unternehmen können die Nutzer in ganz verschiedene Aspekte der Produktverbesserung mit einbeziehen, zum Beispiel:

- Verpackung (Design, Nutzerfreundlichkeit, Haltbarkeit etc.)

- Produktdesign

- Produktname/Brand

- Werbeslogan

- Anwendungsmöglichkeiten

- Produkteigenschaften (z. B. überflüssige oder fehlende Eigenschaften)

- Produkthandling

- Kombinierbarkeit mit anderen Produkten des Unternehmens

Sogar der Preis wurde in einigen Aktionen bereits zum Gegenstand öffentlicher Abstimmungen.

Möglichkeiten ergeben sich also viele. Naturgemäß will nicht jedes Unternehmen seine Produktentwicklungen offen nach außen tragen – oft ist das auch gar nicht möglich. Grenzen stellen zum Beispiel geschütztes Spezialwissen, Patente, Geheimrezepturen oder einfach nur sehr komplexe Produkte dar, die von den Anwendern nicht in letzter Konsequenz verstanden werden. Die gezeigten Beispiele verdeutlichen jedoch, dass sich die Einbeziehung der Nutzer auf sehr vielen Ebenen anbietet – eben nicht nur im Kernprodukt, sondern auch bei begleitenden Eigenschaften wie Design oder Anwendbarkeit.

Eine weitere Möglichkeit der Differenzierung besteht in der Tiefe der Einbeziehung der Nutzer. Soll der Nutzer lediglich über bereits vorhandene Alternativen abstimmen oder eigene neue Vorschläge einbringen? Erstere Variante lässt sich deutlich schneller und einfacher durchführen, da die Komplexität begrenzt ist. Letztere Möglichkeit liefert jedoch mehr neue und frische Ideen und entspricht eher dem Gedanken des Crowdsourcings.

6.3   Generierung neuer Produkte

Das vollständige Erstellen neuer Produkte durch die Community stellt zweifellos die Königsklasse der Produktentwicklungs-Strategie dar. Hierbei gewährt das Unternehmen den Nutzern den größtmöglichen Spielraum, gibt am meisten Macht aus der Hand und erhält im Gegenzug ein Produkt, das aus dem Markt heraus und für den Markt entstanden ist.

Denn ein Produkt, dass in der Community erfunden und von hunderten oder gar tausenden von Kunden mitentwickelt wurde, wird sich mit hoher Wahrscheinlichkeit auch durchsetzen können. Letztendlich passiert hierbei nichts anderes, als bei ausgiebiger und teurer Marktforschung vor dem Produktlaunch – nur dass sich die Forschung nicht auf reine Befragungen beschränkt, sondern aktiv zur Mitarbeit auffordert.

Die Grundidee dieser Strategie stammt aus den USA. Starbucks dürfte mit MyStarbucksIdea.com zu den Vorreitern des „Crowdsourcings" gehören. Nutzer können auf dieser Plattform Vorschläge und Ideen einreichen, andere Nutzer wiederum stimmen über die Ideen ab. Die besten Ideen werden schließlich testweise umgesetzt und bei Erfolg auch flächendeckend übernommen.

In Deutschland hat Tchibo dieses Konzept erfolgreich adaptiert (wie bereits im Kapitel „Social Media Strategie" angesprochen). Auf www.tchibo-ideas.de können Nutzer Probleme des täglichen Lebens posten. Die Bandbreite reicht hierbei von „Brauche einen Schnuller mit integrierter Schutzhülle, der auch noch gut aussieht" oder „Erfinde eine Ketchup-Flasche, die nicht verschmiert" bis hin zum Hundebesitzer, der das Verheddern der Leinen seiner zwei Hunde satt hat und hierfür eine Lösung sucht.

Wer gerne tüftelt oder sonst gute Einfälle hat, kann nun seinen Lösungsvorschlag in die Community posten. Auch Ideen für eigene Produkte lassen sich einreichen. Die Community stimmt nun wiederum über die Ideen ab, kommentiert und bewertet.

Die besten Ideen erhalten Auszeichnungen, z. B. zum Produkt des Monats, und einige Produkte erhalten die Chance auf eine Vermarktung im Tchibo-Produktportfolio. Die Erfinder werden dabei am Erlös beteiligt. So finden sich unter den realisierten Lösungen nicht nur ein Fahrradsattelbezug mit Aufbewahrungsbox oder ein „unkaputtbarer" Blumentopf, sondern auch eine Trinkflasche mit Geheimfach und eine Klobürste mit Kindersicherung. Sicherlich nicht die schlechtesten Produktideen…

Dass so etwas auch im B2B-Sektor funktioniert, zeigt das Biotechnologie-Unternehmen Eppendorf. Unter www.eppendorf-ideas.de fand eine Aktion statt, bei der das Unternehmen den perfekten Pipettenständer suchte. Teilnehmer konnten ihre Ideen einreichen, eine Jury wählte dann aus allen eingereichten Ideen die Sieger aus, die in den Kriterien Innovationskraft, Umsetzbarkeit, Usability, Material, Technologie und Funktionalität besonders hervorstachen.

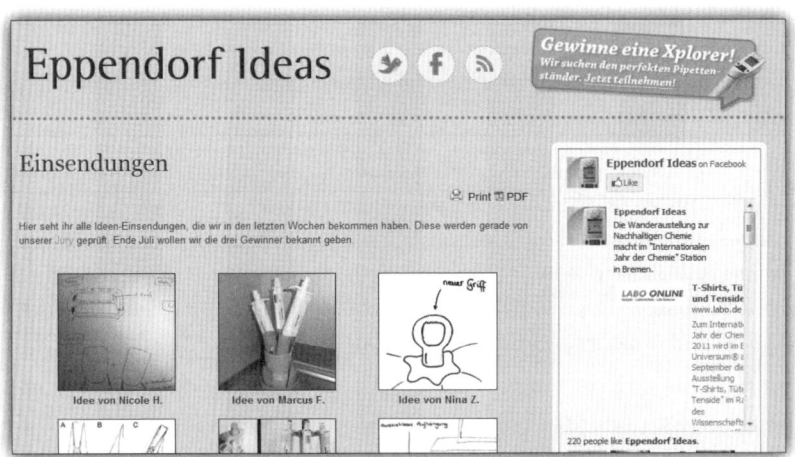

Abb. 58: Auch im B2B-Sektor lässt sich Crowdsourcing hervorragend einsetzen

Ob der Sieger-Pipettenständer auch wirklich in Produktion geht, steht noch nicht fest. Eppendorf hat mit dieser Aktion aber viel mehr erreicht als nur ein mögliches neues Produkt: mehr als 30 neue Ideen, eine relativ hohe Reichweite bei den relevanten Zielgruppen und nicht zuletzt Aufmerksamkeit als innovativer, moderner und offener Arbeitgeber, da die Aktion in erster Linie bei potenziellen Mitarbeitern wie Abiturienten, Studenten und Azubis in labornahen Berufen Anklang gefunden haben dürfte. So wirkt sich diese Strategie ganz nebenbei auch auf das Employer Branding und das Recruiting aus.

Bei Lebensmitteln funktioniert die Produktentwicklungs-Strategie ebenfalls. Der Fast-Food-Konzern McDonald's führte kürzlich eine Kampagne durch, bei der Kunden sich mit Hilfe eines Online-Burger-konfigurators aus über 70 Bestandteilen den eigenen Lieblingsburger zusammenstellen konnten. Aus den Abstimmungen anderer Nutzer wurden die zehn beliebtesten Burger ausgewählt. Eine Jury wählte dann aus diesen zehn Burgern fünf Endfinalisten aus und stellte die letzten fünf Burger wiederum der Community zur Abstimmung vor. Zur Überraschung aller wurde am Ende jedoch nicht nur der Sieger-burger, sondern alle fünf Burger deutschlandweit in den Restaurants verkauft. Insgesamt gingen bei der Aktion mehr als 1,5 Millionen Stimmen ein. Die Aktion stieß auf großes mediales Interesse, begeisterte Kunden und Fans in den sozialen Netzwerken und gilt bereits jetzt als Paradebeispiel für Crowdsourcing im Social Web.

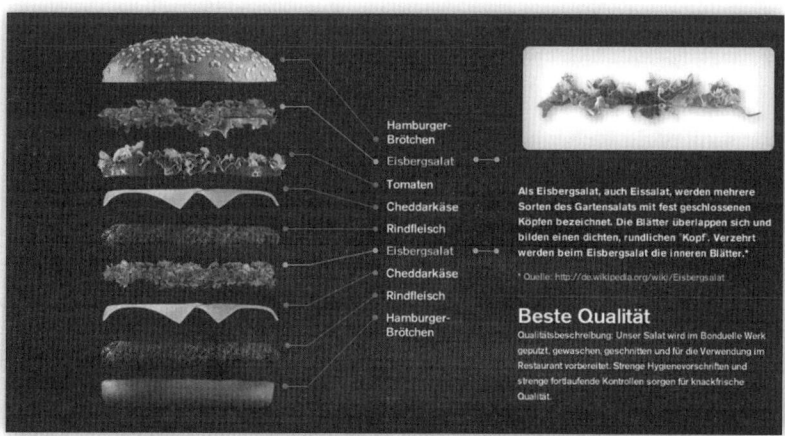

Abb. 59: Mc Donald's nutzt Crowdsourcing um neue Burgerideen zu generieren

6.4 Vorgehensweise bei der Produktentwicklungs-Strategie

Erfolgreiche Produktentwicklung oder -verbesserung unter Einbeziehung sozialer Medien erfordert mehrere Schritte.

6.4.1 Definition

Zu Beginn steht die Phase der Definition. Hier stehen grundlegende Fragen zu den Zielen, zum Ablauf und zur Strategie der Aktion auf dem Programm.

- Was soll genau erreicht werden?

- Geht es um eine Produktverbesserung oder ein komplett neues Produkt?

- Wie tief sollen die Nutzer mit einbezogen werden?

- Wie soll über das beste Ergebnis entschieden werden?

- Was geschieht mit dem Siegerprodukt sowie den anderen Einsendungen?

- Über welche Kanäle soll die Aktion ablaufen?

- Wie können die Nutzer zum Mitmachen animiert werden?

- Welche Belohnung erhalten die Teilnehmer, welche die Gewinner?

- Wie kann ein nachhaltiger Nutzen für das Unternehmen sichergestellt werden?

- Welches Budget steht für die Aktion zur Verfügung?

- Wie lange soll die Aktion dauern? Soll eine Verlängerungsoption eingeplant werden?

- Wer trägt die Verantwortung für den Ablauf und das Ergebnis?

- Wie lässt sich der Datenschutz gewährleisten?

- Welche rechtlichen Rahmenbedingungen sind zu beachten?

Crowdsourcing birgt verschiedene Risiken Die Erfahrung aus verschiedenen Crowdsourcing-Projekten zeigt, dass es angebracht sein kann, dem Nutzer nicht die völlige Entscheidungsfreiheit zu überlassen. Ein Problem stellen Fake- und Spaßteilnahmen dar. Manche Nutzer machen sich einen Spaß daraus, nicht realisierbare oder völlig unbrauchbare Vorschläge einzureichen. Solche lustigen Ideen verbreiten sich in der Community häufig sehr schnell, so dass später unter Umständen ein nicht marktfähiges Produkt auf dem ersten Platz steht. Das Unternehmen sieht sich dann gezwungen, das Produkt unter großem Verlust oder sogar rechtlichen Problemen zu realisieren, oder die Aktion abzubrechen, was einen Sturm der Entrüstung mitsamt damit verbundenem Imageschaden garantiert.

Besser eignet sich daher eine Vorgehensweise wie die von McDonald's. Der Prozess erfolgt in mehreren Phasen, eine hauseigene oder externe Jury behält sich ein Mitspracherecht vor. Häufig wird dies beispielsweise mit einer Vorauswahl sichergestellt, aus der dann schließlich durch die Community der endgültige Sieger ermittelt wird. Wichtig ist dabei jedoch, dass der Einfluss der Jury offen kommuniziert und klar erkennbar ist – sonst entsteht schnell der Verdacht der Manipulation. McDonald's hat daher von vorneherein klar dargelegt, wie sich die Jury zusammensetzt, wie die Abstimmung abläuft und dass die vorausgewählten Burger der Jury sogar persönlich durch die „Schöpfer" präsentiert werden. So stellte der Konzern eine ausreichende Transparenz sicher und schützte sich vor eventuellen Verdächtigungen.

6.4.2 Aufbau

Im nächsten Schritt steht der Aufbau der Kanäle im Vordergrund. Aktionen können über Social Networks ablaufen oder auf eigens geschaffenen Kanälen. Eppendorf hat dafür eine eigene Website aufgebaut, die zusätzlich durch einen begleitenden Facebook-Auftritt unterstützt wurde. Zum Aufbau gehören auch ein attraktives Design und eine leicht verständliche Erklärung der Aktion. Nur wenn der Teilnehmer genau weiß, worum es geht, wie er teilnehmen kann und was es ihm bringt, wird er sich an der Aktion beteiligen. Erfahrungsgemäß funktionieren kurze, ansprechend gestaltete Videoclips und Grafiken besser als lange Texterklärungen. Im Idealfall stellt man dem Nutzer beides zur Verfügung: kurze, knappe Erklärungen der einzelnen Schritte sowie längere, ausführlichere und tiefergehende Erklärungen mit allen Hintergründen. So kann jeder Teilnehmer sich die Informationen heraussuchen, die er selbst zur Teilnahme benötigt.

6.4.3 Durchführung und Promotion

Nun gilt es, die Aktion entsprechend zu bewerben. Hierbei darf gerne „aus allen Rohren gefeuert" werden: Blog, Facebook, Twitter, aber auch Presse- und Öffentlichkeitsarbeit, Mailings, Werbeschaltungen

Die Aktion muss umfassend bekannt gemacht werden

(online und offline), Gastartikel in Blogs und auf Websites, Plakate usw. Je nach Größe der Aktion und dem Umfang der gewünschten Response müssen die passenden Maßnahmen ausgewählt werden.

Entscheidend auf den Erfolg wirkt sich die Kontinuität der Werbemaßnahmen aus. Die Teilnehmer dürfen nicht den Eindruck bekommen, dass die Aktion „eingeschlafen" oder gar „tot" sei. Regelmäßige Postings, Hinweise zum Zwischenstand etc. verleihen der Aktion Leben. Insbesondere Meilensteine wie der erste Teilnehmer, runde Teilnehmerzahlen, Halbzeit oder nur noch eine verbleibende Woche bieten sich für ausführlichere Postings an. Darüber hinaus lockern Interviews mit den Beteiligten und relevanten Ansprechpartnern den Content auf.

Das Ende der Veranstaltung muss klar und deutlich kommuniziert werden. Teilnehmer, die nach dem Ende noch Vorschläge einreichen, sind verärgert, wenn ihre Beiträge abgelehnt werden, obwohl das Ende der Aktion nicht ersichtlich war.

6.4.4 Auswertung

Nach Beendigung der Aktion geht es an die Auswertung der eingereichten Beiträge. Längst nicht alle sind sinnvoll und realisierbar. Nichtsdestotrotz freuen sich, sofern machbar und angekündigt, alle Teilnehmer über eine Veröffentlichung ihrer Vorschläge.

Idealerweise gibt es nicht nur einen ersten Platz, sondern noch weitere belohnte Platzierungen. So erhöht sich bereits im Vorfeld die Attraktivität der Teilnahme und im Nachgang auch die Involvierung der Teilnehmer.

Der Auswertungsprozess sollte nicht zu lange dauern, da die Aktion sonst in Vergessenheit gerät. Bei vielen Einreichungen empfiehlt es sich, bereits während der laufenden Aktion mit der Kategorisierung und Bewertung der Vorschläge zu beginnen, um hinterher möglichst schnell reagieren zu können. Ein Zeitraum von 1-2 Wochen dürfte in den meisten Fällen ausreichen und gleichzeitig lang genug sein, um eine gründliche Entscheidungsfindung zu kommunizieren.

6.4.5 Nachgang

Der Erfolg hängt maßgeblich von der Umsetzung der erzielten Ergebnisse ab

Nun entscheidet sich, wie die Ideen umgesetzt und implementiert werden können. Das hängt neben der Art der Aktion auch von der Qualität und Quantität der eingereichten Vorschläge ab. Wie bereits angesprochen muss das Unternehmen jetzt Mut zeigen, neue Wege zu gehen und auch Ideen eine Chance zu geben, die der bisherigen (vielleicht wenig erfolgreichen) Vorgehensweise widersprechen. Schließlich führte man die Aktion ja durch, um die Situation zu verbessern und sich neu aufzustellen.

Die virale Komponente lässt sich erhöhen, wenn zur Verkündigung der Sieger diese persönlich eingeladen und empfangen werden. Schließlich wird jede dieser Personen seinem Netzwerk ausführlich davon berichten sowie Nachrichten, Bilder und Videos über die sozialen Kanäle verbreiten. Auch die Presse greift derartige Veranstaltungen gerne auf, weil sie ansprechende Bilder und Geschichten liefern. Es lohnt sich also durchaus, die Aktion entsprechend abzuschließen.

6.4.6 Ständige Kontrolle

Wichtig: während der gesamten Aktion müssen der Verlauf und die Reaktionen der Nutzer ständig im Auge behalten werden. Nur so lassen sich einerseits schnelle Reaktionen auf aufkeimende Krisensituationen sicherstellen – andererseits aber auch eine ausreichende Teilnehmerquote. Crowdsourcing-Kampagnen sind oft aufwändig und vergleichsweise teuer – und müssen daher professionell gemanaged werden.

6.5 Häufige Fehler beim Crowdsourcing

Die Produktentwicklungs-Strategie gehört definitiv zu den anspruchsvolleren Einsatzgebieten des Social Media Marketing. Da wundert es nicht, dass Unternehmen häufiger als bei anderen Strategien Fehler machen, die den Erfolg des Projektes gefährden. Zu den häufigsten Fehlern gehören:

1. Ziel nicht klar definiert

Das Ziel der Aktion muss sowohl intern (im Unternehmen) als auch extern klar definiert und kommuniziert werden. Nur wenn die Zielgruppe genau weiß, worum es geht, was sie zu tun hat und wo der Nutzen für sie liegt, finden sich genügend Teilnehmer für eine gelungene Aktion.

2. Nicht ausreichend vorbereitet

Ist das Unternehmen auf einen eventuellen Ansturm der Teilnehmer vorbereitet? Können hunderte von Einsendungen überhaupt sinnvoll verarbeitet werden? Hat man auf kritische Fragen passende Antworten parat? Mangelnde Vorbereitung kann Probleme ungeahnter Dimensionen produzieren. Es müssen daher im Vorfeld genügend Mitarbeiter in „Bereitschaft" definiert werden, die im Fall der Fälle helfen, den Ansturm zu bewältigen oder die Krisenherde zu löschen. Idealerweise liegen deshalb auch Lösungsansätze für verschiedene Szenarien in der Schublade, auf die das Unternehmen im Ernstfall zurückgreifen kann.

3. Aktion nicht zu Ende geführt

Es kann vorkommen, dass die Aktion nicht so verläuft wie es eigentlich geplant war. Sei es, dass die Community eine Variante bevorzugt, die eigentlich nicht zu den Favoriten des Unternehmens gehört, sei es, dass sich überhaupt keine Teilnehmer finden oder sogar, dass Scherzteilnahmen die Aktion überschwemmen. Das Schlimmste, was das Unternehmen nun tun kann, ist, die Aktion abzubrechen oder im Sande verlaufen zu lassen. Dies mündet schnell in einer handfesten PR-Krise.

4. Ergebnisse verpuffen lassen

Wie sollen die Ergebnisse überhaupt verwertet werden? Die Kosten und Investitionen der Aktion waren vergeblich, wenn die Ergebnisse später nicht aufgearbeitet und implementiert werden. Im Zweifel muss sich das Unternehmen dem „Willen der Masse" beugen, insbesondere dann, wenn im Vorfeld versprochen wurde, dass das Siegerprodukt tatsächlich produziert und am Markt angeboten wird.

Interview mit Martin Limbeck

Martin Limbeck ist einer der erfolgreichsten Verkaufstrainer Deutschlands und Träger der weltweit angesehendsten Redner-Auszeichnung „Certified Speaking Professional" (CSP). Sein Buch „Nicht gekauft hat er schon" erreichte Platz 14 der Amazon-Gesamtliste.

1. Herr Limbeck, Ihr Name hat in der Trainerszene Gewicht. Bitte stellen Sie sich unseren Lesern trotzdem kurz vor.

„Limbeck verkauft. Er kann nicht anders. Es ist die Rolle seines Lebens." Das hat eine Journalistin der Zeitschrift managerSeminare über mich geschrieben. Ich finde, das charakterisiert mich sehr gut. Verkauf ist meine Leidenschaft und das vermittle ich auch den Teilnehmern meiner Vorträge und Trainings. Seit fast 20 Jahren bin ich als Vertriebs – und Managementtrainer unterwegs; ich bin Buchautor, Keynote-Speaker und gelte als Experte für „Das neue Hardselling". Gehen Sie einfach auf www.martinlimbeck.de. Da finden Sie alle Infos rund um mein Leben und meine Arbeit.

2. Sie haben Ihr Buch „Nicht gekauft hat er schon" massiv und sehr erfolgreich mit Social Media Maßnahmen vermarktet. Welche Maßnahmen und Kanäle haben Sie hierfür eingesetzt?

Ich nutze vor allem Facebook, XING und Twitter, um mit meinem Netzwerk in Kontakt zu bleiben. Aber das nicht erst, seit es um das neue Buch „Nicht gekauft hat er schon" geht. Die Netzwerke wurden in den letzten Jahren kontinuierlich aufgebaut, und ich bin nahezu täglich aktiv, oft sogar mehrmals am Tag. Bei Twitter sind es mehr als 33.000 Follower, ich habe etwa 5.500 Tweets platziert. Meine Hardselling-Gruppe auf XING hat in zwei Jahren fast 2.300 Mitglieder angezogen, insgesamt habe ich bei XING rund 6.000 bestätigte Kontakte. Dazu 143 Referenzen und 87 Einträge im Gästebuch. Facebook ist mein Steckenpferd. Ich liebe die Plattform für den Austausch mit meinen Freunden, Partnern und Kunden. Natürlich bin ich als „early bird" auch schon bei Google+ dabei. Sie finden mein Profil auch bei LinkedIn. Ich habe neun Websites bzw. Landingpages im Netz, bin bei über 70 Redneragenturen und Trainerportalen online gelistet, betreibe einen Blog. Und dann noch YouTube: Mein Videochannel zeigt 83 Videos, die 928.000 Mal aufgerufen wurden. Hier nähern wir uns der Millionen-Marke. 26 Videos haben eine Umsatzbeteiligung mit YouTube über Google-AdWords, so dass ich damit sogar Einnahmen erziele. Gerade aktuell haben wir meine App „SalesImpulse" gelauncht. Dazu gibt es Online-Seminare und Podcasts, und ich bin der Mitinitiator des größten Online-Webinars „Wir sind Umsatz" mit mehr als 12.000 Teilnehmern in 2010. Sie sehen, ich bin ein Social Media- und Online-Fan.

(Alle Zahlen zeigen den Stand im Juli 2011.)

3. Sind Sie dabei strategisch bzw. nach einem bestimmten Plan vorgegangen oder haben Sie „einfach drauflos getwittert"?

Wie gesagt, der kontinuierliche Ausbau der Onlineaktivitäten hat sich ausgezahlt. Aktuell für das neue Buch haben wir natürlich eine Strategie entwickelt, die die einzelnen Maßnahmen verknüpfen und schon vor der Veröffentlichung Aufmerksamkeit erzeugen sollte. Wir haben die Landingpage http://www.nicht-gekauft-hat-er-schon. de/ lanciert, den Newsletter relauncht, die Fanpage auf Facebook eingerichtet und schon vor dem Release mit der Platzierung von Leseproben Interesse geweckt. Als das Buch dann da war, haben wir Aktionen gefahren, z. B. Gewinnspiele. Wer am ersten Verkaufstag das Buch bestellt hatte, konnte etwas gewinnen. Auch die, die eine Amazonrezension posten, wurden immer wieder belohnt. In drei Monaten haben 94 Leser ihre Meinung bei Amazon kundgetan. Das ist ein Hammer, wie ich finde.

4. Können Sie die Erfolge der Maßnahmen benennen?

Das neue Buch ist am 17. März 2011 im Redline Verlag erschienen. Die 1. Druckauflage war unmittelbar am Erscheinungstag vergriffen. Ausverkauft! Das hatte der Verlag noch nicht erlebt. Mitte Mai ist das Buch in die Wirtschafts-Bestsellerliste des Manager Magazins auf Rang 23 eingestiegen. Im Juni ist es auf Platz 17 geklettert, im Juli dann auf Rang 16. Man beachte dabei: „Nicht gekauft hat er schon" ist ein Sales-Buch! Mittlerweile sind wir in der 4. Auflage. Amazon listete das Buch zeitweise im Gesamtwert auf Rang 14 aller verkauften Bücher, bei den Wirtschaftsbüchern auf Rang 4, in den Kategorien Betriebswirtschaft, Kundenmanagement und Verkauf hält es sich bis heute auf Platz 1. Wir haben Presseanfragen und Rezensionen ohne Ende, Titelgeschichten im Print, Interviews… Und natürlich kurbelt der Wahnsinnserfolg mein Geschäft als Referent und Trainer an. Ich bin für dieses Jahr ausgebucht, und auch die anderen Trainer aus dem Martin Limbeck Trainingsteam sind super im Geschäft.

5. Was haben Sie währenddessen gelernt? Was würden Sie beim nächsten Mal anders machen?

Ich würde nichts anders machen, der Erfolg gibt uns ja Recht. Gelernt habe ich, dass ein strategisches Vorgehen, eine konzertierte Kampagne in Offline- und Onlinemedien richtig was bringt. Da bedanke ich mich auch bei meinen Agenturen Mios Design und PS:PR, die viele der Aktivitäten unterstützen bzw. umsetzen. Bis zum nächsten Buch wird es vielleicht schon wieder neue Social Media Kanäle geben, die wir jetzt noch nicht kennen. Deshalb gibt es beim nächsten Buch bestimmt wieder etwas, das ich anders oder besser machen werde…

6. Glauben Sie, dass sich Social Media für Einzelkämpfer wie Trainer oder Berater besonders eignen oder profitieren eher Unternehmen vom Web 2.0?

Jeder, der Business machen will, profitiert davon – mein Beispiel zeigt es nachdrücklich. Trainer und Berater haben nichts anderes zu verkaufen als sich selbst. Also müssen sie sich fassbar und präsent machen. Die Kunden haben eine Riesenauswahl und sind nicht mehr so loyal wie früher. Sie wechseln häufiger, manchmal sogar täglich, den Anbieter. Wenn Sie sich vor Augen halten, dass 50 Prozent der Unternehmen innerhalb von sieben Jahren die Hälfte ihrer Stammkunden verlieren, wird klar, wie wichtig langfristige Kundenbindung ist. Darüber hinaus hat der Vormarsch von Social Media die Anforderungen an Verkauf und Kommunikation erhöht. All diese Multimediatools können das Netzwerk und auch den Kundenkontakt unterstützen, dürfen aber niemals die persönliche Ansprache und Kaltakquise ersetzen.

Es sind moderne Marketinginstrumente, an denen Persönlichkeiten und Unternehmen, die im B2C und auch im B2B ihre Fangemeinde haben wollen, nicht mehr vorbei kommen. Es bilden sich immer mehr Communities von Gleichsinnten, deren Interesse sie teilen und nutzen sollten. Allerdings, und das muss ich immer dazu sagen, ersetzt Ihre Präsenz in der Social Media Welt niemals die Akquise. Über soziale Netzwerke verkaufen Sie nicht direkt, sodass die Kaltakquise für Unternehmen und Selbstständige immer die erste Priorität haben muss. Das Prinzip „Hoffnung auf Umsatz über Social Network" funktioniert nicht. Ich vergleiche das oft mit einem Cappuccino: Der Kaffee ist die telefonische oder persönliche Akquise, der Milchschaum ist das Empfehlungsmarketing und erst das Kakaopulver ist Social Media. Für Trainer und Berater ist Social Media kein Hype, sondern definitiv ein Muss!

7. Wie schätzen Sie die Social Media Maßnahmen Ihrer Trainerkollegen ein? Ist die Trainerszene bereit für Social Media?

Einige machen es klasse, viele nutzen Social Media nur sporadisch, die meisten machen gar nichts und glauben, Sie wären mit einem XING-Profil schon ganz weit vorn. Es gibt tatsächlich Referenten, die nicht mal ein Video im Netz haben, wo sie ein potenzieller Kunde oder ein Fan im Vortrag sehen kann. Das ist eine Ignoranz gegenüber Kundenbedürfnissen und grenzt für mich an soziale Legasthenie. Trainer und Berater haben einen Kommunikationsberuf und nutzen die modernen Kanäle nicht. Hier kommt wieder der gute, alte Pareto ins Spiel: 20 % haben es begriffen und sind Nutzwert-orientiert und mit gutem Content aktiv, der Rest – na, ja…

7 Die Verkaufs-Strategie

Kapitel 7

Die Verkaufs-Strategie

Eines der wichtigsten Ziele im Social Media Marketing, wie auch im Marketing allgemein, besteht im Verkauf von Produkten und Dienstleistungen. Letzten Endes will ein Unternehmen mit Hilfe von Marketingausgaben Gewinn erwirtschaften und alle weiteren Ziele wie Branding, Reichweite oder Image dienen als Sub-Ziele zu diesem ultimativen Zweck.

Verkaufen gestaltet sich über Social Media bisher relativ schwierig. Es bestehen nur wenig Know-how und nur wenige Erfolgsbeispiele von Unternehmen, die über soziale Netzwerke ihren Abverkauf wirklich signifikant steigern konnten. Dabei bieten Social Media beste Voraussetzungen für Online-Händler: die Kommunikation mit den Kunden spielt eine zentrale Rolle beim Aufbau von Vertrauen und beim Erfassen der Wünsche der Kunden. Bisher nutzen Kunden die sozialen Medien eher privat, um sich mit Freunden auszutauschen, Treffen zu organisieren oder Bilder und Videos mit anderen zu teilen. Ein klassischer „Hardselling"-Ansatz wirkt in diesem Umfeld eher abschreckend. Wenn es Unternehmen gelingt, dem Kunden auf Augenhöhe zu begegnen und ihm genau das anzubieten, was er möchte, stehen die Chancen für einen Verkauf relativ gut. Und die Zukunftsaussichten für Vertrieb über Social Media stehen gut: je mehr Zeit wir online und in Social Networks verbringen, je mehr das Thema Teil unseres Alltags wird, desto eher werden wir auch bereit sein, über Social Media einzukaufen. E-Commerce benötigte ebenfalls einige Zeit, bis sich die Menschen an den Gedanken des Online-Einkaufens gewöhnt hatten – warum sollte es beim „Social Commerce" anders sein?

Verkaufen steht in Social Media nicht im Mittelpunkt

„Social Commerce" bezeichnet den Verkauf von Produkten oder Dienstleistungen über Social Media. Bisher hat sich speziell die Erscheinungsform „F-Commerce", also E-Commerce über Facebook, herausgebildet. Facebook bietet wohl auch den größten Spielraum für Social Commerce, da hier anders als bei Twitter wenige Beschränkungen in Bezug auf Platz und Design bestehen. Die aktuellen Facebook-Fanseiten bieten die Möglichkeit, komplette Webseiten im

„iFrame"-Format einzubinden. Es besteht also die Möglichkeit, einen vollständigen Shop in Facebook zu integrieren. Das kommt jedoch nur für bestimmte Händler in Frage.

Bereits seit Jahren spielen Produktbewertungs- und Preisvergleichsportale eine wichtige Rolle im Online-Marketing. Anbieter wie Ciao.de oder dooyoo.de ermöglichen es Nutzern, Produkte öffentlich zu bewerten – positiv wie auch negativ. Intensive Nutzer kommen dabei schnell auf hunderte von Bewertungen und werden dadurch zu relevanten Multiplikatoren, die den Verkauf von Produkten signifikant beeinflussen können. Für Unternehmen empfiehlt es sich daher, die Produktbewertungsportale genau im Auge zu behalten und zufriedene Kunden dazu anzuhalten, ihre Erfahrungen auch auf diesen Portalen weiterzugeben.

Für den Verkauf über Social Media haben sich verschiedene Intensitätsstufen herausgebildet. Die Stufen bauen nicht notwendigerweise aufeinander auf, sondern können teilweise auch parallel eingesetzt werden.

7.1 Online-Shop über Social Media promoten

Die grundlegendste Form, Social Media für den Abverkauf des eigenen Produktportfolios zu nutzen, besteht darin, den Online-Shop über die verschiedenen Kanäle zu promoten. Ähnlich wie eine statische Website wird die „Zentrale" also nicht in die Social Media verlegt, sondern bleibt extern – die Social Media dienen nur als Traffic-Lieferant.

Twitter zur Promotion des Online-Shops

Dabei kann der Shop-Betreiber jederzeit entscheiden, welche Kanäle er nutzen möchte. Twitter bietet sich zumindest theoretisch als idealer Kanal zur Promotion spezieller Angebote an. Dabei ist jedoch einiges zu beachten:

1) Die Kundschaft muss bei Twitter vertreten sein. Das vergessen leider viele Shop-Betreiber, die sich vom allgemeinen Twitter-Hype anstecken lassen. Nicht jede Kundschaft ist Social Media-affin und selbst wenn dies der Fall ist, heißt das noch lange nicht, dass die Kundschaft auch Twitter nutzt – häufig beschränkt sich die Social Media Nutzung nämlich auf Facebook und XING.

2) Die Tweets dürfen nicht nur aus Produktwerbung bestehen. Selbst wenn die Sonderangebote noch so außergewöhnlich sind – reine Werbung funktioniert bei Twitter nicht. Stattdessen muss

Werbung in ein Umfeld aus werbefreien Tweets eingebettet werden – Tweets, die einen Mehrwert durch interessante oder ungewöhnliche Informationen, lustige Inhalte oder praktische Tipps liefern.

3) Twitter darf keinesfalls als reiner „Recycling-Kanal" der Facebook-Posts dienen oder lediglich Pressemitteilungen verbreiten. Twitter lebt von der Interaktion und einem hohen Grad an persönlichem Involvement.

4) Und selbst wenn 1), 2) und 3) erfüllt sind, ist das immer noch kein Garant für erfolgreiches Engagement auf Twitter. Der Online-Shop www.bergfreunde.de beispielsweise kann durchaus als vorbildlich gelten, was die Vorgehensweise auf Twitter angeht: ein passend gestalteter Account, mehr als 600 Follower, regelmäßige und abwechslungsreiche Tweets und ein gutes Maß an Interaktion.

Abb. 60: Twitter-Account der Bergfreunde.de

Und trotzdem werden die Links zu wirklich guten Sonderangeboten nur sehr verhalten angeklickt. Eine Auswertung eines Links zu einem attraktiven Sonderangebot ergab nur 9 Klicks – was leider im deutschsprachigen Raum nicht ungewöhnlich ist. (Wie die Auswertung der Klicks funktioniert, beschreibt das Kapitel „Die Marktforschungs-Strategie")

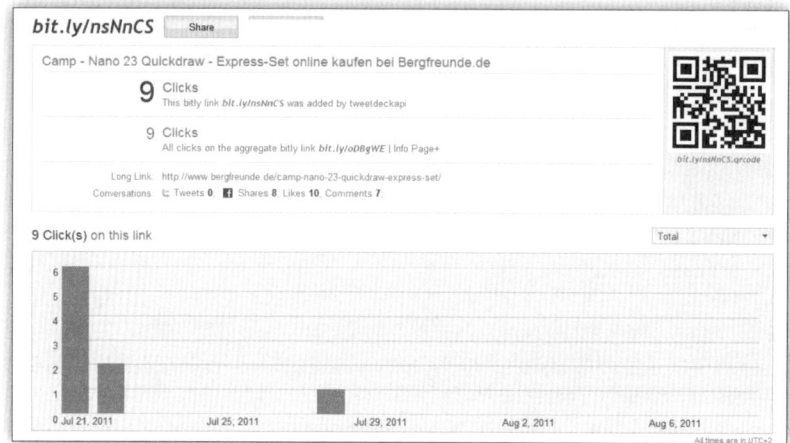

Abb. 61: Auch gute Twitter-Accounts leiden manchmal unter geringer Resonanz

Facebook verweist auf den Shop Eine sehr erfolgreiche Social Media Präsenz hat sich der Kamerazubehör-Shop www.enjoyyourcamera.com aufgebaut. Verkauft wird zwar ausschließlich im Shop – die Social Media Kanäle fungieren aber als ausgezeichnete Unterstützer für den Abverkauf. Neben einem Blog und einem Facebook-Auftritt bespielt das Unternehmen auch Twitter, YouTube und FlickR.

In die Facebook-Seite wurde zwar ein Reiter mit der Beschriftung „Shop" eingebaut – dieser verweist jedoch lediglich auf den Online-Shop. So gelangen Fans zum Shop, ohne dass das Unternehmen einen zweiten Shop bei Facebook pflegen muss.

Abb. 62: Facebook-Shop von enjoyyourcamera.com

Der Blog http://enjoyyourcamera.wordpress.com/ unterstützt ebenso den Produktverkauf, ohne direkt verkäuferisch aktiv zu werden. Der Mix aus Praxistests, Produktbeschreibungen, Anwendungsempfehlungen, Hintergründen und aktuellen Informationen sowie häufigen Videos kann getrost als Paradebeispiel gelten. Die Leser belohnen das mit häufigen Kommentaren und zahlreichen Verlinkungen.

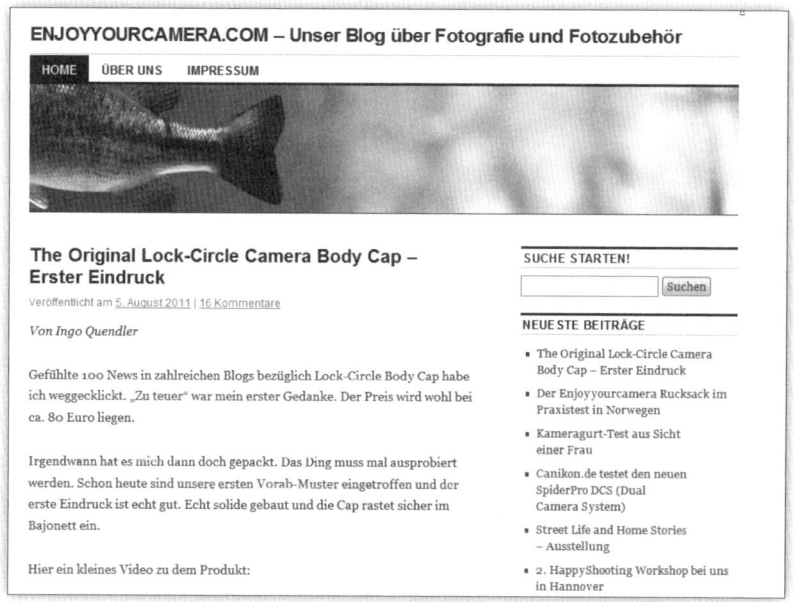

Abb. 63: Enjoyyourcamera.com führt einen professionellen Blog

Eine relativ einfache Möglichkeit, den Online-Shop über Social Media zu bewerben, stellen Anzeigen in den Social Networks dar. Diese Möglichkeit bietet insbesondere das VZ-Netzwerk (StudiVZ, MeinVZ und SchülerVZ) sowie Facebook. Da Facebook mittlerweile der größte Anbieter von Display Advertising ist, beschränkt sich die Vorstellung hier auf Facebook.

Anzeigen unterstützen den Produktverkauf

Die Möglichkeiten der Targetierung werden ausführlicher im Kapitel „Die Minimal-Strategie" erläutert. Für Shop-Betreiber bieten sich die Anzeigen in hohem Maße an, da sich die Interessen der Zielgruppen sehr gut selektieren lassen. Um beim Beispiel „Fotogeschäft" zu bleiben, könnte ein solcher Shop eine mögliche Kernzielgruppe von 25-45-jährigen Foto-Enthusiasten über Facebook ansprechen und damit eine Reichweite von fast 100.000 Personen erzielen. Die Klickpreise dürften dabei deutlich unter 0,50 € pro Klick liegen.

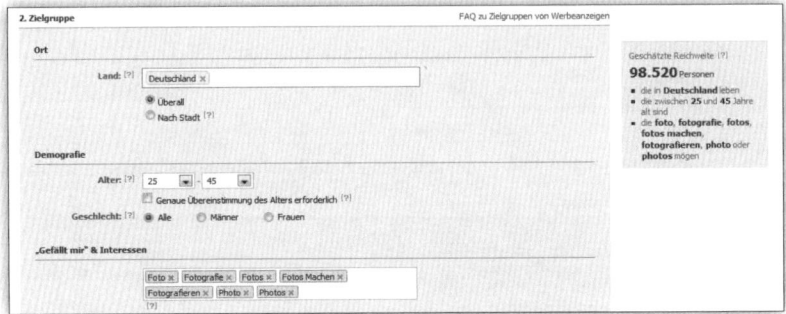

Abb. 64: Facebook-Anzeigen ermöglichen eine sehr genaue Targetierung

Idealerweise bewirbt die Anzeige jedoch nicht den Online-Shop direkt, sondern die Facebook-Seite des Anbieters. Die Erfahrung zeigt, dass die Klickraten deutlich höher ausfallen, wenn der Nutzer nicht auf eine externe Seite weitergeleitet wird, sondern direkt in der Anzeige auf den „Gefällt mir"-Button klicken kann. In jedem Fall sollte die Anzeige folgende Kriterien aufweisen:

- Ein ansprechendes Bild, das die Aufmerksamkeit auf sich zieht

- Das Bild sollte häufig ausgetauscht werden, um bei mehrmaligen Sichtkontakten jedes Mal neu die Aufmerksamkeit zu erregen.

- Eine interessante Überschrift (nur möglich bei Anzeigen auf externen Seiten)

- Ein Sonderangebot oder ein überzeugendes Nutzenargument im Anzeigentext

Durch Tests findet man relativ schnell den Anzeigentext heraus, der funktioniert und zu Klicks führt. Die Klickrate dient hierbei als erfolgsrelevante Messgröße.

7.2 Einzelne Produkte direkt über Social Media verkaufen

Über die erste Vorgehensweise hinaus geht der zweite Schritt, nämlich das direkte Anbieten einzelner Produkte über Social Media. In der Regel geschieht dies über ein Shop-Plugin bei Facebook, in das sich einzelne Produkte einbinden lassen. Zur Auswahl der richtigen Produkte stellen diese Fragen eine Hilfestellung dar:

- Welche Produkte verkaufen sich im Online-Shop besonders gut?

Produkte für den Social Commerce auswählen

- Welche Produkte wurden bisher verstärkt in Social Networks diskutiert und empfohlen?

- Welche Produkte sprechen ein möglichst breites Publikum an?

- Welche Produkte stellen einen guten Einstieg in das Produktportfolio dar und sind auch für weniger finanzstarke Kunden erschwinglich?

- Welche Produkte sind leicht verständlich und erfordern keinen großen Supportaufwand?

- Welche Produkte liegen ohnehin gerade im Trend?

- Kann das Produkt eventuell mit einem Rabatt angeboten werden?

- Gibt es außergewöhnliche, besonders lustige oder interessante Produkte, die Potenzial für virale Verbreitung haben?

Produkte, die diesen Kriterien entsprechen, haben gute Aussichten, sich erfolgreich über Social Networks zu verkaufen.

Über Facebook-Shop-Plugins wie ShopShare (www.shopshare.eu) lassen sich gezielt ausgewählte Produkte aus dem Online-Shop in den Facebook-Shop übernehmen. Das ermöglicht, eben nicht den kompletten Shop bei Facebook abzubilden, sondern Leuchtturmprodukte oder auch Sonderangebote (exklusiv) bei Facebook anzubieten. Eine erfolgversprechende Möglichkeit wäre, zum Beispiel Restposten, B-Ware, Rückläufer oder Auslaufprodukte zu stark reduzierten Preisen im Facebook-Shop anzubieten.

Der Computerhersteller Dell dürfte wohl das berühmteste Beispiel für diese Strategie darstellen. Über den Twitterkanal @DellOutlet werden ausschließlich Sonderangebote und Restposten angeboten. Mehr als 1,5 Millionen Follower generierten dabei allein im Geschäftsjahr 2008 einen Umsatz von über 6,5 Millionen Dollar (Quelle: http://mashable. com/2009/12/08/dell-twitter-sales/). Angesichts des Gesamtumsatzes von über 60 Milliarden Dollar stellt diese Summe nur einen Bruchteil dar, zeigt aber, dass Verkauf über Social Media durchaus funktionieren kann, wenn man die richtigen Produkte auswählt.

Abb. 65: Dell verkauft über Twitter Restbestände

Ein MBA auf Facebook   Die oben genannten Leitfragen helfen, die richtigen Produkte für den Facebook-Commerce auszuwählen. Aber auch für ganz ungewöhnliche Produkte kann die Verkaufs-Strategie funktionieren. Die London School of Business and Finance (LSBF), eine relativ kleine Londoner Business School mit ca. 12.000 Studenten, bietet beispielsweise einen MBA an, der komplett auf Facebook absolviert werden kann. Dabei handelt es sich nicht etwa um einen „Low Budget"-Abschluss, sondern um einen 3-fach akkreditierten, weltweit anerkannten Grad, der preislich durchaus nicht zu den günstigen Abschlüssen zählt.

Die LSBF hat alle Unterrichtsmaterialien bei Facebook hochgeladen: Video-Vorlesungen im HD-Format, alle Textmaterialien, Handouts etc. Die Studenten tauschen sich in Newsgroups aus und haben direkten Zugang zu den Professoren.

Der „Facebook-MBA" hat der Business School nicht nur einige mediale Aufmerksamkeit, sondern mit Sicherheit auch neue Studenten eingebracht. Das Argument für diesen ungewöhnlichen Weg bestand einfach darin, dass die Studenten ohnehin mehrere Stunden am Tag auf Facebook aktiv seien – warum also nicht gleich den MBA dort anbieten, wo die Studenten sich bereits aufhalten. Diese Denkweise hat sich in den meisten Unternehmen noch nicht durchgesetzt, dürfte aber mehr und mehr zunehmen, wenn die Social Media sich weiter verbreiten – wovon auszugehen ist.

Abb. 66: Die LSBF bietet einen MBA komplett über Facebook an

7.3 Verkauf vollständig in Social Media integrieren

Die höchste Form des Social Commerce stellt das komplette Angebot über Social Media dar. Einige Anbieter sind diesen Weg bereits gegangen und bieten das gesamte Produktportfolio über Social Media an. Auch hierbei spielt Facebook momentan die größte Rolle. Der Grund hierfür liegt neben den guten technischen Implementierungsmöglichkeiten vor allem in der enormen Reichweite, die sich über das Netzwerk erzielen lässt.

Der bereits angesprochene Anbieter ShopShare ermöglicht kleinen wie großen Shops die Integration ihrer Produkte in den eigenen Facebook-Shop. Kosten fallen dabei je nach Modell nur bei einem Verkauf an (Kommissionsbasis). Über Schnittstellen erfolgt die Pflege der Shops dabei relativ problemlos. Sogar eine Zertifizierung über Trusted Shops ist möglich. Zu den Shops, die ShopShare bereits ein-

Facebook-Shops über Schnittstellen einrichten

setzen, zählen nicht nur kleine, aufstrebende Shops, sondern auch große und starke Marken wie Joop!, JOKERS oder fahrrad.de.

Abb. 67: Jokers bietet das gesamte Produktportfolio auch über Facebook an

Wichtig für erfolgreiche Facebook-Shops

Damit der eigene Facebook-Shop erfolgreich verkauft, sind einige wichtige Punkte zu beachten:

1) **Fan Gating:** die Shop-Inhalte sollten nur für Fans zugänglich gemacht werden. So erhöht sich neben den Verkäufen auch noch die Anzahl der Facebook-Anhänger und somit die Reichweite künftiger Marketing-Aktionen.

2) **Nutzen:** damit jemand jedoch Fan wird und den Facebook-Shop nutzt, ist ein schlagkräftiges Argument notwendig. Häufig besteht dieses Argument in einem attraktiven Rabatt. Der Rabatt-Code wird dabei erst sichtbar, wenn der User zum Fan geworden ist.

3) **Einfachheit:** die Navigation muss ebenso nutzerfreundlich und intuitiv verständlich sein wie die im traditionellen Online-Shop.

4) **Viralmarketing:** erfolgreiche Online-Shops animieren die Kunden, den Kauf auch dem eigenen Netzwerk mitzuteilen. Ein entsprechender Button auf der Kaufbestätigungsseite erleichtert diesen viralen Effekt. Auch ein Share-Button an jedem Produkt ermöglicht virale Verbreitung der Produktbeschreibungen.

5) **Promotion:** Wie die normale Facebook-Seite auch muss der Facebook-Shop über die bisherigen Medien bekannt gemacht werden. Das heißt: Bewerbung im Newsletter, in Mailings, Flyern, Postkarten etc.

Wie im Kapitel „Social Media Strategie" bereits angesprochen, geht auch der Fahrradhändler Fahrrad.de den Weg, das gesamte Produktportfolio über Facebook anzubieten. Mittels Schnittstellen zum Online-Shop stellt die Integration von Facebook mittlerweile keine große Hürde mehr dar. Dabei verknüpft Fahrrad.de verschiedene Strategien: der Anbieter gewährt Facebook-Fans sowohl einen prozentualen Rabatt für den Facebook-Shop als auch einen Rabattgutschein für den Online-Shop. So wird ein doppelter Anreiz geschaffen und Kannibalisierungseffekte eventuell gemildert.

7.4 Lokale Angebote

Auch für regionale und lokale Anbieter ergeben sich zahlreiche Möglichkeiten, über Social Media zu verkaufen. Allen voran spielen die bereits erwähnten Facebook Deals bzw. deren Nachfolger eine Rolle (wie genau der Nachfolgeservice aussieht, ist zum aktuellen Zeitpunkt noch nicht abzusehen. Nahe liegt aber zum Beispiel eine Kooperation mit einem bereits existierenden Couponing-Anbieter wie Groupon oder eine Kooperation mit Foursquare).

Ein Deal stellt einen Rabatt, ein Sonderangebot oder eine Vergünstigung dar, die jemand beanspruchen kann, der sich im Ladenlokal befindet und sich mit dem Smartphone auf der jeweiligen lokalen Plattform des Unternehmens eincheckt. Die Deals können zum Beispiel von Restaurants, Bars und Cafés, Geschäften, Kinos und Theatern, Freizeitparks und allen anderen Anbietern eingesetzt werden, die über eine Lokalität mit Kundenverkehr verfügen. Vergünstigungen könnten zum Beispiel ein Rabatt auf ein bestimmtes Produkt oder auf alle Produkte, ein Gratis-Produkt, eine kleines Geschenk oder andere Arten der „Belohnung" für das Einchecken darstellen.

Deals eignen sich für lokale Anbieter

Dazu legt das Unternehmen einfach einen Ort bei Facebook oder ein „Venue" bei Foursquare an. Wie das funktioniert, ist auf den Websites der Anbieter ausführlich beschrieben (für Foursquare zum Beispiel unter https://de.foursquare.com/business/venues).

Dann stehen mehrere Arten von Deals zur Verfügung: bei Foursquare besteht beispielsweise die Möglichkeit, Angebote anzulegen, die erst ab einer bestimmten Anzahl an Personen gilt (z. B. „Check mit drei Freunden ein und wir schenken euch den Nachtisch!"). Auch Angebote, die nur beim ersten Einchecken gelten, lassen sich erstellen, genauso wie Angebote für Stammkunden, die erst ab einer festgelegten Anzahl an Check-Ins freigeschaltet werden.

Deals lassen sich mit einem Start- und Enddatum versehen. Es kann ebenfalls eingestellt werden, ob unendlich viele Deals oder nur eine bestimmte Anzahl zur Verfügung stehen und ob jeder Deal nur einmal pro User oder täglich eingelöst werden kann. Zum Einlösen des Deals empfiehlt es sich, festzulegen, dass das Vorzeigen des Check-Ins, also des Handy-Displays mit aufgerufener Places-Seite, zur Inanspruchnahme des Deals berechtigt. Dabei müssen die Angestellten natürlich vorher über den Deal und das notwendige Vorgehen informiert werden, um an den Kassen peinliche Rückfragen oder gar kritische Situationen zu vermeiden.

Deals bieten eine großartige Möglichkeit, Kunden in das Ladenlokal zu ziehen und sie dazu zu bringen, ihren Besuch im Freundeskreis bekannt zu machen. Auch bei Deals gilt: je massenkompatibler das Produktportfolio, desto erfolgreicher werden die Aktionen verlaufen. Denn nur wenn die Freunde des Eingecheckten ebenfalls (potenzielles) Interesse an den Produkten haben, macht die Verbreitung über Facebook überhaupt Sinn. Handelt es sich um ein ausgesprochenes Spezialinteresse einer Einzelperson, kann er seinem Freundeskreis noch so oft davon berichten (lassen), mehr Verkäufe lassen sich in diesem Fall damit nicht produzieren.

Interview mit Dominic Multerer

Dominic Multerer wurde von den Medien als „jüngster Marketingchef Deutschlands" bezeichnet. Seine Erfahrungen gibt er als Redner auf Kongressen und an renommierten Hochschulen weiter.

Herr Multerer, Sie wurden einst von den Medien als „jüngster Marketingleiter Deutschlands" bezeichnet und gehören zur Generation, die mit den Social Media aufgewachsen ist. Wie unterscheidet sich Ihr Social Media Verhalten von dem der älteren Generationen?

Wir sind eine Generation für die der Umgang mit Social Media selbstverständlich ist. Diese Selbstverständlichkeit enthält allerdings auch eine gewisse Erwartungshaltung. Wir leben Transparenz, ständige Kommunikation und das ständige „on-line sein", werden das aber auch immer mehr von anderen fordern. Ältere Generationen sind da etwas anders: Transparenz ist etwas, was nicht unbedingt als positiv wahrgenommen wird. Der Umgang mit diesen Medien fällt in vielen Menschen der älteren Generation auch noch nicht so leicht, automatisch werden sie deshalb auch weniger genutzt. Nicht umsonst unterscheidet man in der Fachsprache zwischen Digital Natives, was die „Ureinwohner" des Internets meint und meine Generation bezeichnet, und den Digital Immigrants, der Generation die quasi ins Internet eingewandert ist. Sie wird die Sprache wahrscheinlich nie so intuitiv sprechen wie wir.

2. Wie muss ein Unternehmen aufgebaut sein, um in den Social Media erfolgreich zu sein? Welche Erfolgsfaktoren gibt es in der Unternehmensstruktur? Wo sehen Sie Fallstricke?

Unternehmen müssen zuerst einmal eines haben: Persönlichkeit. Ohne eine Seele ist jede Marke tot. Denn Social Media personifiziert ein Unternehmen zusehend. Authentizität wird dabei jedoch nur erreicht, wenn in die jeweilige Unternehmensidentität auch wirklich jedes Glied des Unternehmens eingebunden ist. Das heißt sowohl die

Chefetage als auch der Pförtner sind ein Teil des Ganzen. Social Media beginnt im Inneren des Unternehmens. Das heißt, der erste und wichtigste Erfolgsfaktor für eine Social Media Präsenz ist eine stabile und glaubwürdige Unternehmensidentität, welche den notwendigen Unternehmensprozess verstanden hat.

Sich vor der Veränderung verschließen kann Ihnen teuer zu stehen kommen. Die nachfolgenden Generationen werden Social Media als etwas Selbstverständliches begreifen. In 20 Jahren wird man Social Media gegenüber ähnlich empfinden, wie heute gegenüber dem Handy oder der E-Mail: Wie konnte man nur jemals ohne? Unternehmen müssen mit der Zeit gehen und aufpassen den Aufsprung auf den Zug in Richtung Zukunft nicht zu verpassen. Schließlich gibt es wohl heute auch keinen Konzern mehr ohne E-Mail Postfach.

Ist man erst einmal online, muss man darauf achten, dass man eine offene Kommunikation beibehält. Internetnutzer erwarten, dass Sie in jeder Situation Frage und Antwort stehen, so wohl in negativen als auch in positiven Belangen. Löschen Sie beispielsweise Kritik, gelten Sie augenblicklich als unglaubwürdig. Glaubwürdigkeit und Transparenz sind hingegen Garanten für gute Online-Kommunikation.

3. Wie lässt sich Social Media Marketing in die gesamte Unternehmenskommunikation integrieren? Worauf ist besonders zu achten?

Ein universelles Rezept lässt sich dazu meiner Meinung nach nicht geben. Das variiert zwischen B2B- und B2C-Bereich, aber auch zwischen verschiedenen Unternehmen. Genauso wie die individuelle Persönlichkeit jedes Unternehmens eine große Rolle spielt, hängt es auch stark von der Bereitschaft der Mitarbeiter ab. Social Media ist keine Kommunikationsmaßnahme, sondern ein Kommunikationsprozess, der im Gegenteil zu einer Marketingaktion nicht nur von einer Abteilung ausgeht.

Identitätsfindung und Zielsetzung müssen dabei von allen Etagen des Unternehmens ausgehen. Man muss Verständnis für die Materie schaffen.

4. Worauf ist beim Branding in Social Media zu achten? Wie unterstützt man den Branding-Prozess mit Social Media erfolgreich?

Es kann ein ganz entscheidender Faktor im Branding sein. Im Internet kann eine sehr genaue Zielgruppenansprache geschehen. Macht man in diesem Fall Trendsetter, sogenannte „Early Adopter" auf sich aufmerksam, wird die Marke wie von selbst kommuniziert. Durch die unheimlich große Interaktion auf Online-Plattformen kann sich der Bekanntheitsgrad einer Marke, eines neuen Produkts binnen von Sekunden enorm steigern. Da liegt aber auch die Gefahr der Social Media Aktivität, denn nicht nur positive News erfahren eine solche Verbreitung.

Genauso schnell, beziehungsweise manchmal sogar schneller, werden negative Schlagzeilen eines Unternehmens kommuniziert.

5. Wie lässt sich der Erfolg von Social Media messbar machen? Warum gibt es so wenig handfeste Zahlen über nachweisbar erfolgreiche Kampagnen?

Beziehungen lassen sich ja allgemein schwer an handfesten Belegen messen, und das ist ja gerade der Punkt um den es geht, einer Kommunikation auf Augenhöhe. Da Marketing aber auch immer das Ziel hat etwas zu verkaufen, müssen messbare Ergebnisse her. Diese lassen sich online tatsächlich nur messen, wenn man sich vorher auf ein Ziel konzentriert hat. Möchte man die Bekanntheit steigern? Möchte man sein Image verbessern? Möchte man qualifizierte Angestellte gewinnen? Wo und wie siedele ich meine KPIs an.

Daraus lassen sich dann konkrete Ziele bestimmen- qualitative und quantitative. Beispielsweise die Besuche oder „Likes" einer Facebook-Page, die Anzahl der Kommentare und/oder Likes betreffend Beiträgen oder eben die neu gewonnenen Kunden aufgrund einer Onlineaktion.

Diese KPIs sollte man ganz am Anfang in der Zielsetzungsphase festlegen, muss darin aber flexibel bleiben. Eine Online-Präsenz lässt sich nie zu 100 Prozent planen. Und Zahlen drücken, weil es, wie gesagt, um Beziehungen zu den Kunden/Angestellten geht, nicht immer das gesamte Ergebnis aus. Als Beispiel zu dem Thema eignet sich die Facebook-Page von dem Wurshersteller Rügenwalder-Mühle. Das Unternehmen ist in Deutschland wohl sehr bekannt und führt wirklich eine Facebook-Seite par excellence, hat aber trotzdem eine relativ kleine Anzahl an Fans. In einem solchen Fall muss man aber auch realistisch bleiben: Ein Unternehmen, das Wurst verkauft, kann keine gigantischen Fan-Zahlen erwarten. Da zählt dann nicht die Quantität der Fans, sondern die Qualität der Kommunikation.

6. Angenommen, ein Unternehmen aus einer technischen B2B-Sparte will in die Social Media einsteigen. Wie sieht das Vorgehen aus, das Sie empfehlen werden? Welche einzelnen Schritte empfehlen Sie?

Der erste Schritt sollte vor jeder Marketingmaßnahme die Einordnung in die allgemeinen strategischen Ziele des Unternehmens sein. Das umfasst die Marktpositionierung, die Festlegung der Zielgruppe und vor allem das Erkennen der eigenen Identität, die später kommuniziert werden soll. Zu dieser offenen und produktiven Runde sollten Menschen aus den verschiedenen Abteilungen gehören, die später in den Social Media Prozess einbezogen sein werden. In diesem Rahmen sollte auch die Zielsetzung ausgearbeitet werden, mit der man später eine Erfolgskontrolle durchführen kann. Dabei muss aber bedacht werden, dass Social Media Präsenzen meist eine relativ lange Anlaufphase haben. Deshalb sollten Sie anfangs die Ziele nicht zu hoch stecken.

Sind Zielgruppe, Unternehmensidentität und das Kommunikationsziel bestimmt, kann sich eine kleine, motivierte Gruppe an die detailliertere Planung machen. Wichtig ist, dass die Menschen, die mit dem Aufbau der Social Media Präsenz beauftragt sind, die Social Media auch wirklich leben und hinter der Materie stehen. Nur wer mit Leidenschaft dabei ist, kann ein Unternehmen auch authentisch repräsentieren. Die genaue Aufstellung der Social Media Aktivität verlangt akribisches Projektmanagement und detaillierte Konzeptionierung. Ein gut geführtes Portal benötigt dauerhafte, strategische und engagierte Betreuung. In dieser Phase muss man zunächst den Radius der Zielgruppe ausfindig machen und anschließend relevanten Content zusammenstellen, der einen Seitenbesuch lohnenswert macht, Kunden anspricht und die Unternehmensidentität verkörpert. Dabei kann es sich beispielsweise um Videomaterial über Produkte oder das Unternehmen im Allgemeinen handeln. Immer wieder fallen aber auch aktuelle Ereignisse wie Messen an, die als Inhalte dienen können. Als B2B-Unternehmen muss man es schaffen, einen Mix aus Persönlichkeit und fachlicher Kompetenz zu kreieren.

Steht das Konzept und die Inhalte, kann man online gehen. Dabei empfiehlt sich aber meistens ein Testpilot, bei dem man Erfahrungen sammelt und die Reaktionen der Kunden testet. Ist dieses Projekt gut gelaufen, kann man voll einsteigen. Dann gilt eigentlich nur noch eins: Im Dialog bleiben – egal was passiert!

7. Wie sollten öffentliche Träger, Behörden, Städte und Gemeinden mit dem Thema Social Media umgehen? Gibt es Unterschiede im Vergleich zu Unternehmen?

Gerade diese öffentlichen Institutionen sollten im Bereich Social Media aktiv werden. Social Media hat vor allem ein Ziel: Eine Beziehung aufbauen, die von positiven Emotionen geprägt ist. Und seien wir ehrlich: Unsere positiven Emotionen zur Stadt, die uns heute auf dem Weg zur Arbeit wieder eine Baustelle vor die Nase gesetzt hat, sind begrenzt. Aber gerade für diese Stellen ist Social Media eine riesige Chance.

Die direkte Kommunikation zu den Einwohnern oder Menschen in ihrem Zuständigkeitsbereich kann mehr Verständnis, und somit mehr Sympathie auf beiden Seiten schaffen. Öffnen sich diese Institutionen, werden sie transparenter und für die Mitbürger menschlicher und sympathischer erscheinen.

Natürlich ist das gerade für Behörden und Gemeinden nicht gerade einfach: Die Entscheidungswege sind sehr lang. Es kostet viel Zeit, bis dort eine Entscheidung gefällt ist. Gleichzeitig ist Social Media jedoch eine schnelle Bewegung, man muss immer agil und aktiv sein. Außerdem gibt es recht strikte Richtlinien, da fällt offene Kommunikation wie Social Media sie fordern schwer.

8. Wie wird sich die Social Media Kommunikation weiter entwickeln? Wie sieht Ihre Vision für die Zeit in 5-10 Jahren aus?

Die Social Media Denkweise wird in 5-10 Jahren fest in unserer Gesellschaft integriert sein: Transparenz, contentorientiertes Verhalten welches medienübergreifend ist. Mit den Social Media Plattformen hat sich das Internet zu so etwas wie einer großen Dorfgemeinschaft entwickelt, der jetzt schon eine Vielzahl von Menschen angehört. Auf den Straßen dieses Dorfes können Menschen all das tun, was sie auch im echten Leben gerne tun: Kommunizieren, sich mit Freunden verabreden, Menschen beobachten, sich über Erlebnisse austauschen, Neuigkeiten erfahren und shoppen gehen. Warum also sollten sie dieses Dorf verlassen, wenn es Ihnen alles bietet, was sie wollen, und das nur einen Klick entfernt? Und da wo die Kunden sind, müssen auch die Unternehmen sein. Deshalb wird Social Media nach und nach auch ein fester Bestandteil einer jeden Unternehmenskommunikation werden. Mehr noch: Nicht nur Menschen werden die Social Media lebendig machen, auch Firmen werden anfangen diese Art von Kommunikation leben zu müssen. Denn Transparenz und offener Dialog werden für unsere Generation und alle nachfolgenden selbstverständlich sein. Und was für uns selbstverständlich ist, verlangen wir stets auch von anderen.

8 Die Recruiting-Strategie

Kapitel 8

Die Recruiting-Strategie

Social Media Marketing bietet für fast alle Unternehmen Möglichkeiten, verschiedene Ziele zu erreichen. Häufig liegt der Fokus auf den in den vorangegangenen Kapiteln behandelten Zielen wie Absatz, Reichweite oder Image. Ein weiteres Ziel, für das sich Social Media hervorragend eignen, wird dabei oft vergessen: Personalgewinnung und Personalmarketing.

Es kann durchaus vorkommen, dass sich die Zielgruppe eines Unternehmens einfach nicht in den Social Media aufhält. Wenn sich Unternehmen zum Beispiel an B2B-Kunden einer sehr engen und sehr internetfernen Nische richten, wird es schwierig, diese Kunden über Social Media Kanäle anzusprechen. Wenn die Kernthemen des Unternehmens dann auch noch im Social Web überhaupt keine Rolle spielen und keinerlei Diskussion dazu stattfindet, lohnt sich ein aktives Engagement eventuell nicht (in diesem Fall könnte das Unternehmen mit der Minimal-Strategie beginnen und den Markt beobachten).

Wenn die Kunden jedoch nicht in den Social Media vertreten sind, könnte sich durchaus eine andere Zielgruppe dort aufhalten: potenzielle Mitarbeiter. Über die verschiedenen Social Networks lassen sich vom Auszubildenden, Praktikanten und Werkstudenten bis hin zu künftigen Führungskräften alle Arten von Mitarbeitern und Bewerbern ansprechen. Unternehmen können über die neuen Kanäle ihr Personalmarketing vorantreiben, sich als attraktiver Arbeitgeber positionieren und die Arbeitgebermarke auf- und ausbauen („Employer Branding").

Potenzielle Bewerber halten sich in Social Networks auf

Dabei gehen die Möglichkeiten des Social Media Recruiting weit über das Schalten von Stellenanzeigen in den Networks hinaus (obwohl dies natürlich ebenfalls seinen Stellenwert hat). Social Media bieten die Möglichkeit, mit Bewerbern in einen Dialog zu treten, sie vorzuselektieren und vorzuqualifizieren. Mitarbeiter werden zu Botschaftern des Unternehmens, geben Einblicke in ihren Arbeitsalltag und machen so Lust darauf, in dem Unternehmen zu arbeiten – das ist in den Augen der Bewerber doch sehr viel authentischer als eine schick designte Stellenausschreibung in einer überregionalen Zeitung. Social Media Recruiting wird klassische Personalgewinnungsmaßnahmen nicht verdrängen, aber mit Sicherheit sinnvoll ergänzen.

Und auch beim Recruiting wirken sich die viralen Effekte, die in den Netzwerken entstehen können, reichweitensteigernd aus. Das gilt natürlich auch im negativen Sinn, wenn sich zum Beispiel ein frustrierter Mitarbeiter auf seinem Facebook-Profil Luft macht. Umso wichtiger ist es hier, die Mitarbeiter rechtzeitig im Umgang mit Social Media zu schulen (siehe Kapitel über die Social Media Guidelines). Denn privat und beruflich vermischen sich immer mehr, die Grenzen, die früher vielleicht einmal trennscharf gezogen wurden, weichen immer mehr auf. Eine private Äußerung kann einem Unternehmen Glaubwürdigkeit und Sympathiepunkte verschaffen oder einen echten Imageschaden bewirken.

Welche Schritte Unternehmen gehen können, um Social Media erfolgreich für ihr Recruiting zu nutzen, zeigt dieses Kapitel auf.

8.1   Vorabüberlegungen zum Aufbau der Arbeitgebermarke

Employer Branding ist, wie „normales" Branding auch, eine komplexe und vielschichtige Aufgabe und geht weit über das eigentliche Recruiting hinaus. In diesem Kapitel können daher nur einige Leitfragen, die sich auf die Social Media auswirken, aufgeworfen werden. Fragen, die sich das Unternehmen bezüglich der eigenen Arbeitgebermarke stellen sollte, umfassen:

Leitfragen zum Employer Branding

- Wie soll unser Unternehmen als Arbeitgeber wahrgenommen werden?

- Welche zentralen Vorteile bieten wir Arbeitnehmern an, die uns von anderen Unternehmen der gleichen Branche abheben?

- Wie können diese Vorteile möglichst anschaulich und transparent kommuniziert werden?

- Wo bewegen sich unsere potenziellen Bewerber im Netz?

- Was ist für die Bewerber so interessant, dass sie es dem eigenen Netzwerk weiterreichen würden?

- Wie können die Mitarbeiter mit in den Employer Branding-Prozess einbezogen werden?

- Welche Mitarbeiter können besonders viel beitragen?

- Welche Kritik äußerten die Mitarbeiter bisher bezüglich ihres Arbeitsumfeldes? Wo bestehen potenzielle Risiken im Hinblick auf die sozialen Medien?

8.2   Ergänzung des Recruiting-Bereichs auf der Website

Die meisten Websites mittlerer und vor allem größerer Unternehmen verfügen bereits über einen Bereich, der sich an Bewerber richtet und die möglichen Karrierewege aufzeigt. Hier finden Bewerber häufig Informationen über das Unternehmen, Kontaktdaten der Ansprechpartner, Hinweise zum Bewerbungsprozess sowie eine direkte Bewerbungsmöglichkeit bzw. eine Job-Börse. Ein Beispiel von vielen ist der Baukonzern HOCHTIEF AG. Das Karriereportal ist zwar umfangreich und informativ, jedoch nach klassischem „Web 1.0"-Muster einseitig gestaltet und verzichtet (noch) auf Interaktion via Social Media.

Abb. 69: Die Karriere-Seite von Hochtief weist noch keine Social Media Elemente auf

Eine relativ einfache Möglichkeit zur Optimierung bestünde zum Beispiel darin, den klassischen Karriere-Bereich um interaktive Web 2.0-Elemente zu ergänzen. In Frage kommen hier insbesondere ein Blog, ein Frage-und-Antwort-Tool, ein Forum oder auch ein Twitter-Stream.

Der Automobilkonzern Daimler AG hat die Karriere-Seite um einige Web 2.0-Elemente erweitert. Neben Social Bookmarking- und Social

Network-Buttons, die das Teilen der Seiten erleichtern, finden Bewerber auch eine Facebook-Box, die die letzten Inhalte der Facebook-Seite anzeigt. Mit einem Klick gelangt man dorthin, kann die Inhalte durch Klick auf den „Gefällt mir"-Button abonnieren und so mit dem Unternehmen in Kontakt bleiben.

Abb. 70: Daimler hat die Karriere-Seite um Web 2.0-Elemente erweitert

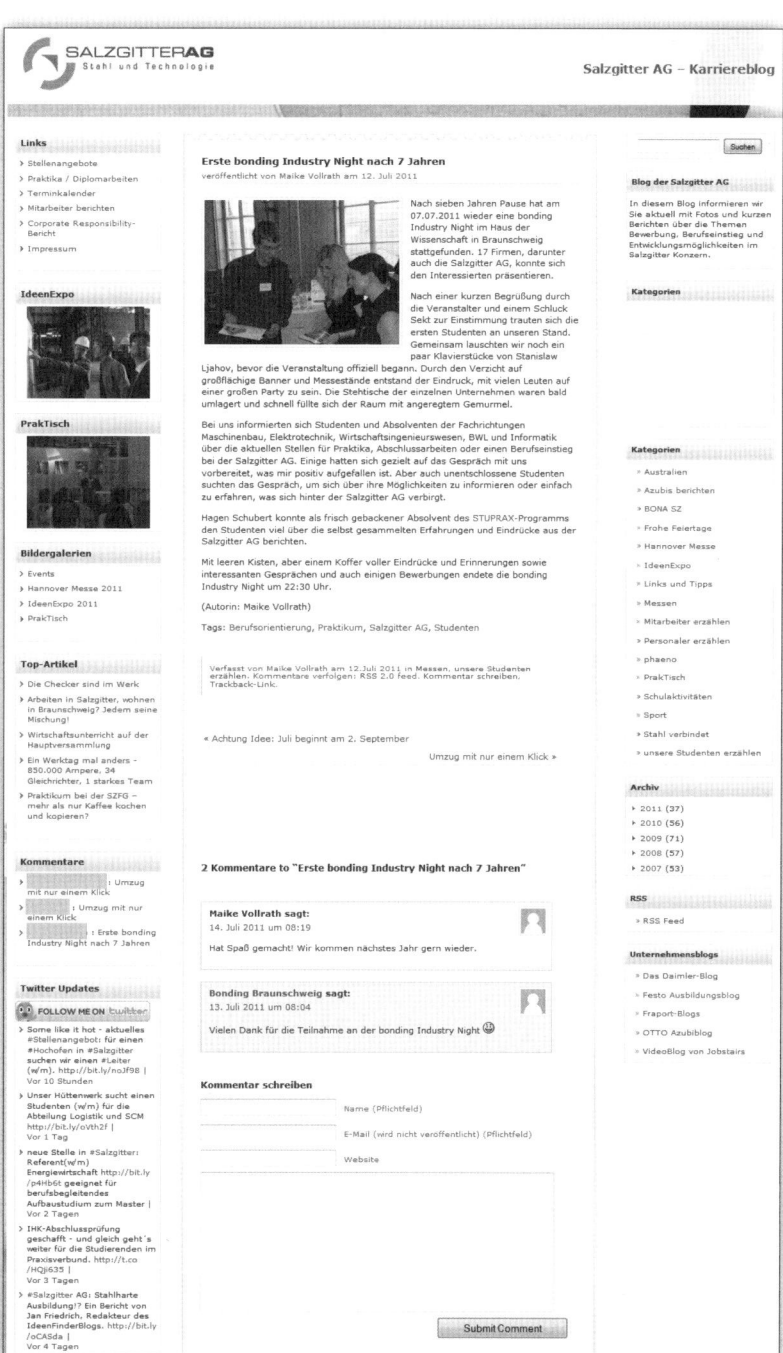

Abb. 71: Salzgitter pflegt einen Recruiting-Blog, der in die Website
eingebunden ist

Noch einen Schritt weiter geht der Stahlkonzern Salzgitter AG. Dort setzt man auf einen Karriere-Blog, der Einblicke in die Arbeit im Unternehmen, Recruiting-Events und aktuelle Ereignisse gibt. Besonders bemerkenswert hier: der Blog verlinkt in der rechten Sidebar auf einige weitere Corporate- und Recruiting Blogs anderer Unternehmen, zum Beispiel den Daimler-Blog oder den Blog der Fraport AG. Hier zeigt sich, dass man dort Social Media verstanden hat – in Blogs gelten nun einmal andere Spielregeln als auf Websites. Einen Link zu fremden Unternehmen dürfte man auf Corporate Websites nur selten finden (Abb. 71 ▲).

Viele Unternehmen gehen den Weg, einen separaten Blog zum Recruiting aufzusetzen. Dieser kann sich optisch, inhaltlich und sprachlich von der „Mutterwebsite" unterscheiden. Deshalb eignet sich ein externer Blog gerade zur Ansprache jüngerer Zielgruppen (Praktikanten, Azubis, etc.), die eine lockerere Sprache und ein frischeres Layout erwarten. Die Corporate-Seite setzt hier oft Grenzen, die ein externer Blog nicht hat.

Einen hervorragenden Azubi-Blog hat der OTTO-Konzern unter www.otto-azubiblog.de aufgebaut. Die Themen umfassen genau das, was potenzielle und frisch eingestellte Azubis interessiert: Erfahrungen älterer Azubis, Einblicke in die Ausbildung, Bilder und Videos von Veranstaltungen. Die Blogger, allesamt selbst Auszubildende oder Duale Studenten, werden blogtypisch mit Bild und Kurzvita vorgestellt. Das verleiht dem Blog nicht nur Persönlichkeit, sondern auch die immer wieder geforderte Authentizität. Hierzu zählt auch, dass die Blogger etwas von sich persönlich berichten, erzählen, welche Hobbies sie pflegen und ihre ehrlichen Eindrücke aus der Ausbildung wiedergeben.

Natürlich fehlen auch im OTTO-Blog nicht das Facebook-Plugin, die Share- und Like-Buttons sowie die Verweise auf die anderen Social Media Auftritte des OTTO-Recruitings.

Azubis bloggen zu lassen gehört schon zu den Profi-Disziplinen des Social Media Marketings. Hierfür ist nicht nur eine große Portion Vertrauen in die Auszubildenden notwendig, sondern auch klare Richtlinien und gründliche Schulung. Denn ein solcher Blog wird langfristig nur funktionieren, wenn die Azubis auch „frei", also unzensiert schreiben dürfen.

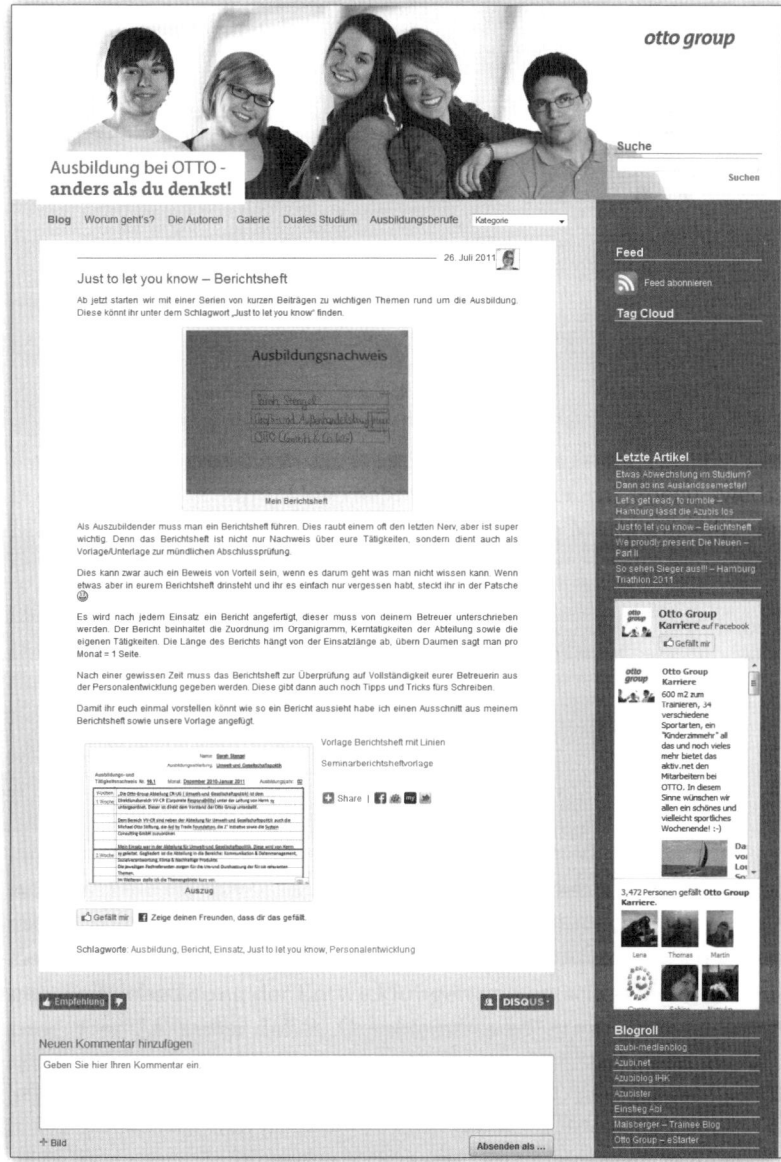

Abb. 72: Bei Otto bloggen die Azubis selbst

Auch zahlreiche andere Unternehmen lassen Azubis, Trainees oder Werkstudenten bloggen. Hier eine kleine Auswahl, die Ideen und Inspriationen für den eigenen Blog liefern können:

- EnBW: www.enbw.com/karriereblog

- Volksbank Nordmünsterland: http://volksbank.blog.de

- Accenture: http://accenturerecruiting.blogspot.com/

- Douglas: http://azubi-blog.douglas-holding.de/

- Warsteiner: http://www.warsteiner-azubis.de/

- Edding: http://azubiblog.edding.de/

- Schmitz-Werke: http://azubis.schmitz-werke.de/

- Biesterfeld AG: http://azubiblog.biesterfeld.com/

- Sparda-Bank Südwest: http://sparda-sw-azubiblog.de/

- Stadtsparkasse Oberhausen: http://sso-azubiblog.de/

- Chr. Ufer GmbH: http://azubi-blog.ufer.de/

Ein Recruiting-Blog bedarf, wie jede andere Form von Blog ebenfalls, regelmäßiger Pflege. Wie häufig der Blog aktualisiert werden sollte, lässt sich nicht pauschal sagen. Als Faustregel gilt: Wann immer es wirklich etwas zu sagen gibt. Relevanz und Werthaltigkeit der Beiträge sind also wichtiger als die reine Häufigkeit. Eine Frequenz von 1-2 Beiträgen von Woche hat sich als gut handelbar und erfolgversprechend herausgestellt. Viel weniger sollte es auch nicht sein, damit nicht der Eindruck entsteht, der Blog sei „eingeschlafen".

Bei einem Azubi-Blog besteht der Vorteil, dass der Blog hervorragend von mehreren Personen befüllt werden kann. Wenn beispielsweise 5 Azubis mitmachen und jeder pro Woche nur einen Beitrag verfasst, ist jeden Tag für Content gesorgt.

8.3 Recruiting-Ressourcen außerhalb der eigenen Website

In den genannten Beispielen klang bereits an, dass sich auch die anderen sozialen Medien abseits der eigenen Website oder des eigenen Blogs für das Recruiting eignen. Allen voran natürlich wieder die großen Netzwerke wie Facebook und Twitter.

Facebook eignet sich besonders für jüngere Zielgruppen

Facebook hat sich dabei als ideale Recruiting-Plattform insbesondere für jüngere Zielgruppen herausgestellt. Der Zugang zur Zielgruppe gestaltet sich hier relativ einfach, da die Allermeisten ohnehin täglich bei Facebook aktiv sind. Die Hürde stellt also nicht der potenzielle Zugang zur Zielgruppe dar, sondern die Frage, wie man einen

„Like" und damit Zugang zum Newsstream der potenziellen Bewerber erhält. Auch hier lautet die Lösung relevanter Content.

Eines der bekanntesten Beispiele für Recruiting auf Facebook stellt die Fanseite von Bayer dar. Mit fast 6.000 Fans dürfte die Seite auch zu den größten Karriere-Auftritten bei Facebook zählen. Das Unternehmen veranstaltet Umfragen und Gewinnspiele, berichtet von Events, stellt sich den Fragen und der Kritik von Interessenten, gibt Einblicke in die Arbeit bei Bayer und lässt Praktikanten, Azubis und Werkstudenten zu Wort kommen. Auch Tipps zur Bewerbung, Videoclips und Smalltalk zum Tagesgeschehen fehlen nicht. Das Engagement wird belohnt: so gut wie jeder Beitrag weist zahlreiche Likes und Kommentare auf.

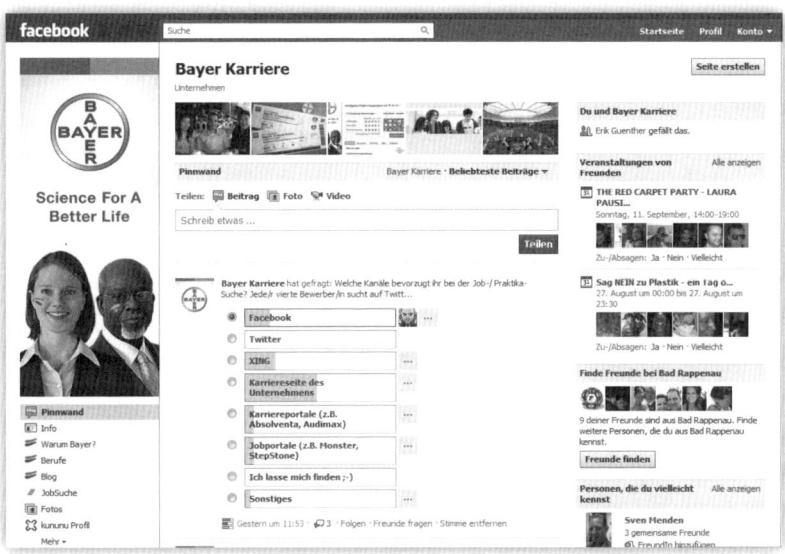

Abb. 73: Bayers Facebook-Recruiting gilt als vorbildlich

Auch **Twitter** kann in die Recruiting-Strategie einbezogen werden. Hierbei darf das Unternehmen allerdings keine allzu großen Erwartungen hegen – die Zielgruppen sind häufig einfach nicht ausreichend vertreten. Ein Engagement kann sich trotzdem lohnen, wenn man die positiven Image- und Reichweiten-Effekte mit einbezieht.

Der oben bereits erwähnte Stahlkonzern Salzgitter AG sucht über Twitter nicht nur Praktikanten und Werkstudenten, sondern sogar exotischere Positionen wie einen Leiter Hochofen, einen Betriebs-Eisenbahner oder einen Leiter Arbeitsvorbereitung.

Abb. 74: Salzgitter sucht über Twitter einen Hochofen-Leiter

Eine Auswertung der Klicks auf die Bit.ly-Links zeigt jedoch deutlich: Tweets über Ausbildungs- und Praktikumsplätze werden deutlich häufiger angeklickt als Stellen in gehobenen Positionen.

Xing ist als Business-Plattform prädestiniert für Recruiting-Maßnahmen

In diesen Fällen dürfte sich **XING** als erfolgversprechender herausstellen. Immerhin ist XING als Business-Plattform für Recruiting-Maßnahmen prädestiniert. Das Netzwerk bietet auch eigene Funktionen zu diesem Zweck, wie zum Beispiel Gruppen (allein die Gruppe „Absolventen – Gesuche und Angebote – Praktika – Nebenjobs – Diplomarbeiten – Berufseinstieg" hat aktuell mehr als 126.000 Mitglieder), Stellenanzeigen und umfangreiche Suchfunktionen.

Standardmäßig zeigt XING jedem Premium-Mitglied zu seinem Profil passende Stellenanzeigen auf der Startseite an. Die eingestellten Anzeigen lassen sich auch aktiv durchsuchen und zum Beispiel nach Regionen, Branchen, Beschäftigungsarten oder Qualifikationen filtern.

Für das Recruiting eignen sich bei XING ebenfalls hervorragend die Unternehmensprofile, auf der alle Jobanzeigen des Unternehmens verknüpft werden. In den kostenpflichtigen Standard- und Plusvarianten bieten die Unternehmensprofile auch weitere Gestaltungsmöglichkeiten und Zusatzfunktionen, zum Bespiel die Integration von Arbeitgeberbewertungen von Kununu.com.

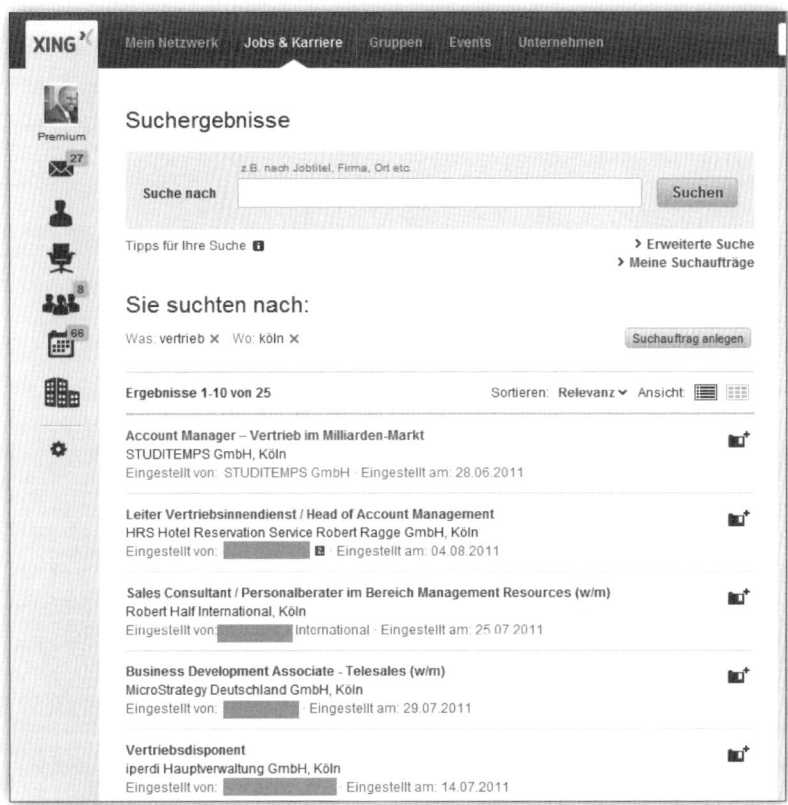

Abb. 75: XING bietet die Möglichkeit, Stellenanzeigen zu schalten und gezielt nach offenen Stellen zu suchen

XING legt ein Basis-Unternehmensprofil automatisch an, sobald mehrere Mitglieder einen Arbeitgeber in ihr Profil eingetragen haben. Dabei kann es vorkommen, dass verschiedene Versionen des Unternehmensnamen verwendet werden (z. B. Schreibvarianten, mit und ohne Geschäftsform, Corporate vs. Deutschland etc.). Um ein einheitliches Auftreten zu gewährleisten, müssen Unternehmen deshalb dafür Sorge tragen, dass alle Mitarbeiter exakt die gleiche Firmenbezeichnung eintragen. Nur so lassen sich vielfache Unternehmensprofile unter falschem Namen vermeiden.

In folgendem Beispiel existiert für die Firma LANXESS AG neben der korrekten Bezeichnung auch noch die Kurzform „Lanxess" sowie die

Abwandlung „Lanxess AG Leverkusen". Weder bei dem Mutterkonzern noch bei der LANXESS AG Deutschland GmbH verwenden die Mitarbeiter dabei die CI-konforme Schreibweise in Großbuchstaben einheitlich.

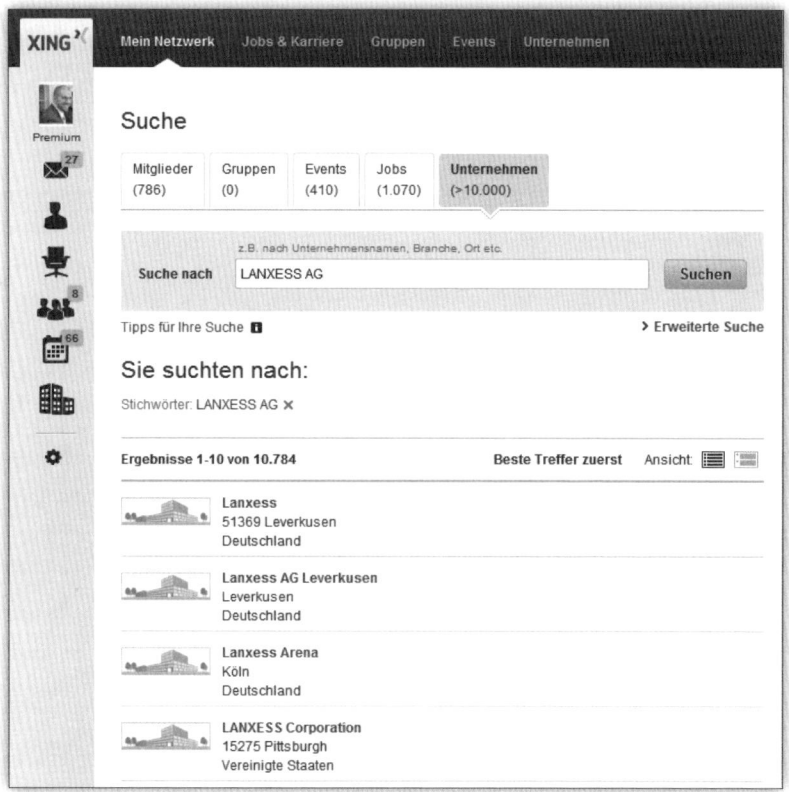

Abb. 76: Unternehmen müssen bei ihren Mitarbeitern auf
einen einheitlich eingetragenen Firmennamen achten

Eine andere, aber nicht minder sinnvolle Vorgehensweise bietet XING durch die Suchfunktionen an. Hier können Unternehmen aktiv nach passenden Bewerbern suchen. Die „Erweiterte Suche" bietet die Möglichkeit, z. B. nach Stichworten zu suchen, die Personen bei „Ich biete" oder „Ich suche" eingetragen haben. Eine Recherche nach Einkäufern im Einzelhandel, die in Bayern wohnen und „neue Herausforderungen" suchen, ergibt trotz der engen Eingrenzungen immerhin 9 Treffer. Durch die Suchfelder lässt sich die Suche enger oder weiter ziehen. Worte, die mit einem Minus vorangestellt in den Suchschlitz eingegeben werden, bewirken, dass alle Profile, die dieses Wort enthalten, nicht in das Ergebnis einbezogen werden (z. B. um bestimmte Branchen auszuschließen).

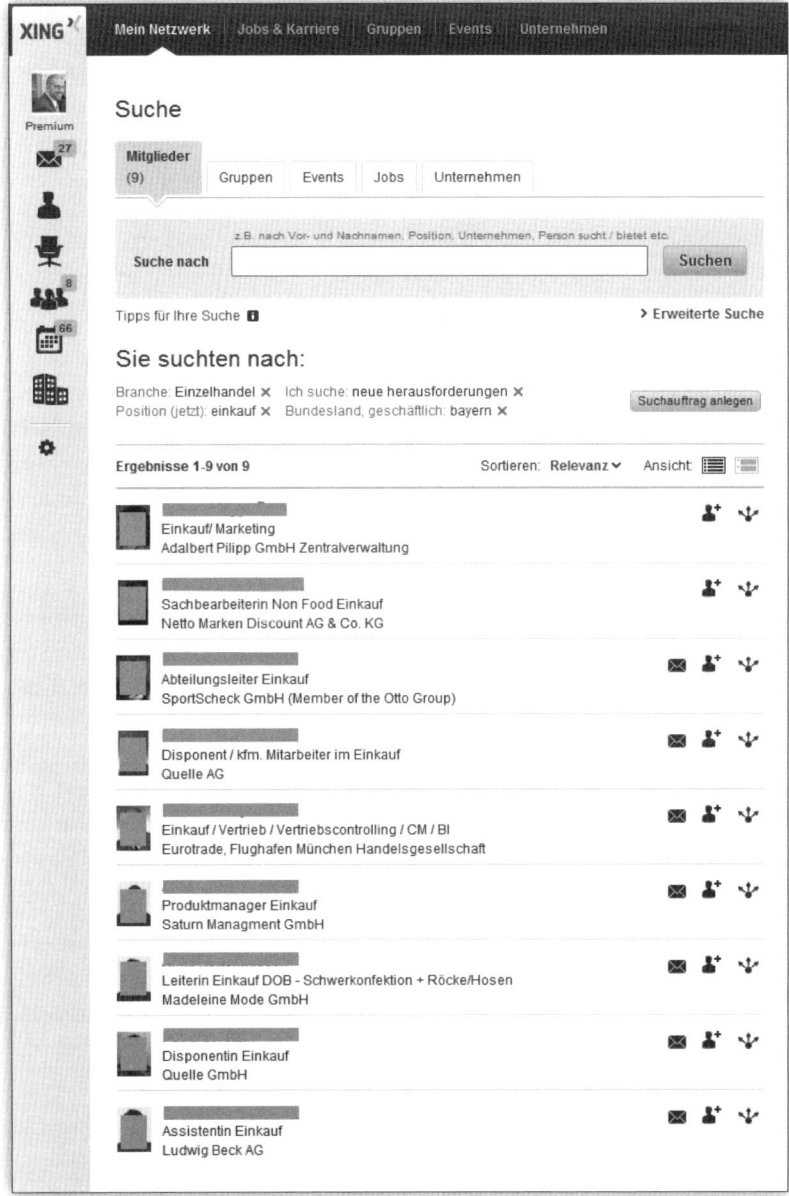

Abb. 77: Durch die Suchfunktionen kann man bei XING
sehr einfach nach neuen Mitarbeitern suchen

Ergibt die aktuelle Anfrage kein Ergebnis, besteht auch die Möglichkeit, einen Alert einzurichten. Sobald ein neues Profil den gewünschten Kriterien entspricht, verschickt XING eine E-Mail an den Suchenden.

Eine spezielle Mitgliedschaft für Recruiter bietet weitere Suchoptionen

XING bietet auch eine eigene Mitgliedschaft für Recruiter an. Diese etwas teurere Variante bietet dann weitere Suchfilter, besseres Kontaktmanagement und übersichtlichere Suchergebnisse. Die Recruiter-Mitgliedschaft lohnt sich jedoch nur, wenn wirklich regelmäßig und intensiv nach potenziellen Mitarbeitern gesucht wird – für kleine Unternehmen, die nur gelegentlich nach Bewerbern Ausschau halten, dürfte diese Option mit ihren jährlichen Kosten von 360-600€ zu teuer sein.

Ein ganz spezielles Portal, das ausnahmslos alle Unternehmen im Auge behalten sollten, ist die Bewertungsplattform **Kununu.com.** Dabei handelt es sich um die bislang größte Plattform zur Arbeitgeberbewertung. Auf Kununu geben Arbeitnehmer nicht nur ihre Meinung zu Unternehmen und den Arbeitsbedingungen ab, sondern auch zu Details des Bewerbungsprozesses und der Vorstellungsgespräche.

Ein Blick, ob dort bereits Erfahrungsberichte zum eigenen Unternehmen existieren, lohnt sich in jedem Fall. Unternehmen, die von der Zufriedenheit ihrer Mitarbeiter überzeugt sind, können diese natürlich auch zur aktiven Bewertung motivieren. Das Risiko, dass ein aktueller oder ehemaliger Mitarbeiter anonym etwas Negatives schreibt, besteht natürlich immer – stellt aber, wenn genügend positive Bewertungen vorhanden sind, kein größeres Problem dar. Im Gegenteil, einzelne negative Erfahrungen wirken natürlich, denn in keinem Unternehmen sind alle Mitarbeiter vollauf begeistert.

Vollständig ausgefüllte Unternehmensprofile wirken professioneller

Unternehmen haben die Möglichkeit, ein eigenes Profil anzulegen und mit Zusatzinformationen, Bildern und Videos, Bewerbungstipps, Profilen idealer Mitarbeiter etc. zu versehen. Auch die Kontaktdaten von Ansprechpartnern, verschiedene Standorte und Links zu weiteren Social-Media-Auftritten lassen sich hinterlegen.

Da Kununu zu den 1000 meistbesuchten Websites in Deutschland gehört (Quelle: Alexa.com, Stand: August 2011), kommt einem professionellen Auftritt auf diesem Portal mittlerweile eine hohe Bedeutung zu. Nicht zuletzt transportiert ein freundliches und ausführliches Profil auch eine gewisse Offenheit, die sich viele Bewerber von ihrem zukünftigen Arbeitgeber wünschen. Kununu bietet Unternehmen unter bestimmten Voraussetzungen die Möglichkeit, diese Offenheit auch mit einem eigenen Gütesiegel („kununu open company") zu kommunizieren. Besonders häufig und positiv bewertete Unternehmen erhalten das Siegel „kununu top company" verliehen.

Am exemplarisch ausgewählten Profil von Thyssen Krupp seien die vielfältigen Darstellungsmöglichkeiten im kununu-Profil gezeigt. Neben dem (relativ hohen) Bewertungsdurchschnitt finden sich zahlreiche weitere Informationen zu den Benefits, der Arbeitswelt im Unternehmen und zum Unternehmen als solches. Die über 30.000 bisher erfolgten Aufrufe zeigen die Relevanz, die das Profil für Bewerber mittlerweile hat.

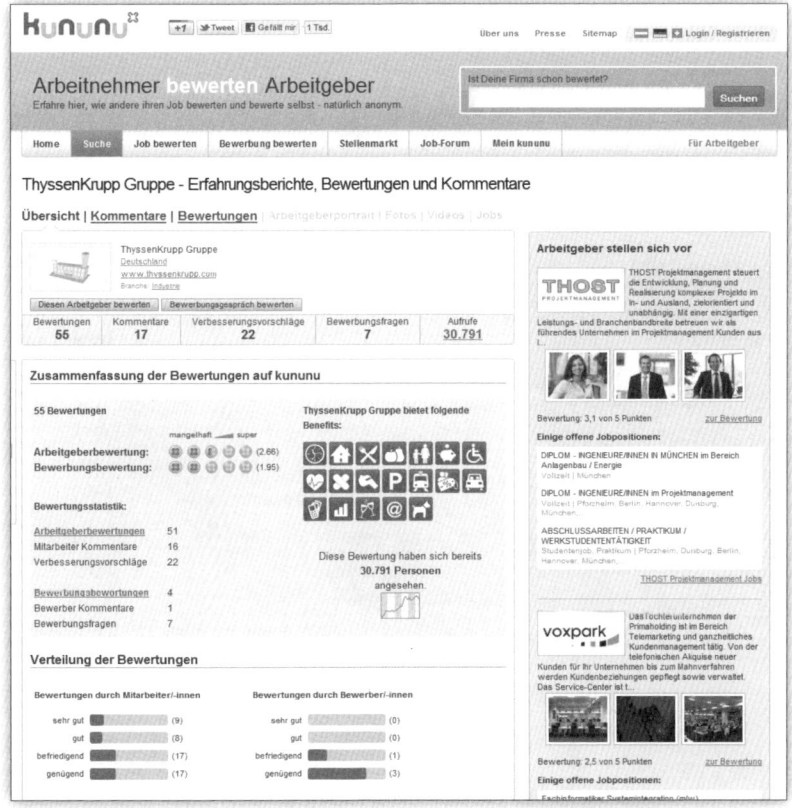

Abb. 78: Thyssen schöpft die Möglichkeiten des Portals Kununu voll aus

Unter den am häufigsten aufgerufenen Profilen finden sich keineswegs nur DAX-Konzerne, sondern auch zahlreiche Mittelständler. Auffällig ist, dass viele Unternehmen, die schlecht bewertet wurden, die Chance zur proaktiven Kommunikation nicht nutzen. Statt das ohnehin vorhandene Profil zu beanspruchen und auf die Bewertungen einzugehen (diese Möglichkeit bietet kununu ebenfalls), überlassen sie den negativen Einträgen das Feld. Nicht die beste Strategie, wenn man bedenkt, dass teilweise weit über 10.000 Personen die Profile bereits besucht haben.

Beliebte Bewertungen

Aufrufe gestern

Firma	Aufrufe
Vetter Pharma-Fertigung GmbH ..	307
SThree Group	297
Bayer Konzern	279
SMA Solar Technology AG	260
DefShop KG	244
KiKxxl GmbH	207
IBM Deutschland GmbH	206
DIS AG	199
SERVIEW GmbH	196
Groupon GmbH	178
Wincor Nixdorf International ..	177
Voith	176
ICANS GmbH	172
Daimler AG	166
BEI TRAINING	165
Hanning Elektro Werke Oerling ..	163
Ratbacher GmbH	162
Opta Data	162
Accenture Deutschland	158
Deutsche Telekom AG	156

Abb. 79: Manche Profile werden bei Kununu hunderte
Male pro Tag angesehen

Das Portal Kununu zeigt, wie sich die Kommunikationskultur durch Social Media mittlerweile verändert hat. Erzählte ein unzufriedener

Arbeitnehmer früher allenfalls Freunden und Bekannten von seinem Unglück, kann er es heute öffentlich sichtbar und dauerhaft gespeichert kundtun. Hier besteht die Chance auf eine echte Entwicklung hin zu besseren Arbeitsbedingungen und einem offeneren Umgang mit Kritik – denn Ignorieren funktioniert, wie man sieht, im Social Web nicht mehr.

8.4 Social Media und Recruiting Events

Recruiting-Events aller Art besetzen schon seit vielen Jahren einen festen Platz im Personalmarketing vieler Unternehmen. Social Media bieten einige Möglichkeiten, diese Veranstaltungen bekannter zu machen.

Natürlich wird ein Unternehmen, das im Social Web aktiv ist, bereits heute die Veranstaltung über die diversen Social Networks ankündigen. Je nach Art der Veranstaltung bieten sich verschiedene Vorankündigungen an, z. B.

Checkliste

☐ Generelle Bekanntmachungen zum Event (Termin, Ablauf, Ort etc.)

☐ Interviews mit Veranstaltern

☐ Einblicke in die Vorbereitungen des Events

☐ Eindrücke aus vergangenen Events

☐ Vorstellung der Themen

☐ Vorstellung von Speakern, besonderen Gästen etc.

☐ Aktuelles Tagesgeschehen, das sich auf die Themen bezieht

☐ Etc.

Im Nachgang der Veranstaltung können dann ähnliche Themen kommuniziert werden:

☐ Interviews mit Teilnehmern

☐ Ausschnitte aus Vorträgen

☐ Eindrücke in Wort und Bild

☐ Ein kurzer Zusammenschnitt aus Auf- und Abbauarbeiten (z. B. im Zeitrafferformat)

☐ Ausblicke aufs nächste Jahr

☐ Etc.

Social Media Instrumente lassen sich aber auch hervorragend während der Veranstaltungen selbst einsetzen. Allen voran eignen sich dafür Twitter und Facebook.

Natürlich können die Veranstalter live vom Event twittern, Bilder auf Facebook hochladen und kurze Videoclips online stellen. Dazu bedarf es nicht viel Fantasie.

Event-Teilnehmer in das Social Media Marketing einbeziehen

Zeitgemäßer und für die Reichweite auch erfolgversprechender ist es dagegen, die Teilnehmer und Besucher mit in die Promotion einzubeziehen. Das kann zum Beispiel durch die bereits erwähnten „Orte" bei Facebook oder Foursquare geschehen. Der Ort der Veranstaltung wird kurzerhand bei Facebook angelegt. Wenn das Event im Unternehmen selbst stattfindet, kann auch der bereits vorhandene Facebook Place dafür genutzt werden. Alle Teilnehmer werden aufgefordert, einzuchecken. So erfahren überproportional viele Menschen von dem Event, da alle Freunde der Eingecheckten in ihrem Newsstream eine Benachrichtigung erhalten.

Optimal für Veranstaltungen hat sich Twitter erwiesen. Für die Veranstaltung wird ein eigener Hashtag festgelegt. Als Hashtags bezeichnet man fest definierte Begriffe, die ein bestimmtes Thema anzeigen und durch einen Klick such- und sortierbar sind. Zu diesem Zweck stellt man dem entsprechenden Begriff ein Doppelkreuz (#) voran. Twitter erkennt dieses Signal und generiert aus dem darauffolgenden Begriff einen Hashtag. Klickt man diesen nun an, listet Twitter alle Tweets auf, die diesen Tag ebenfalls verwenden. In der Konsequenz bedeutet das, dass man ganz einfach alle Tweets zu einem bestimmten Thema zeitlich geordnet anzeigen und so z. B. Diskussionen nachverfolgen oder ein Thema beobachten kann.

Damit dieses Vorgehen für eine Veranstaltung funktioniert, muss ein zentraler Hashtag definiert werden, der auch nur für diese eine Veranstaltung existiert. Sucht man sich nämlich ein Wort als Hashtag heraus, das z. B. noch andere Bedeutungen hat oder ebenfalls in anderen Zusammenhängen auftaucht, erscheinen auch diese Tweets in der Liste und verwässern so das Ergebnis.

Ein Hashtag für eine Recruiting-Veranstaltung, z. B. den „Career Day 2012" könnte beispielsweise „#careerday12" oder „#cd2012" lauten. Wichtig ist, dass man sich durch eine Suchanfrage bei Twitter vergewissert, dass dieser Begriff sonst noch nicht Verwendung findet.

Ein guter, passender Hashtag erfüllt folgende Kriterien:

Kriterien für einen wirkungsvollen Hashtag

- Er ist so kurz wie möglich, um im Tweet nicht zuviel Platz einzunehmen.

- Er sagt klar aus, worum es geht (deshalb ist in obigem Beispiel „careerday12" der Variante „cd2012" vorzuziehen).

- Er wird ausschließlich für dieses eine Event verwendet.

- Er verfügt nicht über weitere Bedeutungen.

- Idealerweise verfügt er auch noch über einen Bezug zum Unternehmen.

Häufig verwenden Unternehmen Abkürzungen, teilweise in Verbindung mit Jahreszahlen. Ein ausgeschriebenes Wort wäre zwar aufgrund der eindeutigeren Bedeutung zu bevorzugen, allerdings findet sich nicht immer ein kurzes, knappes Wort, das alle Kriterien erfüllt.

Wenn der Hashtag definiert ist, müssen die Teilnehmer auch davon erfahren. Dies kann durch Ankündigen im Vorfeld geschehen (z. B. durch einen Facebook-Post wie „Achtung: der Hashtag für den Career Day lautet #careerday12. Bitte immer verwenden."), durch Aufdrucke auf dem Veranstaltungsflyer, durch Hinweise in den Einladungen usw. Wichtig ist, dass möglichst alle Teilnehmer von dem Hashtag erfahren und ein Smartphone mit Internetverbindung mitbringen. Auch auf der Veranstaltung selber muss der Hashtag kommuniziert werden, zum Beispiel durch eine Ansage zu Beginn der Veranstaltung, ein Hinweis neben der Eingangstüre oder im Veranstaltungsprogramm.

Das Ziel ist, dass möglichst viele Teilnehmer direkt von der Veranstaltung aus twittern und dabei den jeweiligen Hashtag verwenden. Ein kleines Rechenbeispiel verdeutlicht den Effekt dieses Vorgehens:

Über die „zweite Ebene" lassen sich große Reichweiten erzielen

Angenommen, an dem Tag nehmen 300 potenzielle Bewerber teil, von denen 20% (60 Personen) bei der Aktion mitmachen und den Hashtag verwenden. Weiter angenommen, diese 60 Twitterer haben jeweils nur 100 Follower. Dann generiert das Unternehmen über diese beiden Stufen bereits eine Reichweite von 6.000 Personen. Wenn von diesen 6.000 Twitter-Nutzern nur 50 die Aktion retweeten, und diese 50 wieder jeweils 100 Follower haben, lässt sich bereits erahnen, welche Reichweite eine gut gemachte Aktion erzielen kann.

Damit diese Strategie funktioniert, muss allerdings ein Anreiz bestehen, überhaupt zu tweeten. Dieser Anreiz wird häufig in Form eines Gewinnspiels geschaffen. Das Vorgehen könnte dabei lauten: alle Teilnehmer, die heute mit dem Hashtag #careerday2012 von der Veranstaltung twittern, nehmen automatisch an der Verlosung teil. Die Verlosung findet dann nachmittags oder gegen Ende der Veranstaltung statt. Wenn der Preis attraktiv genug und die Aktion unter den Teilnehmern bekannt genug ist, besteht das Potenzial, an dem einen Tag hunderte von Tweets zu generieren.

Um möglichst viele Teilnehmer zum Mitmachen anzuregen und die Aktion transparent zu halten, bietet sich der Einsatz einer sogenannten Twitterwall an. Dabei handelt es sich um eine Leinwand oder einen LCD-Bildschirm, der öffentlich und gut sichtbar im Veranstaltungsraum aufgestellt wird und automatisch in Echtzeit alle Tweets auflistet, die den entsprechenden Hashtag beinhalten. Teilnehmer freuen sich, wenn sie ihren Tweet auf der Leinwand entdecken und fühlen sich durch die anderen Tweets angespornt, selbst noch mehr zu schreiben. Auf diese Weise macht die Aktion allen Beteiligten mehr Spaß und verbreitet sich schnell unter den Anwesenden.

Technisch benötigt man für diese Twitterwall nur einen Laptop mit Internetanschluss, einen Beamer und eine Leinwand oder einen großen Bildschirm sowie eine Software, die die Auflistung der Tweets übernimmt. Im Internet finden sich zahlreiche Anbieter, die kostenlose Interfaces dafür zur Verfügung stellen. Als Beispiel sei hier www.twitterwall.me genannt. Dieser Anbieter ermöglicht auch, die Darstellung mit einem eigenen Hintergrundbild anzupassen (Abb. 80 ▶).

Im Browser des Laptops wird nun einfach die generierte Adresse www.twitterwall.me/careerday eingegeben, die sich bei jedem neuen Tweet selbst aktualisiert. Die Twitterwall kann einen zentralen Baustein der Veranstaltung bilden, wenn sie entsprechend in das Konzept einbezogen wird. Neben einem modernen und abwechslungsreichen Veranstaltungselement verfügt das Unternehmen so über einen zusätzlichen reichweitenstarken Marketingkanal, der die Veranstaltung nach außen transportiert. (Abb. 81 ▶).

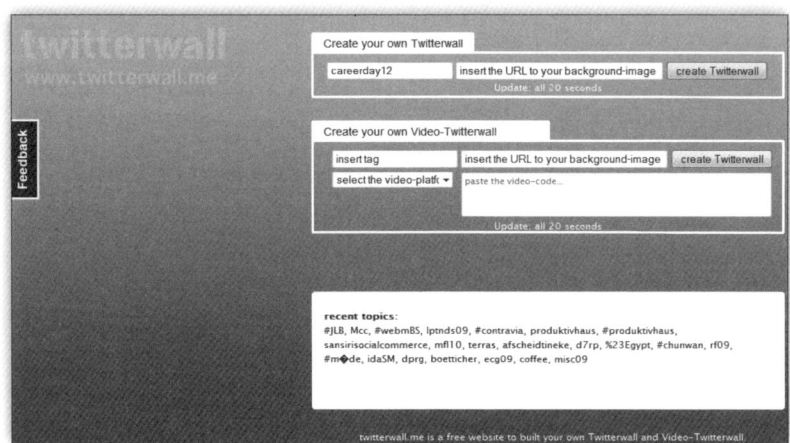

Abb. 80: Bei twitterwall.me kann man einfach und
kostenlos einen Stream für eine Twitterwall erstellen

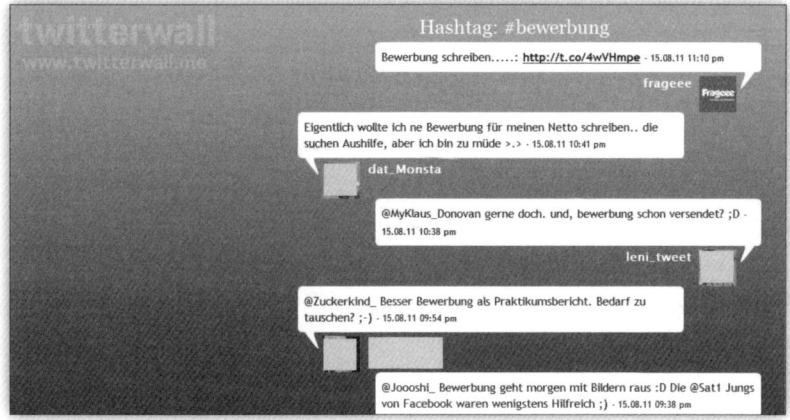

Abb. 81: Ein beispielhafter Twitterwall-Stream mit dem Hashtag
„#Bewerbung"

Das Unternehmen kann selbst einiges dazu beitragen, dass die Aktion funktioniert und von den Teilnehmern angenommen wird. Hierzu zählt in erster Linie neben den oben angesprochenen Möglichkeiten der Bekanntmachungen auch das Bereitstellen einer kostenlosen WLAN-Verbindung, um den Teilnehmern das Twittern zu vereinfachen, wie auch das Anstoßen der Aktion durch erste eigene Tweets. Wenn sich auf der Twitterwall bereits einige Tweets verschiedener Mitarbeiter befinden, fällt es den ersten Teilnehmern leicht, sich zu beteiligen. Niemand will der erste auf einer leeren Twitterwall sein.

Interview mit Dr. Martin Emrich

Dr. Martin Emrich ist promovierter Psychologe und Geschäftsführer von EMRICH Consulting. Er gilt als Experte für Social Media im Personalmarketing.

1. Herr Dr. Emrich, Sie beschäftigen sich schon seit Langem mit dem Thema „Social Media im Personalmanagement" und dem Thema „Arbeitgeberattraktivität". Bitte stellen Sie sich doch den Lesern kurz vor.

Gern. Ich bin promovierter Psychologe und Geschäftsführer der Unternehmensberatung „EMRICH Consulting… improving people!" mit Sitz in Stuttgart. Aus der Presse und dem Fernsehen bin ich hauptsächlich durch unsere preisgekrönte „DELFIN-Analyse" bekannt. Bei dieser geht es um 6 Stellschrauben, an denen wir gemeinsam mit Unternehmen drehen, um die Arbeitgeberattraktivität (=Employer Branding) zu erhöhen. Diese 6 Schrauben sind im Einzelnen: Dirigent (Führungskultur und Führungskräfte), Erwartungen der Kunden, Leitlinien und Werte, Fähigkeiten der Mitarbeiter, Interaktionsprozess im Team, Nachhaltigkeit. Die Anfangsbuchstaben dieser 6 Stellschrauben ergeben das Akronym „DELFIN".

2. Wie hat sich das Aufkommen der Social Media in den letzten Jahren auf das Personalmanagement (insb. Recruiting) ausgewirkt? Welche Veränderungen haben sich ergeben?

Durch Social Media hat unsere „DELFIN-Analyse" neuen Wind bekommen: Durch die Transparenz, die durch Social Media entsteht, sind Unternehmen noch mehr unter Druck als bisher, an den 6 „Stellschrauben" was zu drehen.

Wenn sich eine Führungskraft gegenüber einem Mitarbeiter massiv daneben benimmt, postet der Mitarbeiter seinen Unmut heutzutage schon mal auf Facebook. Das lesen dann sehr viele Menschen und der Imageschaden für das Unternehmen ist dadurch häufig immens.

Ein gutes Beispiel dafür, dass das Unternehmen an dem „D" von „DELFIN", nämlich in puncto „Dirigent" (= Führungskräfte) mal was tun sollte. Wir coachen sehr viele Führungskräfte, damit die mit den internen Mitarbeitern fördernd und fordernd, aber immer wertschätzend umgehen. Dafür bekommen diese dann in der neuen medialen Öffentlichkeit, die durch Social Media entstanden ist, primär positives Feedback.

3. Welchen Nutzen bietet Social Media personalsuchenden Unternehmen? Und welche Risiken gibt es?

Der Nutzen ist es, sich auf medialen Kanälen, die bei den Zielgruppen beliebt sind, zu präsentieren. Das personalsuchende Unternehmen mag beispielsweise Stellenanzeigen in Zeitungen gut finden, die Zielgruppe mag aber eventuell täglich viel mehr Zeit auf Facebook als mit dem Lesen von Tageszeitungen verbringen. Der Köder muss aber dem Fisch (d. h. dem Bewerber) schmecken, nicht dem Angler (d. h. dem personalsuchenden Unternehmen).

Ein weiterer Nutzen besteht darin, dass es Social Media (z. B. bei YouTube) dem personalsuchenden Unternehmen erlauben, sich plastischer, z. B. durch Filme, darzustellen. Das vermittelt den Jobsuchenden ein genaueres Bild von dem Unternehmen und der dortigen Tätigkeit im Sinne eines „realistic job preview".

Ein Risiko besteht besonders dann, wenn das Recruiting via Social Media halbherzig, unidirektional (=nicht dialog-orientiert) und ohne klare Strategie betrieben wird.

4. Wie schätzen Sie das Social Media Recruiting ein im Vergleich zu „herkömmlichen" Recruiting-Maßnahmen, was Effektivität und Kosten angeht?

Im Moment raten wir den Unternehmen, die wir zu diesem Thema beraten, zu einem Mix aus Print und Web. Wird Social Media Recruiting richtig gemacht, ist es auch nicht ganz günstig, da hierfür hohe Personalkosten durch den intensiven Dialog entstehen.

5. Wie sollte ein Unternehmen vorgehen, das künftig Social Media zur Personalgewinnung nutzen möchte? Welche Schritte sind wichtig?

Wichtig ist, zunächst mit einer Employer Branding – Strategie zu starten. Das bedeutet, das Unternehmen sollte sich am Anfang fragen, was die eigene Attraktivität als Arbeitgeber ausmacht. Dabei sollten möglichst viele Mitarbeiter aller Führungsebenen mit einbezogen werden. Die Verdichtung dieser Analyse ergibt den „Markenkern" der Arbeitgebermarke. Z. B. „Unternehmen xy ist ein fairer Arbeitgeber, der besonders attraktive Karrierepfade für High Potentials offeriert". Dieses fundiert ermittelte „Image als Arbeitgeber" gilt es dann, mit einer wohlorchestrierten Social Media Marketing – Strategie an die entsprechenden Zielgruppen heranzutragen. Durch Facebook ist es beispielsweise möglich, die Stellenanzeigen nur an weibliche Personen aus dem Großraum Bremen zwischen 25 und 30 Jahren zu senden. So erhalten genau die Personen, von denen eine Bewerbung erwünscht ist, eine realistische Perspektive, was Sie für eine Kultur bei einem bestimmten Arbeitgeber erwartet. Sind sie dann eingestellt, muss diese Kultur natürlich auch de facto gelebt werden.

6. Welche Fehler sehen Sie Unternehmen dabei machen?

Das dramatischste, was ich hier erlebt hatte, ist ein recht großer Kunde (10 000 Mitarbeiter) von mir, der über 2 Jahre das Social Media Marketing ausschließlich von Praktikanten und Werksstudenten in Eigenregie machen ließ. Das verursachte einen ziemlichen Image-Schaden, da die jungen Leute zwar fit waren im Umgang mit den neuen Medien, aber ein sehr einseitiges Bild des Unternehmens in den Cyberspace transportierten.

7. Wie lassen sich Social Media in die sonstigen Recruiting-Maßnahmen integrieren?

Der Trend geht eindeutig dahin, via Social Media nicht nur Personalmarketing zu betreiben, sondern auch die ersten Schritte der Bewerbung online abzuwickeln. Bei zahlreichen Kunden haben wir eingeführt, dass die Bewerber Ihre komplette Bewerbung online in dafür eigens erstelle Masken eingeben und auch verschiedene Intelligenz- und Persönlichkeitstests online absolvieren, bevor eine relativ kleine Auswahl an Bewerbern dann wirklich zu face-to-face Gesprächen und Assessment Centern eingeladen wird. Dadurch ließen sich für die von uns betreuten Unternehmen natürlich massiv Kosten einsparen.

8. Wie lässt sich der Nutzen von Social Media Maßnahmen im Recruiting messen? Wie erkennen Unternehmen, ob sich das Engagement lohnt?

Der Nutzen lässt sich nur durch methodisch einwandfreie wissenschaftliche Begleitstudien prüfen und belegen. Ein spannendes Forschungsdesign wäre beispielsweise zu schauen, ob die Personen, die über Social Media (versus „klassisch" als Kontrollgruppe) eingestellt werden, im Job besser performen. Eine plausible Hypothese wäre ja, dass sie zumindest geübter im Umgang mit Social Media sind als die Kontrollgruppe.

iPhone App „Marketing [DIM]"

 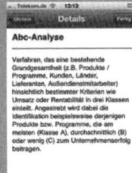   

Die Ressource für Marketing-Wissen!
Die Marketing-App des Deutschen Institut für Marketing liefert umfangreiche Informationen und Neuigkeiten für Marketingtreibende.

- Recherchieren Sie Marketing-Definitionen und Erläuterungen in dem umfassenden Glossar.

- Bleiben Sie auf dem Laufenden mit ständig aktuellen News aus allen Bereichen des Marketing.

- Informieren Sie sich über das Seminarangebot des Deutschen Instituts für Marketing. Nutzen Sie unser Wissen für Ihren Erfolg!

Die Marketing-App steht **kostenlos** für Sie unter http://itunes.apple.com/app/marketing-dim/id458577017 oder direkt im iTunes-App Store zum Download bereit.

9 Die Minimal-Strategie

Kapitel 9

Die Minimal-Strategie

Social Media Marketing kostet Zeit und Geld. An dieser Tatsache kommt ein Unternehmen, das sich im Social Web engagieren will, einfach nicht vorbei. Auch wenn die meisten Kanäle und Tools gratis sind oder zumindest Gratis-Versionen anbieten, summieren sich durch den Zeitaufwand, Programmierung, Design etc. doch erhebliche Kosten.

Viele Unternehmen möchten daher erst einmal „testen", ob sich Social Media Marketing überhaupt für sie eignet. Der Grund dafür kann in der Branchenzugehörigkeit oder der Zielgruppe liegen. In der konkreten Situation kann es sich jedoch als schwierig erweisen, die Erfolgsaussichten einer Social Media Kampagne abzuschätzen.

In diesen Fällen eignet sich die Minimal-Strategie besonders gut. Wer erst einmal das Terrain erkunden, sich vorsichtig herantasten und lernen möchte, ohne passiv oder außen vor zu bleiben, kann mit dieser Strategie viel über die Funktionsweisen der Social Media lernen und erste Erfahrungen sammeln. Später besteht dann jederzeit die Möglichkeit, auf eine der umfangreicheren Strategien umzusteigen – oder eben nicht, wenn die „Testballons" ergeben haben, dass sich der Einsatz im konkreten Fall nicht lohnt.

Die Minimal-Strategie eignet sich zum Einstieg in das Social Media Marketing

Die Minimal-Strategie besteht aus mehreren Bestandteilen, die sich nach Belieben und je nach den individuellen Möglichkeiten kombinieren lassen.

9.1 Beobachten

Ständiges Beobachten gehört zu den Pflichtdisziplinen einer jeden Social Media Strategie und insbesondere für diese Strategie. Da eine Hauptaufgabe im Lernen und Informationen Sammeln besteht, kommt der Beobachtung eine zentrale Bedeutung zu.

Bezüglich des Beobachtens ist auf die Kapitel „Die Marktforschungs-Strategie", „Social Media Monitoring" sowie die einleitenden Kapitel zu verweisen, die verschiedene Möglichkeiten und Ansatzpunkte

zur Marktbeobachtung beschreiben. Insbesondere folgende Fragestellungen sollten nähere Betrachtung finden:

*Leitfragen zur
Marktbeobachtung*

- Wird über die eigene Marke bereits irgendwo diskutiert?

- Wie und wo sind die Wettbewerber aktiv?

- Was machen sie richtig? Wo machen sie Fehler?

- Wo bewegt sich die eigene Zielgruppe?

- Wo bestehen potenzielle Krisenherde?

- Wo ergeben sich Chancen für ein potenzielles zukünftiges Engagement?

- Gibt es einzelne Personen, die bereits als Botschafter der Marke
  aktiv sind?

Ein klassisches Beispiel für den großen Nutzen der ständigen Beobachtung zeigte sich beim TV-Sender ZDFneo. Unter www.twitter.
com/zdfneo schrieb der Sender täglich über aktuelle Sendungen, Ereignisse oder das Tagesgeschehen. Auch das Deutsche Institut für
Marketing führte über Twitter eine kurze Diskussion mit dem Account des Senders, als Reporter ein Interview für eine Sendung im
Institut aufzeichneten. Damals war allerdings noch nicht bekannt,
dass der Twitter-Account überhaupt nicht dem Sender gehörte.

ZDFneo hatte es schlicht versäumt, zu beobachten, wer da unter dem
offiziellen Deckmantel twitterte. Als man bei den vermeintlichen
Vertretern nachfragte, erhielt der Sender keine Antwort. Schließlich
outeten sich dann die Inhaber des Twitter-Accounts. Mehrere Jahre
lang hatten sie unter dem offiziellen Namen, aber ohne Wissen und
Wollen des Senders getwittert. Als diese kleine Sensation von den
Medien aufgedeckt wurde, reagierte der Sender vorbildlich. Statt mit
Klagen und Abmahnungen zu drohen, bot man den beiden Twit-
terern einen Arbeitsvertrag an – den sie auch annahmen. Heute twittern die beiden offiziell für den Sender. Das Vorgehen brachte ZDF-
neo einige Publicity und Lob von Social Media Experten weit und
breit ein.

Abb. 82: Twitter-Account des TV-Senders ZDFneo

Die Ergebnisse der Beobachtung sollten regelmäßig ausgewertet werden. So entsteht nach und nach ein Bild von der Situation im Social Web, das hilft, die Frage nach der Notwendigkeit eines eigenen Engagements zu beantworten.

9.2   Nutzernamen belegen

Egal ob sich das Unternehmen später für oder gegen ein aktives Engagement entscheidet, der eigene Firmenname sowie relevante Begriffe sollten in jedem Fall in den wichtigsten Diensten belegt werden. Denn wie bei Domainnamen gilt hier in der Regel der Grundsatz: „Wer zuerst kommt, mahlt zuerst". Wenn ein Wettbewerber oder auch einfach nur ein privater Nutzer also einen relevanten Namen bereits belegt hat, wird es schwer, diesen einzufordern.

Ebenfalls ähnlich wie im Domainrecht ist das reine Belegen einer Adresse mit dem Ziel, einem Unternehmen zu schaden oder die Adresse später teuer zu verkaufen, verboten. Etwas anderes gilt jedoch, wenn es sich um einen generischen Begriff handelt (also ein rein beschreibendes Wort) oder der Nutzer an dem Namen ebenfalls ein Recht hat (weil er zum Beispiel ein mit dem Firmennamen identischen Nachnamen trägt). In diesen Fällen wird es relativ schwierig, den Account zu verlangen bzw. die Nutzung des Accounts zu untersagen. Insbesondere bei privaten Nutzern bestehen rechtliche Hürden, da für einen Markenrechtsverstoß, der die Herausgabeforderung erleichtern würde, der geforderte „geschäftliche Verkehr" fehlt. Leidtragender dieser Tatsache ist zum Beispiel der Süßigkeiten-

Fremde Marken in Nutzernamen können zu rechtlichen Problemen führen

Hersteller Haribo. Den für das Unternehmen idealen Twitter-Account www.twitter.com/haribo hat bereits ein Nutzer aus dem asiatischen Raum besetzt. Zu allem Unglück nutzt Jerryko, wie sich der Teilnehmer nennt, den Account nicht einmal, sein letzter und einziger Tweet stammt aus dem Jahr 2007.

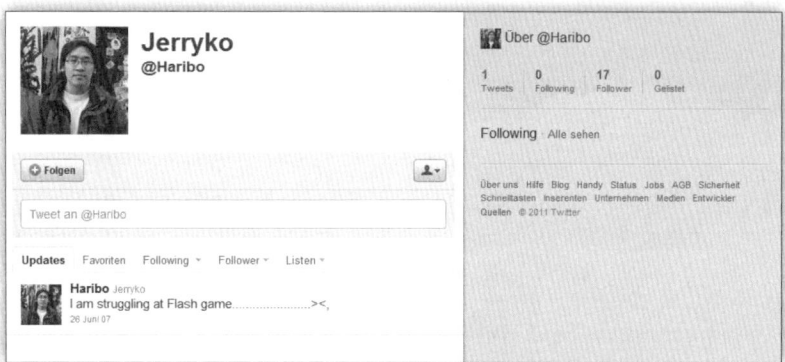

Abb. 83: Twitter-Account von Haribo, der einer Privatperson gehört

In der Regel besteht keine Notwendigkeit, bei allen kleinen und unbekannten Diensten die relevanten Accounts zu belegen. Aktuell spielen vor allem folgende Dienste eine Rolle:

Die relevantesten Social Media

- Facebook (Fanseiten) (www.facebook.com)

- Twitter (www.twitter.com)

- YouTube (www.youtube.com)

- FlickR (www.flickr.com)

- Slideshare (www.slideshare.com)

- Google+ (zum Zeitpunkt der Bucherstellung noch keine Unternehmensnamen verfügbar) (www.google.de/plus)

- MySpace (sicher ist sicher) (www.myspace.com)

- Mister-Wong (www.mister-wong.de)

Mit diesen Diensten ist bereits ein Großteil der für den deutschen Markt relevanten Dienste abgedeckt. Einen schnellen und umfassenden Nutzernamen-Check bei über 150 Diensten (viele davon nur für den englischsprachigen Markt relevant) bietet die Website http://namechk.com.

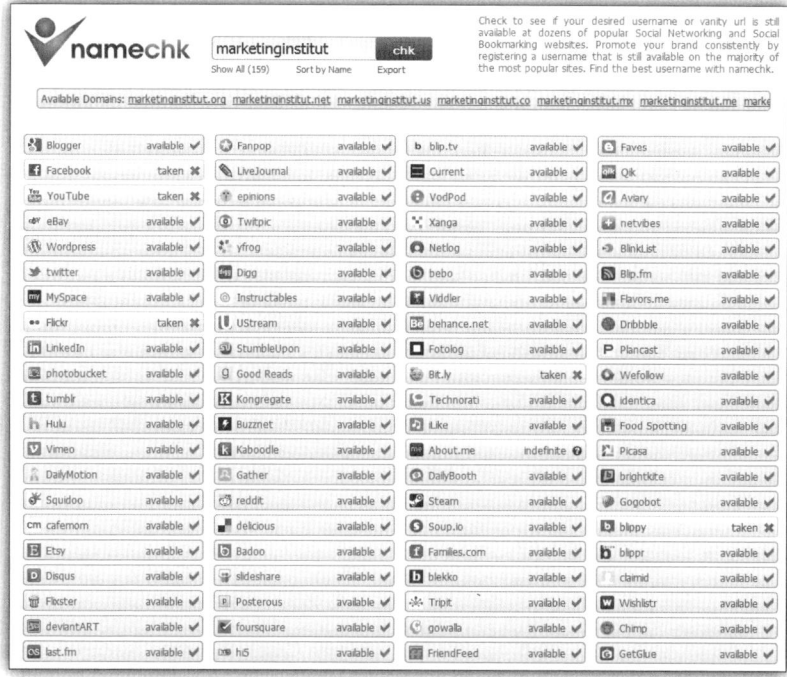

Abb. 84: Mit Namechk.com lassen sich Account-Namen zahlreicher Web 2.0-Dienste überprüfen

Sollten die Usernamen bereits vergeben sein, jedoch nicht aktiv genutzt werden, kommt einer genauen Beobachtung besondere Bedeutung zu. Durch die Anonymität vieler Dienste besteht die Möglichkeit, dass die Namen von einem Wettbewerber registriert wurden, der irgendwann beginnt, unter falschem Namen schädigende Inhalte zu verbreiten. Solche Fälle sind in der Praxis bereits aufgetreten. Um hier schnell und entschieden reagieren zu können, müssen Unternehmen diese Accounts ständig kontrollieren.

9.3 Anzeigen schalten

Eine Möglichkeit, in den Social Media aktiv zu werden, ohne sich wirklich auf Social Media einzulassen, besteht darin, sich vorerst auf Anzeigenschaltungen oder Bannerwerbung zu beschränken. Nahezu alle großen Netzwerke bieten derartige Werbemöglichkeiten an. Auch wenn Werbeeinblendungen nicht direkt zum Social Media Marketing gehören und keinesfalls damit gleichzusetzen sind, bieten sie dennoch Möglichkeiten, die Akzeptanz, die Reichweite und die Erfolgsaussichten künftiger Aktionen abschätzen zu können.

Gerade Facebook bietet mit seinen „Self Service Ads" eine einfache und kostengünstige Möglichkeit, ohne Risiko einiges auszuprobieren. Die Anzeigen bestehen aus einem kleinen Bild, Text sowie einer Adress- und einer Überschriftszeile und lassen sich extrem genau auf die Zielgruppe ausrichten.

Besteht die Zielgruppe beispielsweise aus Frauen zwischen 35 und 45, die in Hamburg leben und gerne kochen oder backen, finden sich bei Facebook immerhin 450 Personen, die genau dieser Beschreibung entsprechen. Je genauer die Zielgruppendefinition, desto geringer auch die Reichweite, aber auch die Streuverluste.

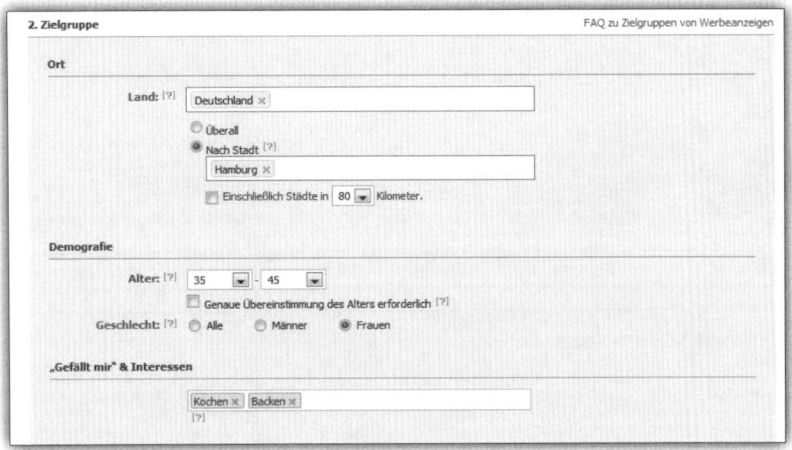

Abb. 85: Targetierungsmöglichkeiten der Self Service Ads bei Facebook

Anzeigen unterstützen Social Media Maßnahmen

Die Anzeigen funktionieren natürlich nicht nur als Versuch bzw. zum Ausprobieren, sondern erst recht als Unterstützung laufender Social Media Kampagnen. Je nach Zielgruppe, Thema und Vorgehensweise lassen sich in wenigen Tagen mehrere Tausend Fans gewinnen. Hierzu finden sich in den anderen Strategie-Kapiteln einige Hinweise.

Die Targetierungs-Möglichkeiten der Werbeanzeigen basieren auf den Angaben, die Nutzer in ihren Profilen eingetragen haben. Bei Facebook zeigen sich die Nutzer bisher relativ offenherzig und füllen sehr viele Felder aus. Geschlecht, Alter und geografische Herkunft lassen sich somit sehr gut selektieren. Auch die Interessensgebiete funktionieren in vielen Themengebieten sehr gut. Schwieriger gestaltet sich zum Beispiel die Selektion nach Arbeitgebern. Auch das ermöglicht Facebook zwar potenziell, in der Praxis lassen sich hier jedoch nur mangelhafte Ergebnisse erzielen. Die Angabe des Arbeitgebers hat sich bei Facebook anscheinend bisher nicht durchgesetzt. Gleiches gilt für viele Interessen aus dem geschäftlichen Umfeld. Themengebiete wie „Maschinenbau" (1.640 Personen) oder „Innenarchitektur" (1.900) erzielen dabei noch verhältnismäßig große Reichweiten, bei Bereichen wie dem industriellen oder handwerklichen Sektor lohnen sich Facebook-Anzeigen dagegen kaum noch.

Ebenfalls zu beachten ist, dass die Anzeigen nur den Personen angezeigt werden, die die entsprechenden Angaben im Profil gemacht haben. Das bedeutet: jemand, der sich beruflich brennend für Oberflächenbeschichtungen interessiert, diese Leidenschaft aber in seinem Profil nicht angibt, bekommt entsprechende Anzeigen nicht ausgeliefert. Ihn könnte ein Unternehmen nur über allgemeiner gehaltene Anzeigen, die nicht auf spezielle Interessen abzielen, erreichen. Dann allerdings mit enormen Streuverlusten.

9.4   Social Media Buttons einbauen

Ein ebenfalls wichtiger Bestandteil der Minimal-Strategie, der sich auch gut ohne „echtes" Social Media Engagement umsetzen lässt, besteht im Einbau von Social Media Buttons in die eigene Website. In anderen Kapiteln war bereits von Facebook-Plugins wie dem Like-Button oder der Like-Box die Rede. Der große Vorteil dieser Plugins besteht darin, dass Interessenten durch einen Klick zu Fans werden und damit die Inhalte der Unternehmensseite abonnieren. Wenn jedoch gar keine solche Seite besteht, lässt sich die Verbreitung über Social Media dennoch verstärken, indem das Unternehmen den Nutzern das Weiterleiten mittels Social Media Buttons anbietet.

Das Beispiel des DIM-Marketingblogs (www.dim-marketingblog.de) zeigt vier verschiedene Social Media Buttons. Es gibt mittlerweile unzählige Buttons für nahezu jede Social Media Anwendung (z. B. alle Social Bookmarking-Dienste), die jedoch so gut wie nicht genutzt werden. Diese vier hier eingesetzten decken den Großteil der Social Media Nutzer ab und ermöglichen die höchste Reichweite.

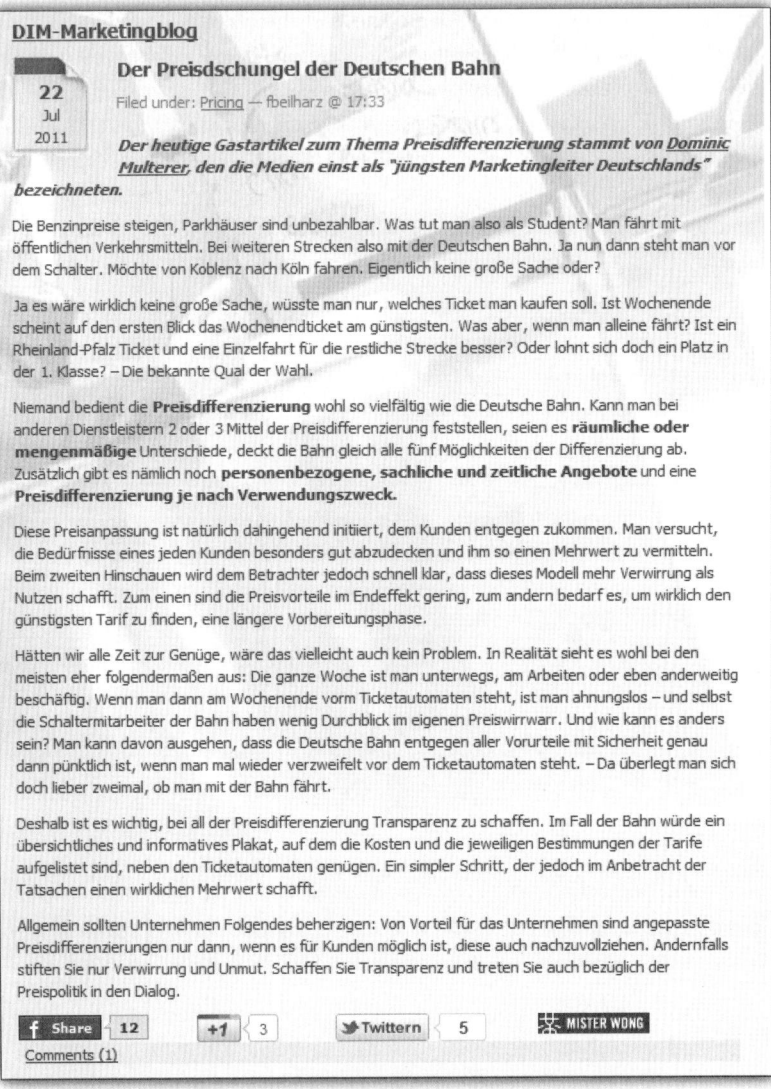

DIM-Marketingblog

Der Preisdschungel der Deutschen Bahn

22
Jul
2011

Filed under: Pricing — fbeilharz @ 17:33

Der heutige Gastartikel zum Thema Preisdifferenzierung stammt von Dominic Multerer, den die Medien einst als "jüngsten Marketingleiter Deutschlands" bezeichneten.

Die Benzinpreise steigen, Parkhäuser sind unbezahlbar. Was tut man also als Student? Man fährt mit öffentlichen Verkehrsmitteln. Bei weiteren Strecken also mit der Deutschen Bahn. Ja nun dann steht man vor dem Schalter. Möchte von Koblenz nach Köln fahren. Eigentlich keine große Sache oder?

Ja es wäre wirklich keine große Sache, wüsste man nur, welches Ticket man kaufen soll. Ist Wochenende scheint auf den ersten Blick das Wochenendticket am günstigsten. Was aber, wenn man alleine fährt? Ist ein Rheinland-Pfalz Ticket und eine Einzelfahrt für die restliche Strecke besser? Oder lohnt sich doch ein Platz in der 1. Klasse? – Die bekannte Qual der Wahl.

Niemand bedient die **Preisdifferenzierung** wohl so vielfältig wie die Deutsche Bahn. Kann man bei anderen Dienstleistern 2 oder 3 Mittel der Preisdifferenzierung feststellen, seien es **räumliche oder mengenmäßige** Unterschiede, deckt die Bahn gleich alle fünf Möglichkeiten der Differenzierung ab. Zusätzlich gibt es nämlich noch **personenbezogene, sachliche und zeitliche Angebote** und eine **Preisdifferenzierung je nach Verwendungszweck.**

Diese Preisanpassung ist natürlich dahingehend initiiert, dem Kunden entgegen zukommen. Man versucht, die Bedürfnisse eines jeden Kunden besonders gut abzudecken und ihm so einen Mehrwert zu vermitteln. Beim zweiten Hinschauen wird dem Betrachter jedoch schnell klar, dass dieses Modell mehr Verwirrung als Nutzen schafft. Zum einen sind die Preisvorteile im Endeffekt gering, zum andern bedarf es, um wirklich den günstigsten Tarif zu finden, eine längere Vorbereitungsphase.

Hätten wir alle Zeit zur Genüge, wäre das vielleicht auch kein Problem. In Realität sieht es wohl bei den meisten eher folgendermaßen aus: Die ganze Woche ist man unterwegs, am Arbeiten oder eben anderweitig beschäftig. Wenn man dann am Wochenende vorm Ticketautomaten steht, ist man ahnungslos – und selbst die Schaltermitarbeiter der Bahn haben wenig Durchblick im eigenen Preiswirrwarr. Und wie kann es anders sein? Man kann davon ausgehen, dass die Deutsche Bahn entgegen aller Vorurteile mit Sicherheit genau dann pünktlich ist, wenn man mal wieder verzweifelt vor dem Ticketautomaten steht. – Da überlegt man sich doch lieber zweimal, ob man mit der Bahn fährt.

Deshalb ist es wichtig, bei all der Preisdifferenzierung Transparenz zu schaffen. Im Fall der Bahn würde ein übersichtliches und informatives Plakat, auf dem die Kosten und die jeweiligen Bestimmungen der Tarife aufgelistet sind, neben den Ticketautomaten genügen. Ein simpler Schritt, der jedoch im Anbetracht der Tatsachen einen wirklichen Mehrwert schafft.

Allgemein sollten Unternehmen Folgendes beherzigen: Von Vorteil für das Unternehmen sind angepasste Preisdifferenzierungen nur dann, wenn es für Kunden möglich ist, diese auch nachzuvollziehen. Andernfalls stiften Sie nur Verwirrung und Unmut. Schaffen Sie Transparenz und treten Sie auch bezüglich der Preispolitik in den Dialog.

f Share 12   +1 3   Twittern 5   MISTER WONG

Comments (1)

Abb. 86: Social Media Buttons im DIM-Marketingblog

Beschränkung auf die wichtigsten Social Media Buttons Die Buttons finden sich unter jedem einzelnen Blogbeitrag. Aber auch in statische Websites lassen sich die Buttons einbinden. Der Button ganz links, der Facebook-Share-Button ermöglicht das Teilen der jeweiligen Seite im eigenen Facebook-Netzwerk. Im Unterschied zum klassischen Like-Button lassen sich hier noch eigene Kommentare einfügen. Außerdem hängt der Share-Button ein verkleinertes Vorschaubild mit an. Und schließlich besteht die Möglichkeit, den Inhalt nur mit bestimmten Personen oder sogar als private Facebook-Nachricht zu teilen. Der Teilen-Button hat damit gegenüber dem Like-Button einige Vorteile, was die Funktionen angeht. Verloren geht dabei die Einfachheit, die den Like-Button so populär gemacht hat, die „Ein-Klick-Funktion". Hier muss das Unternehmen entscheiden, für welche Variante es sich entscheidet. Natürlich ist auch eine Kombination aus beiden Buttons möglich.

Daneben befindet sich der Google +1-Button. Er stellt ein Äquivalent zum Like-Button dar und teilt automatisch den Inhalt mit dem eigenen Netzwerk bei Google+. Personen in den Kreisen des Klickenden sehen zum Beispiel in den Google-Suchergebnissen, dass dieser den entsprechenden Inhalt markiert hat. Außerdem werden die Google-Suchergebnisse nach und nach angepasst, so dass mehr Inhalte erscheinen, die man selbst oder das eigene Netzwerk mit +1 markiert haben. Wie genau sich der +1-Button verbreiten und auf die Suchergebnisse auswirken wird, ist noch unklar. Zum Zeitpunkt der Erstellung dieses Kapitels (August 2011) befinden sich im Internet bereits mehr +1-Buttons auf Websites eingebunden, als Twitter-Buttons.

Diese lohnen sich jedoch nach wie vor, da sie die Verbreitung auf Twitter ermöglichen. Mit einem Klick auf den eingebundenen Twitter-Button öffnet sich ein Fenster, das bereits einen vorgefertigten Text-Schnipsel sowie den Link zur entsprechenden Seite enthält. Der Text kann angepasst oder unverändert übernommen werden. Interessante Inhalte verbreiten sich mit diesem Button relativ schnell bei Twitter – gute Beiträge erreichen oft eine Tweet-Anzahl im zwei- oder sogar dreistelligen Bereich.

Ganz rechts befindet sich in obigem Beispiel ein Button des Social Bookmarking-Dienstes Mister-Wong (www.mister-wong.de). Social Bookmarks entsprechen den Lesezeichen im Internetbrowser, bloß dass die Lesezeichen hier online, zentral und öffentlich sichtbar abgespeichert werden. So lassen sich interessante Seiten festhalten, weiterempfehlen, kommentieren und bewerten. Die Nutzung von Social Bookmarking-Diensten fällt in Deutschland sehr verhalten aus. Gemäß der ARD-ZDF-Online-Studie 2010 nutzt ca. 1% der deutschen Internetuser Social Bookmarks zumindest wöchentlich – 98% nutzen diese Anwendungen jedoch nie. Der Vollständigkeit halber können ein bis zwei Social Bookmark-Buttons eingebaut werden, große Reichweiten darf das Unternehmen sich dadurch jedoch nicht erhoffen.

Gleiches gilt wie bereits angesprochen für all die anderen Buttons. Der Hauptzweck liegt darin, den Lesern das Teilen und Verbreiten der Inhalte möglichst einfach zu machen – und das bringt nur etwas, wenn die Leser die entsprechenden Dienste überhaupt nutzen. Bei Facebook, Twitter und Google+ ist eine relevante Reichweite zweifellos gegeben, bei den anderen Diensten in der Regel jedoch nicht. Wer möchte, kann dennoch einen Dienst wie AddThis (www.addthis.com) integrieren. Mit diesem Dienst lassen sich schnell mehrere Dutzend Buttons platzsparend in die Website einbauen. Auch hier empfiehlt sich dennoch eine Beschränkung auf die relevantesten Dienste, da jeder zusätzliche Button die Ladezeit der Seite verringert und sich damit negativ auf die Nutzerfreundlichkeit und Suchmaschinentauglichkeit der Website auswirkt.

Abb. 87: Optionen bei Addthis.com

9.5   Einen einzelnen Kanal bedienen

Die umfassendste Form der minimalsten Strategie liegt in der Bedienung eines einzelnen Kanals. Hierbei sind die Grenzen zu den anderen Strategien fließend, bei denen sich ebenfalls herausstellen kann, dass nur ein einzelner Kanal zum Einsatz kommen soll.

So könnte sich das Unternehmen nach genauer Prüfung entscheiden, nur Twitter, nur Facebook oder nur XING in seiner Social Media Strategie zu bespielen. Das mag der Fall sein, um zum Beispiel den Aufwand gering zu halten oder weil die Zielgruppen überwiegend diesen einen Kanal nutzen. In diesem Fall konzentrieren sich alle Anstrengungen auf diesen einen Kanal. Die verschiedenen Vorteile der Integration unterschiedlicher Dienste (höhere Reichweite, breitere Marktabdeckung, Imagewirkung etc.) gehen dadurch natürlich verloren. Auch kann der Kanal nicht mehr als Multiplikator der anderen Kanäle dienen.

Es besteht jedoch jederzeit die Möglichkeit, die Social Media Strategie auf die weiteren Kanäle auszudehnen. So bietet sich die Ein-Kanal-Strategie auch als Einstieg ins Social Media Marketing an, um konkrete Erfahrungen mit einzelnen Diensten zu sammeln und später dann mehrere Kanäle zu bedienen.

Interview mit Joachim Rumohr

Joachim Rumohr ist der bekannteste XING-Experte in Deutschland und offizieller XING-Trainer. In seinem Blog www.rumohr.de gibt er Tipps zur erfolgreichen Nutzung des Business-Netzwerks.

1. Herr Rumohr, Sie gelten als bekanntester XING-Trainer im deutschsprachigen Raum. Bitte stellen Sie sich den Lesern doch trotzdem noch einmal kurz vor.

Ich bin geborener Hamburger und seit 1990 im Verkauf tätig. Im Oktober 2003 war ich eines der ersten Mitglieder auf XING, erkannte schnell das Potenzial und begann, XING systematisch für meinen Beruf zu nutzen.

Seit Dezember 2006 gebe ich mein Wissen professionell weiter und konnte bereits tausende Teilnehmer in meinen Vorträgen und Seminaren begrüßen.

Auf Basis einer mit der XING AG im September 2008 vereinbarten Masterlizenz bin ich autorisiert Lizenzen für offizielle XING-Trainer zu vergeben und veranstalte mit meinem Geschäftspartner Dr. Andreas Lutz und rund 20 lizenzierten Trainern in Deutschland, Österreich und der Schweiz das offizielle XING-Seminar.

Als Referent stehe ich mit dem Thema „Professionelle Kundengewinnung mit XING" auf der Bühne und gelte aufgrund von über 600 geschriebenen Fachartikeln, dem mit über 10.000 Exemplaren verkauften Bestseller-Buch „XING optimal nutzen", dem Hörbuch „Akquisemaschine XING" und nicht zuletzt durch meinen regelmäßigen Einsatz als externer Referent und Seminarleiter im Hause der XING AG als der XING-Experte Nr. 1.

2. Wie nutzen Sie persönlich XING? Sind Netzwerke wie XING für Sie überhaupt noch notwendig?

Ich probiere immer wieder neue Strategien zur Kundengewinnung auf XING aus, um die aus diesen Tests gewonnenen Erkenntnisse an meine Leser und Seminarteilnehmer weitergeben zu können.

Am meisten Spaß macht mir XING, wenn es um die Klärung von Fragen geht, die sich einem im täglichen Geschäfts- und Privatleben stellen. Ich suche mir auf XING einfach eine passende Expertengruppe und stelle dort meine Frage. In fast 100% der Fälle habe ich bisher innerhalb einer Stunde eine professionelle Antwort bekommen, die in der Regel sogar von mehreren Experten gegenbestätigt wurde.

Ferner verwende ich XING beispielsweise auch, wenn ich neue Dienstleister suche und lasse mich von meinen Netzwerkpartnern entsprechend dorthin empfehlen. So habe ich stets schnell eine hohe Vertrauensbasis und motivierte Dienstleister. Sie wollen ja der erfolgten Empfehlung gerecht werden.

3. Welche Fehler sehen Sie häufig bei XING-Einsteigern? Was sollten Einsteiger besonders beachten?

Der wichtigste Tipp ist sicher aktiv zu werden. Einfach nur ein Profil ohne Details anlegen und dann abwarten geht nicht. Ein funktionierendes soziales Netzwerk muss man sich aufbauen und erarbeiten. Dazu gehört ein vollständig ausgefülltes und vor allem mit einer klaren Aussage über die eigene Tätigkeit versehenes Profil. Im zweiten Schritt sollte man sich dann mit allen Kontakten auf XING verknüpfen, mit denen man bereits persönlich im Kontakt steht.

Dieses Netzwerk gilt es dann weiter auszubauen. Über die direkten Kontakte besteht immer ein guter Draht zu den Kontakten im sogenannten zweiten Grad. Das sind Menschen, die jemanden kennen, den man selbst ebenfalls kennt.

Und immer wieder das Geben in den Vordergrund stellen. Jeder bekommt gern Tipps, Empfehlungen, Hinweise, Lob und Anerkennung. Also fangen Sie an zu geben und Sie werden von Ihrem Netzwerk auch immer wieder etwas zurück bekommen.

4. Für welche Einsatzzwecke eignet sich XING am Besten? Und für welche überhaupt nicht?

XING ist kein Masseninformationsmedium. Hier geht es um die Kommunikation von Mensch zu Mensch. Dies bedeutet, das XING in allen Situationen in denen der einzelne Mensch im Vordergrund steht optimal nutzbar ist. Sei es die Suche nach einem Job oder neuen Mitarbeiter, genau so wie die Suche nach Kooperationspartnern, Dienstleistern und natürlich auch Neukunden.

Und wie oben bereits erwähnt kann es jeder nutzen, der Antworten auf seine unterschiedlichsten Fragen sucht. Diese findet er in den fast 50.000 Gruppen auf XING.

5. Können Sie 1-2 Erfolgsbeispiele aus Ihrer Erfahrung beschreiben? Personen oder Unternehmen, die mit XING messbare Erfolge erzielt haben.

Gerade heute hatte ich ein Telefonat mit einem Mitglied, das erst seit sechs Wochen auf XING ist. Dieses Neumitglied hatte mit dem Wissen aus meinem Buch „XING optimal nutzen" und dem Hörbuch „Akquisemaschine XING" sein Profil aufgesetzt und erste Schritte auf XING aktiv unternommen und erzählte mir ganz begeistert, dass bereits eine ganze Reihe von Anfragen gekommen und erste Gespräche mit Interessenten geführt worden sind. Das Mitglied war selbst von diesem schnellen Erfolg überrascht. Mir zeigte es einmal mehr das XING funktioniert, wenn man sein Profil gut einrichtet und wirklich auch aktiv wird. In seinem Fall waren es mehrere Fachartikel, die in XING-Gruppen veröffentlicht wurden und entsprechende Interessenten auf sein Profil führten.

6. XING gilt eher als sinnvoll für das persönliche Networking. Welchen Mehrwert bietet das Netzwerk Unternehmen? Wie lassen sich Unternehmensprofile gewinnbringend einsetzen?

Ich habe noch kein Unternehmen auf XING gesehen, das die vorhandenen Möglichkeiten wirklich optimal nutzt. Mit einem sogenannten PLUS-Profil ist das Unternehmen in der Lage Neuigkeiten auf XING zu veröffentlichen. Diese können von jedem Mitglied abonniert und an das eigene Kontaktnetzwerk weiterempfohlen werden.

Und diese Möglichkeit haben natürlich auch die eigenen Mitarbeiter. Doch wenn diese gar nichts davon wissen und bei neuen Infos nicht informiert werden, bleibt dieser immense Hebel ungenutzt. Nehmen

Sie ein Unternehmen mit 5.000 Mitarbeitern, von denen vielleicht 1.200 auf XING sind. Jeder hat im Schnitt 150 Kontakte und damit besteht ein theoretisches Potential von 180.000 Informationsempfängern.

7. Welche Ratschläge können Sie den Lesern mitgeben, wenn sie XING dauerhaft erfolgreich nutzen wollen?

Werden Sie aktiv und richten Sie Ihr Profil so ein, dass ein Besucher schnell erfassen kann, was angeboten wird. Halten Sie Ihr Profil aktuell und ergänzen und ändern Sie es in regelmäßigen Abständen immer wieder.

Werden Sie aktiv und verknüpfen Sie sich mit allen Menschen, die Sie bereits kennengelernt haben. Bauen Sie Ihr eigenes Netzwerk kontinuierlich und beständig aus. Werden Sie jedoch nicht zum wahllosen Sammler. Nur ein qualitativ hochwertiges Netzwerk kann Ihnen mittel- und langfristig wirklich nützlich sein.

Werden Sie aktiv und geben Sie immer wieder Tipps, Hinweise, Empfehlungen, Anerkennung und all das, was Sie selbst gern von anderen bekommen. Halten Sie sich dabei mit der Bewerbung Ihrer eigenen Dienstleistung zurück. Alle wichtigen Informationen stehen auf Ihrem Profil und sind damit für den Empfänger Ihrer Nachricht bei weiterem Interesse nur einen Klick weit entfernt.

10 Social Media Monitoring

Kapitel 10

Social Media Monitoring

Zu den Social Media Gebieten, in denen nach wie vor die größte Unklarheit herrscht, gehört zweifellos das Thema Monitoring – und das, obwohl ausnahmslos jedes Unternehmen, das sich im Web 2.0 engagiert, Interesse daran haben sollte, die Ergebnisse ihres Tuns zu erfassen. Social Media Monitoring stellt Unternehmen vor große Herausforderungen. Die mit Social Media Marketing erreichbaren Ziele wie Image, Reputation oder Bekanntheit lassen sich oft nur schwer messen. Viele Interaktionen finden im Verborgenen statt, zum Beispiel in geschlossenen Gruppen bei XING oder LinkedIn oder auf privaten Facebook-Pinnwänden. Dort kann kein noch so gutes Tool mitlesen. Ein großer Teil der Kommunikation von Nutzern läuft hinter solchen „verschlossenen Türen" ab, was das Monitoring erschwert.

Dieses Kapitel zeigt einige Möglichkeiten sowie die Grundlagen des Social Media Monitoring auf. Jedes Unternehmen muss letztendlich selbst entscheiden, wie tief es ins Monitoring einsteigen will, ob es einen externen Dienstleister beauftragen will oder ob es das Controlling mit eigenen Kräften durchführen will. Je größer das Engagement des Unternehmens in den diversen Kanälen und je stärker das Feedback der Zielgruppen, desto wichtiger wird externe Hilfe. Den kostenlosen Tools sind leider enge Grenzen gesetzt – sowohl was die Genauigkeit als auch die Reichweite und die Analysemöglichkeiten angeht.

Vorab gilt es zu klären, welche Aufgaben Social Media Monitoring überhaupt erfüllen kann und welche Erwartungen überzogen sind.

10.1 Aufgaben des Social Media Monitoring

Warum sollte man überhaupt Social Media Monitoring betreiben? Ohne eine klare Definition der Aufgaben erscheint der Aufwand doch recht hoch.

Social Media Monitoring soll zum einen die **Entwicklung der Markenkommunikation und der Kommunikation in der Zielgruppe** im Auge behalten. Taucht der Firmenname oder ein Produkt irgendwo in einer Diskussion auf, muss das Unternehmen dies zeitnah erfahren.

Damit dient das Monitoring auch dazu, möglichst frühzeitig **potenzielle Krisenherde zu erkennen**. Aus einer einzigen negativen Nut-
zererfahrung kann sich schnell eine Welle entwickeln, die zu einer
ernsthaften Bedrohung für das Image und die Marke werden kann.
Durch richtig eingestellte Monitoring-Maßnahmen erfährt das Unternehmen frühzeitig von solchen Risiken und kann gezielt darauf reagieren.

Social Media Monitoring kann darüber hinaus helfen, die **Stimmungslage** (Sentiment) und **Tonalität im Netz zu ermitteln**. Dies geht deutlich über die bloß quantitative Erfassung von Erwähnungen (Clipping)
hinaus. Es sind komplexere Tools mit ausgefeilten Algorithmen notwendig. Die kostenlosen Tools können diese ausgefeilteren Analysen
in der Regel noch nicht abdecken, zumindest nicht für den deutschsprachigen Markt.

Auch die **Identifizierung einzelner Multiplikatoren** spielt eine Rolle.
Durch gründliches Monitoring lassen sich Meinungsmacher erkennen, die zum einen häufig über die Marke sprechen und zum anderen
über einen großen Einflusskreis verfügen. Diese gilt es dann mit den
richtigen Social Media Maßnahmen anzusprechen und wenn möglich
vom Unternehmen zu überzeugen.

Auch allgemeine Themen Erfolg verspricht auch, nicht nur unternehmensbezogene Themen für
mit einbeziehen das eigene Social Media Marketing zu nutzen, sondern darüber hinaus
Themen, die einen generellen Bezug zum Tagesgeschehen aufweisen
und sich für das eigene Marketing „einspannen" lassen. Durch Social
Media Monitoring können solche „Massenthemen" identifiziert und
schließlich in die eigene Kommunikation eingebunden werden, was
einen schnellen Zugang zu breiteren Zielgruppen und eine höhere
Sichtbarkeit erzeugt.

Außerdem gehört zu den Aufgaben des Social Media Monitoring, den
Erfolg der bisherigen Aktivitäten zu messen. Insofern entspricht
Monitoring in weiten Teilen einem Controlling. Durch die Hilfe von
Kennzahlen (Key Performance Indicators, KPIs) lassen sich die Maß-
nahmen vergleich- und auswertbar machen. Allerdings müssen auch
hier zu große Erwartungen gedämpft werden – einen eindeutigen ROI
der Maßnahmen wird man in den seltensten Fällen ermitteln können.
Das ist schon bei traditionellen Maßnahmen wie PR oder vielen Wer-
beanzeigen nicht oder nur schwer möglich - warum sollte es dann bei
Social Media anders sein? Die Bildung neuer und leistungsfähiger

Kennzahlen hilft, trotzdem einen Überblick über die Effektivität der Aktivitäten zu gewinnen.

Schließlich spielt auch die **Beobachtung der Konkurrenz** eine große Rolle. Wo engagiert sich der Wettbewerb? Welche Aktionen führen die Wettbewerber durch? Wie groß ist die Resonanz? Was kann man aus dem Vorgehen übernehmen, was sollte man besser vermeiden? Wer sind die Fans der Konkurrenz und wie interagieren die Wettbewerber mit diesen? Diese Fragestellungen lassen sich durch Social Media Monitoring beantworten und helfen, die Aktionen im Social Web stets zu verbessern und zu optimieren.

10.2 Kennzahlen definieren

Um verwertbare Auswertungen zu erstellen und die Ergebnisse auch wirklich messen zu können, erfolgt im ersten Schritt eine Definition von Kennzahlen. Diese Kennzahlen verdichten die Ergebnisse und erlauben einen Vergleich, sowohl im Zeitverlauf mit der eigenen Historie als auch mit den Auftritten der Konkurrenz.

Zu den allgemeinen Kennzahlen, die in jedem Fall erhoben werden sollten, zählt die bloße Anzahl der Kontakte, z. B.

- Facebook-Fans

- Twitter-Follower

- Mitglieder in der XING-Gruppe

- Blog-Besucher

- YouTube-Views

- Etc.

Grundsätzliche Social Media Kennzahlen

Darauf aufbauend stellt die Anzahl an Erwähnungen und Interaktionen eine wichtige Kenngröße dar, insbesondere

- Facebook-Likes/Shares

- Retweets/@-Erwähnungen

- Kommentare im Blog bzw. in Social Networks

- „Daumen hoch"/„Daumen runter" bei YouTube

- Favoriten-Markierungen, z. B. bei Slideshare

- Markierungen in Social Bookmark-Portalen

- Etc.

Über diese grundlegenden und leicht zu messenden Kennzahlen hinaus sollten Werte erhoben werden, die sich auf das jeweilige verfolgte Ziel beziehen. Nur so lässt sich der Erfolg der Strategie bezogen auf das Ziel nachverfolgen. Lautet das Ziel also **Kundenbindung**, könnten zum Beispiel folgende Kennzahlen als Messwerte dienen:

- Häufigkeit der Interaktionen in den jeweiligen Social Networks

- Besuchsfrequenz/Besuchsdauer auf der Website

- Anteil der Facebook-Fans am Gesamtkundenbestand

- Anzahl der RSS-Abonnenten.

Für das Ziel „**Markenbekanntheit**" eignen sich, neben den oben erwähnten allgemeinen Kennzahlen, unter anderem

- Erwähnungen der Marke in Social Networks

- Erwähnungen von Persönlichkeiten mit einem bestimmten Einfluss (z. B. mit mindestens 1.000 Followern)

- Direkte Reichweite (z. B. definiert als „Erwähnungen x Anzahl der direkten Kontakte")

- Stimmung der Beiträge

- Verhältnis zwischen positiven, neutralen und negativen Beiträgen

Für jedes Ziel lassen sich „harte", also messbare Kennzahlen definieren, die das Ziel möglichst gut beschreiben. Hier stößt Social Media Monitoring jedoch bereits an die ersten Grenzen. Nicht alle Ziele lassen sich umfänglich in Kennzahlen ausdrücken, die sich auch mit vertretbarem Aufwand messen lassen. Mit einigen Überlegungen können Unternehmen jedoch meist einen großen Teil der gewünschten Zielvorgaben abdecken.

Über die oben genannten Messwerte hinaus haben sich aussagekräftigere, aber auch schwieriger zu ermittelnde Kennzahlen herausgebildet. Zu den wichtigsten gehören:

Kennzahlen, die das jeweilige Ziel ausdrücken

- **Share of voice:** aus der Werbung bekannt beschreibt diese Kennzahl, wie oft die eigene Marke im Verhältnis zu den Marken der Wettbewerber erwähnt wird. Der Share of voice lässt sich nach folgender Formel ermitteln:

Share of voice = Markenerwähnungen / (Summe Erwähnungen der Wettbewerbsmarken (a, b, c, …))

- **Audience Engagement:** Diese Kennzahl ermittelt die Aktivität bzw. das Engagement der Nutzer nach der Formel

Audience Engagement = Aktivität / Views

Als Aktivität können dabei zum Beispiel Kommentare, Likes, Shares, etc. gelten.

- **Sentiment Ratio:** bezeichnet das Verhältnis von positiven, negativen und neutralen Erwähnungen im Social Web nach der Formel

Sentiment Ratio = (positive : negative : neutrale Erwähnungen) / alle Erwähnungen der Marke

- **Active Advocats:** bezeichnet die aktiven Nutzer, die in den letzten 30 Tagen einen Beitrag zur Unternehmenskommunikation geleistet haben, im Verhältnis zu allen „Fürsprechern" (also zum Beispiel den Facebook-Fans des Unternehmens). Als Formel dient dabei:

Active Advocats = Anzahl der aktiven Fans in den letzten 30 Tagen / Anzahl der Fans

Daneben existieren noch eine Reihe weiterer Kennzahlen. Diese wurden in einer Masterarbeit („Instrumente des Social Media Monitoring" von Stefanie Aßmann) übersichtlich und verständlich erklärt zusammengefasst. Die Masterarbeit ist öffentlich im Netz verfügbar und sehr zu empfehlen.

Die zuletzt genannten Kennzahlen lassen sich bereits nicht mehr „von Hand" ermitteln. Bei der Auswertung helfen jedoch (kostenpflichtige) Tools, die die Auswertung übernehmen. Einige davon stellt dieses Kapitel vor.

10.3 Auf dem Laufenden bleiben mit RSS-Feeds

Zu den zentralen Technologien des Web 2.0 gehören RSS-Feeds. RSS-Feeds ermöglichen es, die Inhalte einer Website zu abonnieren. RSS steht für „Really Simple Syndication", was die einfache Verbreitung von Webinhalten andeutet. Den RSS-Feed kann man sich dabei wie einen Nachrichtenkanal vorstellen – jedes Mal, wenn auf der abonnierten Seite etwas Neues passiert, erhält der Abonnent eine Benachrichtigung zugeschickt. Diese Benachrichtigung enthält einen Link zur Quelle.

Unternehmen sollten die RSS-Feeds aller relevanten Blogs, Seiten und sonstigen Social Media Dienste abonnieren, die es in ihrer Branche gibt. Dies kann zum Beispiel mit einem RSS-Reader geschehen. Eine Empfehlung ist der kostenlose Google Reader, zu finden unter www.google.de/reader. Hier lassen sich alle gewünschten RSS-Feeds eintragen. So kann man sich das regelmäßige Suchen auf diversen Websites sparen und stattdessen nur eine zentrale Anlaufstelle besuchen.

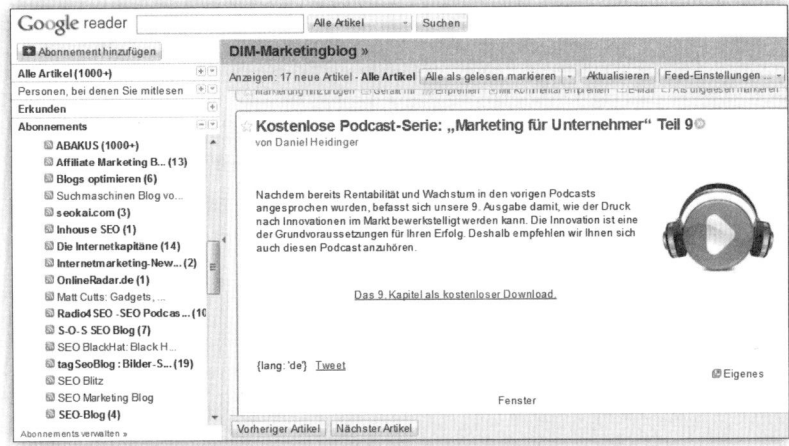

Abb. 88: Der Google Reader ist ein idealer Feedreader

RSS-Feeds zur Konkurrenz-Beobachtung In jedem Fall sollte ein Unternehmen die Websites und Ressourcen der Wettbewerber abonnieren, um über jegliche Aktivität dieser auf dem Laufenden zu bleiben. Durch die zentrale Sammlung in einem Feed-Reader lässt sich das recht schnell bewältigen, in dem der Reader z. B. zwei bis drei Mal pro Woche überprüft wird. In dynamischen Märkten kann dagegen täglich mehrmaliges Überprüfen angebracht sein.

Den RSS-Feed erkennt man zum Beispiel am RSS-Symbol oder einfach durch Austesten (www.website.de/feed lautet häufig die Adresse des Feeds). Auch Websites, die keinen RSS-Feed ausspielen, lassen sich abonnieren. Hier bieten Dienste wie www.page2rss.com die Möglichkeit, einen RSS-Feed für eine beliebige Seite zu erstellen. Das Tool generiert einen Link, der in den Feed-Reader eingegeben und fortan wie ein RSS-Feed behandelt wird. Sobald sich auf der Seite etwas tut, erhält der Abonnent eine Benachrichtigung im Reader.

Auch die bereits angesprochenen Google Alerts erweisen sich als äußerst hilfreich, wenn auch nicht immer ganz zuverlässig. Für eine grobe Marktbeobachtung erweisen sich die Alerts jedoch als unverzichtbar.

10.4 Auswertungsmöglichkeiten der Social Networks nutzen

Einige Social Networks bieten die Möglichkeit, Auswertungen zur Aktivität der eigenen Follower und Fans vorzunehmen. Hier sollen beispielhaft die Auswertungsmöglichkeiten von Facebook und YouTube vorgestellt werden.

Facebook bietet mit den „Statistiken" einige Einsichten in das Verhalten der direkten Fans an. So wird für Administratoren sichtbar zum Beispiel für jeden Beitrag ein Prozentwert angegeben, der die Response auf den jeweiligen Beitrag angibt.

Für jede Seite lassen sich darüber hinaus weitere Statistiken anzeigen, unter anderem auch die bisherige Entwicklung der Nutzerzahlen und der Interaktionen. Hier lässt sich der Erfolg von Kampagnen und einzelnen Maßnahmen übersichtlich ablesen und vergleichen.

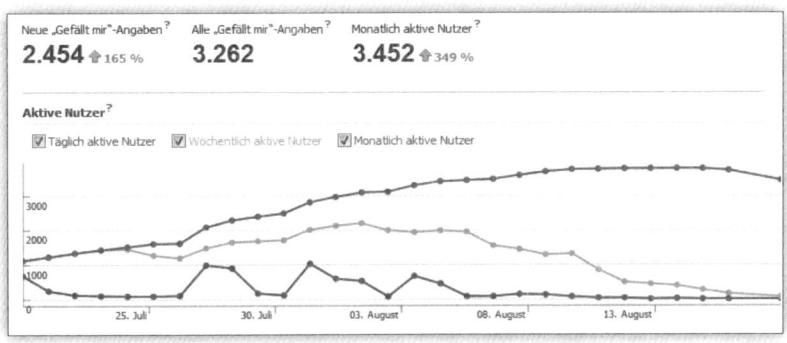

Abb. 89: Die Aktivitäten der Facebook-Fans lassen sich in den Insights analysieren

Außerdem bietet Facebook eine Übersicht zu demografischen Einzelheiten der Nutzer wie Geschlecht, Alter, Standort oder Sprache. Eine Analyse dieser Daten zeigt, ob die Seite überhaupt die richtige Zielgruppe erreicht und kann dazu verwendet werden, die Beiträge auf der Seite noch besser auf die Zielgruppe zuzuschneiden.

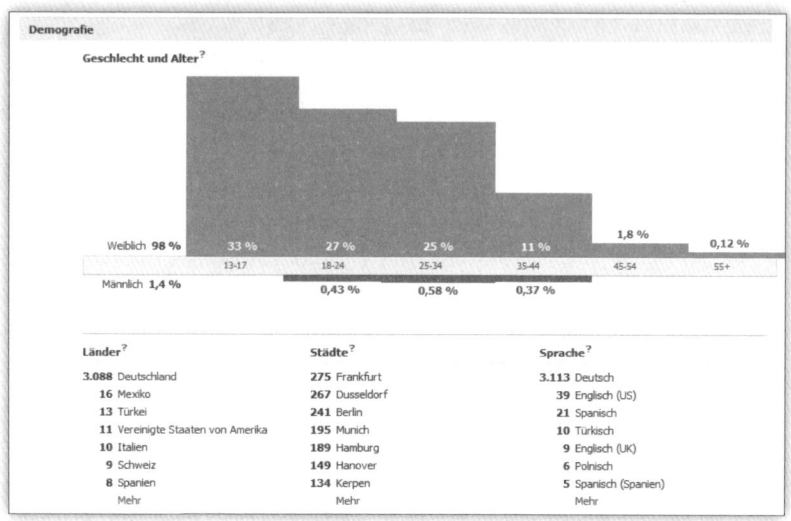

Abb. 90: Facebook zeigt demografische Angaben der Fans einer Seite an

YouTube-Statistiken zeigen das Nutzungsverhalten der User Auch **YouTube** bietet verschiedene Statistiken an. Der Inhaber eines Channels kann detaillierte Informationen zur Nutzung seiner Videos abrufen, unter anderem, woher die Betrachter des Videos stammen und wie sie auf das Video aufmerksam geworden sind. Mit diesen Daten lässt sich ebenfalls der Erfolg von Marketing-Maßnahmen abschätzen.

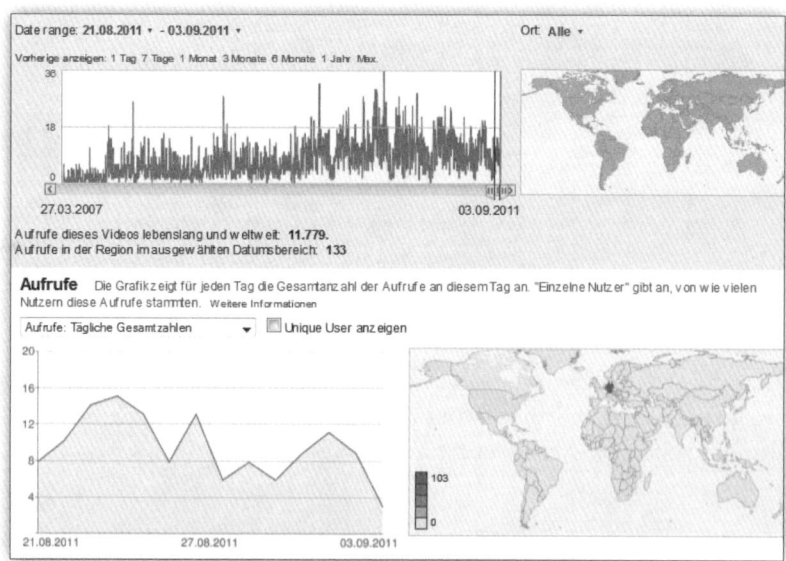

Abb. 91: YouTube stellt zu jedem Video umfangreiche Statistiken zur Verfügung

10.5 Monitoring mit kostenlosen Tools

Auf dem Markt befinden sich zahlreiche kostenlose Tools, die ein umfangreicheres Monitoring ermöglichen. Im Gegensatz zu den kostenpflichtigen Varianten bieten diese Tools jedoch nur ein stark eingeschränktes Leistungsportfolio, keine Dashboard-Möglichkeiten (also das Speichern bestimmter Einstellungen und Suchabfragen) und nur relativ wenige Auswertungsmöglichkeiten. Bei diesen Tools geht es demnach mehr um eine reine Marktbeobachtung und weniger um eine systematische Auswertung und Analyse im Sinne eines Social Media Controllings.

Einen übersichtlichen und gut zu bedienenden Beobachtungsservice bietet **Kurrently** (www.kurrently.com). Dieses Tool durchsucht die Streams von Twitter und Facebook und listet die Treffer in Echtzeit auf. Die Ergebnisse lassen sich auch nach Twitter und Facebook getrennt betrachten.

Abb. 92: Kurrently eignet sich für das Beobachten von Facebook und Twitter

Bei Facebook gilt auch hier: die privaten Bereiche bleiben außen vor. Das Tool untersucht nur öffentlich zugängliche Pinnwände, Gruppen, Orte und Seiten.

Etwas ausführlicher und vor allem breiter aufgestellt ist **socialmention** (www.socialmention.com). Hierbei handelt es sich um ein aggregiertes Tool, das verschiedene Bereiche im Netz untersucht, im Einzelnen:

- Blogs

- Microblogs

- Bookmarks

- Events

- Kommentare

- Bilder

- News

- Videos

- Audio

- Frage- und Antwort-Seiten

- Social Networks.

Die Ergebnisse lassen sich gesammelt auf einer Seite oder getrennt nach den einzelnen Treffertypen auflisten.

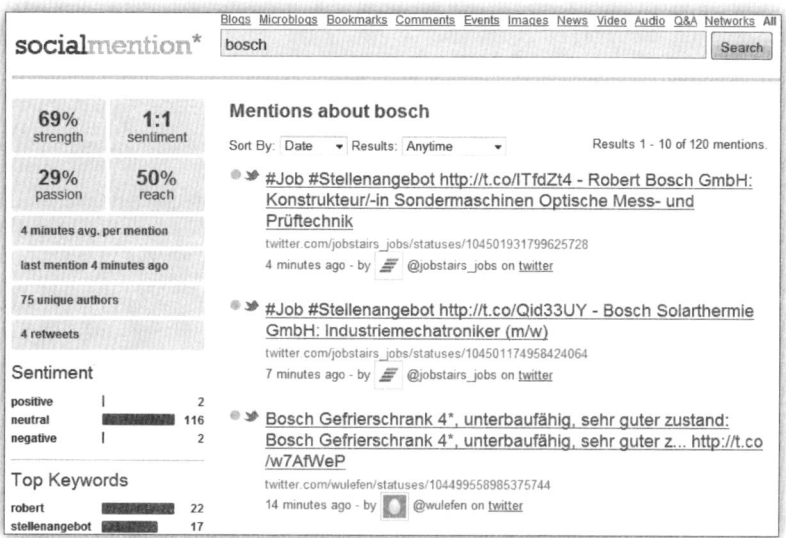

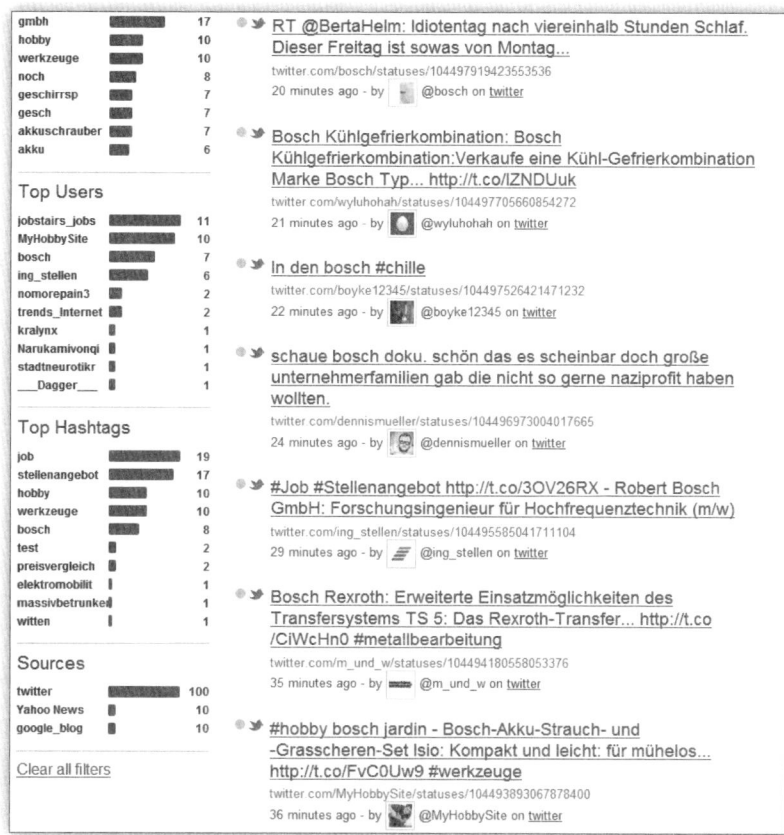

Abb. 93: socialmention liefert für ein kostenloses Tool sehr umfangreiche Auswertungen

Was socialmention von Kurrently abhebt (neben dem breiteren Such-spektrum) ist vor allem die Möglichkeit, tiefergehende Analysen vor-zunehmen.

So untersucht das Tool auch die Stimmungslage, die Reichweite, die „Viralität" des Begriffs, die Häufigkeit, mit der der Begriff im Netz er-wähnt wird sowie weitere Faktoren. Außerdem lassen sich die wich-tigsten Multiplikatoren, die den Begriff häufig verwenden, genauer analysieren.

Socialmention bietet auch eine Abonnement-Funktion der Such-anfragen an, so dass neue Ergebnisse automatisch in den RSS-Reader übernommen werden können. Außerdem lassen sich alle Ergebnisse als CSV-Datei exportieren. Für einen kostenlosen Einstieg und einen erweiterten Überblick eignet sich socialmention daher sehr gut. Die

Schwächen des Tools liegen in den unausgereiften Ergebnissen für den deutschsprachigen Markt. Die Analysen wie „Stimmung" oder „Stärke" funktionieren auf Deutsch bisher nur unzureichend. Mit zunehmender Professionalisierung des Social Media Marketings sollten sich aber auch hier Verbesserungen ergeben.

10.6 Social Media Monitoring mit kostenpflichtigen Tools

Die kostenpflichtigen Tools haben den Anspruch, in Leistungsumfang und Genauigkeit weit über die Gratis-Tools hinauszugehen. Die bereits angesprochenen Funktionen wie Auswertung der Stimmung, eine tiefergehende Analyse der Autoren und insbesondere Kreuzauswertungen mehrerer Faktoren machen aufwändigere und damit kostenpflichtige Tools oder Dienstleister unverzichtbar.

Als Beispiel für die am Markt aktiven Anbieter dient hier **radian6**. Bei radian6 handelt es sich um einen der etabliertesten Anbieter, der bereits seit 2006 Analyse-Tools für Social Media zur Verfügung stellt. Die Produkte ermöglichen nicht nur umfangreiches Monitoring und tiefgehende Analysen, sondern auch das direkte Antworten auf die Beiträge. Übersichtliche Dashboards zeigen auf einen Blick, wo aktuell etwas passiert. Sogar eine Verknüpfung mit Web-Analysetools wie Google Analytics bietet radian6 an.

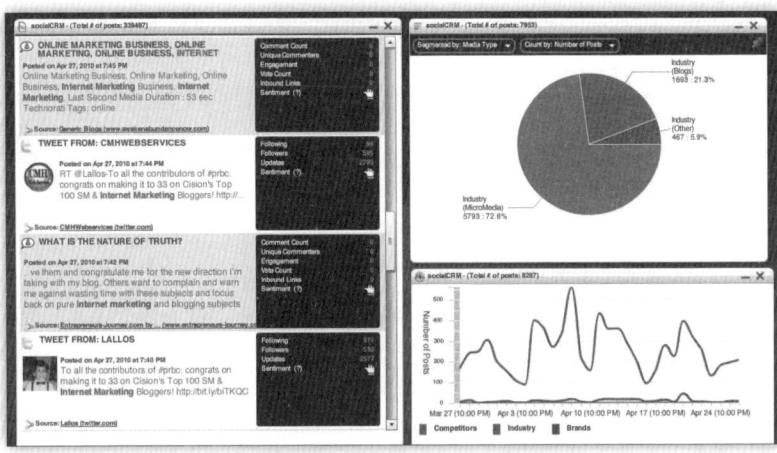

Abb. 94: Screenshot aus dem radian6 Analysis Dashboard

Das Preismodell unterscheidet zwischen dem Umfang der genutzten Leistungen, der Anzahl der beobachteten Themen und der Anzahl der Erwähnungen. Die günstigste Variante kostet aktuell ca. 600 Dollar pro Monat, was bereits das Budget vieler Unternehmen sprengen dürfte. Wer im Rahmen der kostenlosen Analyse jedoch feststellt, dass lebhafte Diskussionen im Web 2.0 stattfinden und die Zielgruppe sich intensiv und regelmäßig über die eigenen Marken austauscht, sollte diese Kosten in das Budget einplanen. Die Kosten einer übersehenen kritischen Diskussion oder gar einer beginnenden Protestwelle gegen das Unternehmen können die Ausgaben für das Monitoring-Tool schnell übersteigen.

Neben radian6 befinden sich noch zahlreiche andere Anbieter mit ganz unterschiedlichen Leistungsangeboten und Preismodellen am Markt. Für Deutschland sind vor allem folgende Anbieter von Bedeutung:

- Ethority: www.ethority.de

Deutsche Social Media Monitoring Anbieter

- Infospeed: www.infospeed.de

- Alterian: www.alterian.de

- Meltwater: www.meltwater.de

- Complexium: www.complexium.de

- Mindlab: www.mindlab.de

- Vico Research Consulting: www.vico-research.de

- TWT: www.twt.de

10.7 Erfolgsfaktoren des Social Media Monitoring

Web-Controlling und insbesondere Social Media Monitoring gehören nicht unbedingt zu den Lieblingsaufgaben vieler Online-Marketer. Der Umgang mit Zahlen und Daten mutet trocken und langweilig an. Ohne regelmäßiges Social Media Monitoring geht es jedoch nicht – zu groß sind die Risiken entgangener Krisenherde, zu wichtig die sich bietenden Chancen. Damit Social Media Monitoring erfolgreich verläuft, gilt es daher, einige Grundsätze zu beachten.

1. Identifikation der richtigen Kennzahlen

Von grundlegender Bedeutung ist die Identifikation der richtigen Kennzahlen. Nur wenn die ausgewählten KPIs die Ziele auch wirklich beschreiben, lassen sich die richtigen Schlüsse aus den Zahlen ziehen. Im Zweifel sollte in die Identifikation und Definition der Kennzahlen also eher zu viel als zu wenig Zeit investiert werden.

2. Konzentration auf das Wesentliche

Moderne Monitoring-Tools bieten oft eine Vielzahl verschiedener Auswertungs- und Analysemöglichkeiten an und gehen dabei sehr stark in die Tiefe. Vielbeschäftigte Marketer sehen sich hier oft einem beinahe unüberschaubaren Berg an Datenmaterial gegenüber, was häufig dazu führt, das Monitoring zu zögerlich oder überhaupt nicht „anzupacken". Die Devise lautet daher: „Lieber wenig, aber dafür richtig". Eine Beschränkung auf eine Handvoll wichtiger Kennzahlen, die auch wirklich regelmäßig analysiert werden, bringt mehr, als Dutzende von KPIs, die dafür nie richtig ausgewertet werden.

3. Konsistenz und Regelmäßigkeit

Die wirklich wichtigen Kern-Kennzahlen müssen dann aber regelmäßig und konsistent ausgewertet werden. In Abwandlung der oben genannten Faustregel gilt hier: „Lieber wenig, aber dafür regelmäßig". Das Monitoring, also das Beobachten der laufenden Diskussionen und Reaktionen, muss ständig erfolgen, am besten täglich. Für den Vergleich der errechneten Kennzahlen hat sich eine wöchentliche Frequenz als optimal herausgestellt. Die meisten kostenpflichtigen Tools verfügen über eine Funktion, die ein Dashboard automatisch in frei wählbaren Zeitabständen verschickt, zum Beispiel jeden Montagmorgen. So verringert sich die Gefahr, das Monitoring zu vernachlässigen. Gleichzeitig sinkt der Aufwand.

4. Die richtigen Schlüsse ziehen

Wenn nun die Kennzahlen vorliegen, gilt es, diese auch in Maßnahmen umzuwandeln. Hierbei empfiehlt sich eine Orientierung an den gesteckten Zielen. Unterschreitet der aktuelle Wert zum Beispiel eine festgelegte Grenze oder ist ein sinkender Trend zu erkennen, sollten Gegenmaßnahmen eingeleitet werden, zum Beispiel eine neue Aktion, verstärktes Engagement oder eine genauere Analyse der Zielgruppe. Auch die Auswahl der Plattformen, auf denen das Unternehmen sich engagiert, kann sich durch eine Auswertung der Kennzahlen ändern. Stellt sich beispielsweise heraus, dass die Nutzer einer bestimmten Plattform nicht auf die Aktivierungsversuche reagieren, und lassen sich keine Optimierungspotenziale mehr erkennen, könnte der Schluss lauten, eine andere Plattform in den Mittelpunkt zu stellen. Dies lässt sich aber nur entscheiden, wenn zuvor regelmäßig Kennzahlen ausgewertet wurden.

Interview mit Yasan Budak

Yasan Budak ist Experte für Social Media Monitoring und Mitbegründer eines Consulting-Unternehmens. Darüber hinaus fungiert Yasan Budak als Lehrbeauftragter in der beruflichen Weiterbildung in Social Media.

1. Hallo Herr Budak. Sie haben sich auf das Thema Social Media Monitoring spezialisiert. Bitte stellen Sie sich doch unseren Lesern kurz vor.

Mein Name ist Yasan Budak und ich bin als Mitgründer und Consultant bei VICO zuständig für die Bereiche Vertrieb, Marketing und PR. In vielen Kundenprojekten konnte ich mir somit ein breites Branchenwissen und fachliches Know-how aneignen. Mein großes Interesse liegt darüber hinaus in der Entwicklung einer geeigneten und realistischen Reichweitenmessung.

2. Wie wichtig ist das Thema Monitoring aus Ihrer Sicht? Kann man die Erfolge von Social Media Maßnahmen überhaupt sinnvoll messen?

Ein individuelles Social Media Monitoring System kann durchaus viele Fragestellungen aus unterschiedlichen Abteilungen beantworten. Jedoch ist es unabdingbar, dass die Anforderungen und Bedürfnisse bestmöglich erfasst werden. Für einfache Fragestellungen ist es nicht unbedingt notwendig, dass ein komplexes und abgestimmtes Monitoring System implementiert wird. Oftmals lässt sich mittels einfacher Abfragen mit Freeware Tools bzw. mit Suchmaschinen ein erstes Gefühl bekommen, ob und wie viel in etwa vorhanden ist. Allerdings sind insbesondere qualitative Tiefenanalysen nicht möglich.

Messung von Social Media Maßnahmen ist ein sehr junges Feld, welches sich noch beweisen muss. Es ist noch nicht klar, welche Kenngrößen von allen Marktteilnehmern auch akzeptiert werden. Eine allgemeingültige Antwort, ob man Social Media Maßnahmen messen kann, gibt es so (noch) nicht. Je nachdem, welche Messkriterien herangezogen werden können und sollen, ist es möglich, eine vergleichbare Messung zu installieren. Jedoch sollte im Vorfeld klar definiert werden, welche Zielgrößen sinnvoll und auch belegbar sind.

3. In Seminaren, Gesprächen und Internetforen taucht immer wieder die Frage nach dem Social Media ROI auf. Wie gehen Sie mit diesem Thema um? Wie gut lässt sich ein ROI messen?

Wie bereits erwähnt ist aus meiner Sicht der erste Schritt eine einheitliche Definition der Messkriterien, die im Idealfall auch von allen akzeptiert werden sollten. Erst dadurch haben auch Unternehmen und Konzerne mehr Sicherheit und Unabhängigkeit mit dem Umgang mit Messgrößen. Das ist die Basis für eine ROI-Berechnung. Es lassen sich somit durchaus Algorithmen zur Herleitung von Social Media ROI aufstellen. Messgrößen wie z. B. Anzahl von Beiträgen und Diskussionen (Buzz, Share of Voice), Tonalität (Sentiment) und Reichweite (Reach) können erfasst werden, um beispielsweise die Auswirkungen von Kampagnen zu messen. Wenn es sich um „klassische" Social Media Kampagnen handelt, ist das natürlich leichter zu evaluieren als bei medienübergreifenden Kampagnen. Bei medienübergreifenden Kampagnen zeigt sich ein großes Problem. Welches Medium hat welche Effekte ausgelöst und wie kann man das eindeutig nachweisen? Ein anschließender monetärer Zusammenhang zum Budget ist dann nicht mehr so anspruchsvoll, sofern die Messgrößen richtig ausgewählt und gemessen worden sind. Gewisse Varianzen sind auch hier nicht vollständig zu eliminieren. Es ist nachvollziehbar und mehr als gerechtfertigt, dass Unternehmen auf eine Social Media ROI Messung bestehen, um ihre eigenen Aktivitäten zu quantifizieren und qualifizieren.

4. Wie gehen große, finanzkräftige Konzerne beim Monitoring vor? Welche Vorteile haben sie gegenüber kleineren Unternehmen?

Große und finanzkräftige Konzerne und Unternehmen haben bereits in einzelnen Abteilungen Erfahrungen mit Social Media bzw. Social Media Monitoring machen können. Die Zeit des Testens und Ausprobierens haben viele bereits hinter sich gebracht und nun geht es vielen um die Optimierung der bisherigen Aktivitäten. Da Social Media zunehmend in verschiedenen Abteilungen Nutzen stiften kann, zeichnet sich in immer mehr dieser Unternehmen und Konzerne ab, dass abteilungsübergreifende „Task Forces" gebildet werden, um die Anforderungen und Bedürfnisse einzuholen. Dieses Team hat folglich die Aufgabe, einen Anbieter auszuwählen, welcher ein individuelles – oftmals internationales – Social Media Monitoring aufsetzen soll. In der Regel ist es so, dass das Know-how und die Expertise in großen Unternehmen ausgeprägter und fundierter vorhanden ist, weil es viele Mitarbeiter gibt, die ein Fachwissen mitbringen und das Thema auch in ihrem Arbeitsumfeld treiben.

5. Was können kleine und mittelständische Unternehmen vom Vorgehen der großen Konzerne beim Social Media Monitoring lernen?

Meiner Ansicht nach müssen KMUs das Vorgehen der Großen nicht kopieren. Das ist oftmals aus budgetären und kapazitären Gründen nicht möglich. Ein guter erster Schritt ist eine Evaluierung von verschiedenen Abteilungen, ob und in welcher Form Social Media von Interesse sein kann. Anschließend sollte recherchiert werden, ob man die Anforderungen selbst (mit Hilfe von kostenlosen Tools) oder mit professioneller Hilfe umsetzen kann. Im eigenen Netzwerk Erfahrungen von Bekannten zu erfragen, ist oftmals viel Wert. Und letztlich muss jeder doch seine eigenen Erfahrungen sammeln, um sich das notwendige Know-how anzueignen.

6. Wie sollte ein Unternehmen vorgehen, das die Ergebnisse des Social Media Marketing monitoren möchte? Reichen kostenlose Online-Tools aus? Können Sie einen beispielhaften Monitoring-Prozess beschreiben?

Leider kann ich auf diese Frage keine allgemeingültige Antwort geben. Je nachdem, welche Anforderungen vorliegen, können unterschiedliche Tools die geeigneten sein. Wichtig ist, – wie schon erwähnt – eine gute bzw. repräsentative Datenbasis und eine saubere semantische Modellierung. Zuerst muss klar definiert werden, wie das Projekt auszusehen hat und was gemessen werden soll. Es ist nie verkehrt, sich zuerst mit kostenlosen Tools auseinander zu setzen und die ersten Erfahrungen zu sammeln. Stoßen solche Tools dann an ihre Grenzen, ist es ratsam sich nach professionellen Tools umzuschauen, die den Anforderungen genügen können. Seriöse Anbieter helfen dabei, die individuellen Fragestellungen optimal zu beantworten.

Hat man sich dazu entschieden, ein professionelles Monitoring System einzusetzen ist es wichtig, vorab die genauen Anforderungen an das System und die Ziele die man mit der Integration eines dauerhaften Systems erreichen möchte, festzulegen. Zum Einen spielt es natürlich eine Rolle welche Einsatzgebiete das System haben soll. Mögliche Einsatzgebiete sind bspw. Frühwarnung, PR-Controlling, Marketing-Controlling, Produkteinführungsbegleitung, Kampagnenplanung & -optimierung etc. Zum Anderen müssen Überlegungen dazu angestellt werden, was man monitoren möchte (Marken, Produkte, Themen, Kampagnen, Wettbewerber etc.), welche Quellenarten dabei integriert werden sollen (Foren, Blogs, Social Networks etc.) und welche Sprachräume einbezogen werden sollen. Meine Empfehlung ist, anspruchsvollere Leistungsmodule wie bspw. Messung von Social Media Maßnahmen, ROI Berechnungen, Service 2.0, Frühwarnsystem etc. direkt mit dem jeweiligen Anbieter zu besprechen und sich beraten zu lassen sowie gemeinsam mit dem Anbieter nach den optimalsten Lösungen zu suchen. Die Ergebnisse eines Monitoring Systems sind auf verschiedene Weise abrufbar. Einen höheren Ressourceneinsatz hat man als Unternehmen dann, wenn man die Ergebnisse in Form eines Online Dashboards erhält und weitere Auswertungen selbst übernimmt. Es gilt daher an dieser Stelle auch zu überlegen, ob man selbst Ressourcen einsetzen möchte, oder ob man den Anbieter damit beauftragt eine Art Zusammenfassung (Reporting, Management Summary) zu erstellen. Will man hochwertige Ergebnisse erzielen, kommt man um den Einsatz von Text Mining Systemen nicht herum. Es gilt daher sich bereits vor der finalen Anbieterauswahl darüber im Klaren zu sein, ob man den Einsatz von Textmining Systemen möchte, und somit auch bereit ist, die damit höheren anfallenden Kosten zu tragen. Stehen erst einmal die Anforderungen an das System mit allen Details fest, wird ein Projektplan erstellt, welcher die Aufgaben und Milestones für beide Parteien, den Nachfrager und den Anbieter, enthält. Der Kunde und der Anbieter stehen natürlich im Rahmen des Projektes in ständigem Kontakt. Verschiedene Workshops (z. B. Workshop für die Konzepterstellung, Einführung in das System, Präsentation von Ergebnissen) runden diesen Kontakt ab. Der erste Schritt beim Aufbau des Systems ist die Identifikation der relevanten Quellen. Hierbei sollten die wichtigsten Plattformen und Quellen als Datenbasis berücksichtigt werden. Im Anschluss an die Quellenidentifikation kommt die semantische Modellierung zum Einsatz. Danach werden alle vom Kunden beauftragten Monitoring Module in das System integriert und nach einem finalen Qualitätscheck und einer Testphase erfolgt dann die Freigabe des Systems.

7. Was sind unrealistische Erwartungen bezüglich des Monitorings? Was kann man realistisch messen und analysieren?

Nicht selten kommt es vor, dass Kunden von Anbietern erwarten, dass das komplette Social Media abgedeckt wird, dass das System automatisiert und fehlerfrei funktioniert und dass all das am besten noch zu einem sehr geringen Preis umsetzbar ist. Dies jedoch ist für niemanden realisierbar. Das gesamte Internet oder Social Media abzudecken schaffen nicht mal die größten Suchmaschinen. Außerdem muss berücksichtigt werden, dass Daten Kosten verursachen – ganz gleich ob bei der Beschaffung, bei der Verarbeitung oder beim Hosten. Millionen Datensätze können nicht manuell codiert werden. Daher muss eine semantische Software eingesetzt werden, um Beiträge schnell und in einer hohen Qualität zu codieren. Jedoch ist es nicht möglich, dass hier eine 100-prozentige Richtigkeit garantiert werden kann. Die Maschine macht Fehler und das sollte man wissen und dementsprechend berücksichtigen.

Eine gute, realistische und kosteneffiziente Messung sollte die wichtigsten Plattformen und Quellen als Datenbasis berücksichtigen. Anschließend sollte Wert darauf gelegt werden, dass die semantische Modellierung mit Know-how verbunden ist. Kurzum sind diese zwei Aspekte die wesentlichen Faktoren um eine gute Datenabdeckung mit akzeptabler Trefferquote zu garantieren. Eine gewisse Fehlertoleranz und –akzeptanz ist elementar. Es gibt Möglichkeiten, die Qualität weiter zu erhöhen. Allerdings steigen dann die Kosten ins Unermessliche.

8. Wie wird sich das Social Media Monitoring in den nächsten Jahren entwickeln? Welche Trends erkennen Sie bereits heute?

Das ist wirklich eine schwierige und gleichzeitig spannende Frage. In Umfeld von Social Media ist eine Prognose über Jahre hinweg vage und wenn nicht sogar unmöglich. Heutzutage existieren weltweit eine Vielzahl von kostenlosen und kostenpflichtigen Tools und Systemen, die für Laien intransparent und komplex erscheinen. Dadurch dass Social Media zunehmend in verschiedenen Abteilungen zum Einsatz kommt, wird jetzt und in Zukunft die große Herausforderung sein, wie diese verarbeitenden Informationen in bestehende

Unternehmenssysteme integriert werden können. Stichwort hier ist Enterprise 2.0. Social Media darf nicht als Insellösung verstanden werden, sondern soll in die Unternehmensprozesse integriert werden. Erst dadurch können Unternehmen und Konzerne den meisten Nutzen aus Social Media (Monitoring) ziehen.

11 Häufige Fragen zu Social Media

Kapitel 11

Häufige Fragen zu Social Media

Einige Fragen zum Thema Social Media Marketing wiederholen sich regelmäßig, in Seminaren, auf Vorträgen oder in Beratungsprojekten. Darüber hinaus sammelt der amerikanische „Social Media Marketing Industry Report" Fragen von Marketern und stellt jedes Jahr die häufigsten Fragen zusammen. Dieses Kapitel soll dazu beitragen, diese Fragen zu beantworten.

Sind Social Media nicht eher etwas für Teenies?

Nein. Auch wenn man beim typischen Twitter-Nutzer eher einen Jugendlichen mit an der Hand angewachsenem Smartphone vermutet, betrifft der Social Media Trend alle Zielgruppen. Natürlich ist die Durchdringung in den jungen Zielgruppen sehr hoch. Aber auch alle anderen Altersklassen sind in den Social Networks vertreten. Der durchschnittliche deutsche Twitter-Nutzer ist 32 Jahre alt (Twitterumfrage.de, 2009). Bei Facebook sind weltweit 37% der Nutzer älter als 35 Jahre (89% sind volljährig) (http://www.digitalsurgeons.com/facebook-vs-twitter-infographic/). Die am stärksten wachsende Zielgruppe in den Social Networks stellen aktuell die Nutzer 50+ dar. Mit Teenie-Hype hat Social Media also nicht (mehr) viel zu tun.

Ist Social Media nicht eher ein Thema in den USA?

Zugegeben, in den USA ist der Trend schon deutlich weiter als hierzulande. Das zeigt sich unter anderem in den Follower-Zahlen der Stars. Während die amerikanischen Twitter-Größen wie Lady Gaga oder Justin Bieber Follower-Zahlen jenseits der 8 Millionen aufweisen können, bleiben die deutschen Twitter-Könige wie Rainer Calmund deutlich unter der 100.000-Follower-Grenze. Es gibt Accounts mit mehr Followern, die jedoch in der Regel eine auffällige Follower-zu-Following-Ratio aufweisen (zum Beispiel deutlich mehr Followings als Follower). Generisch gewachsene Accounts wie z. B. @ladygaga haben in der Regel ein Verhältnis zugunsten der Follower-Zahl (im Beispiel der Popsängerin überwiegen die Follower mit 8.983.400 zu 144.160). Extrem hohe Followerzahlen bei gleichhohen oder sogar höheren Following-Zahlen deuten meist auf einen unnatürlich gewachsenen Follower-Stamm hin, der zum Beispiel mit exzessivem Technik-Einsatz oder sogar durch Follower-Einkauf gewonnen wurde.

Auch ist Social Media in den USA bereits deutlich stärker im Alltag etabliert. Wo die Amerikaner bereits seit Jahren ganz selbstverständlich mit Blogs, Social Networks oder User Generated Content umgehen, steckt dieses Thema in Deutschland noch in den Kinderschuhen.

Allerdings ist das Web 2.0 auch in Deutschland und Europa längst Alltagsrealität geworden. Die Nutzerzahlen wachsen stetig, immer mehr Unternehmen, Personen des öffentlichen Lebens und sogar Behörden entdecken den Nutzen und den Reiz dieser Dienste. Da Deutschland den USA in Sachen Internet immer 1-2 Jahre „hinterherhinkt", darf man auch bei uns in den nächsten Jahren einen deutlichen Anstieg der Nutzerzahlen erwarten.

Was kostet Social Media?

Diese häufig gestellte Frage lässt sich pauschal nicht beantworten. Grundsätzlich gilt: die meisten Social Media Plattformen sind in der Nutzung kostenlos! Ausnahmen bilden hier insbesondere die Business-Plattformen XING und LinkedIn, deren Nutzung erst in der kostenpflichtigen Version wirklich sinnvoll wird.

Die eigentlichen Kosten des Social Media Marketing liegen also nicht in den Gebühren, sondern in anderen Bereichen.

- **Arbeitszeit:** Meist wird die eingesetzte Arbeitszeit die größte kostenverursachende Ressource darstellen. Denn professionelles Engagement in den sozialen Medien kostet einiges an Zeit und Personal. Unter einer bis zwei Stunden am Tag lohnt sich das Engagement in der Regel nicht. Gerade die Erstellung hochwertigen Contents oder die Recherche nach den Zielgruppen erweist sich als sehr zeitintensiv. Mit steigender Involvierung der Nutzer wächst auch der Zeitbedarf zur Betreuung und für das Monitoring deutlich an. Im „2011 Social Media Industry Report" gaben 58% der Marketer an, mehr als sechs Stunden pro Woche für SMM-Tätigkeiten aufzuwenden, 15% sogar mehr als 20 Stunden. Mit zunehmender Erfahrung stieg dabei auch die aufgewendete Zeit an.

Gerade größere Unternehmen gehen verstärkt dazu über, eigene Arbeitsplätze für das Social Media Marketing zu schaffen. So begrüßenswert dieses Vorgehen auch ist, damit wird aus dem vermeintlich kostenlosen Marketing-Kanal ein Kostenfaktor mit mittlerer fünfstelliger

Höhe pro Jahr. Diese Kosten dürfen bei der Planung nicht unberücksichtigt gelassen werden.

- **Dienstleister:** Ein weiterer Kostenblock stellt die Beratung durch externe Dienstleiter wie Agenturen, Monitoring-Dienstleiter oder Marketingberatungen dar. Auch diese Kosten summieren sich schnell in den fünfstelligen Bereich pro Jahr. Ein umfangreiches Monitoring kostet erfahrungsgemäß ca. 10.000-30.000€/Jahr. Beratung durch eine Agentur (zur Strategie, Contenterstellung, etc.) bewegt sich in der Regel im vier- bis fünfstelligen Bereich pro Jahr. Hierbei ist zu berücksichtigen, dass die Agenturkosten große Teile der internen Arbeit ersetzen, die Kosten sich also nicht zwangsläufig aufaddieren.

Maßnahmen wie Videoerstellungen sind für die meisten Unternehmen ebenfalls nicht ohne externe Unterstützung durchführbar. Die Erstellung eines gut gemachten viralen Videos dürfte ebenfalls im (niedrigen) fünfstelligen Bereich liegen, bei mehreren Videos pro Jahr summiert sich der Betrag dementsprechend auf.

- **Promotion:** Für Aktionen wie Verlosungen und Gewinnspiele sollte weiteres Budget eingeplant werden. Attraktive Preise wie zum Beispiel Smartphones oder Notepads werfen signifikante Kosten auf. Häufig können Unternehmen jedoch auf interne Ressourcen zurückgreifen, die zu Herstell- oder Einkaufspreisen erworben werden können.

- **Werbekosten:** insbesondere im Rahmen der Seeding-Phase müssen eventuell Investitionen in Werbemaßnahmen erfolgen. Hierzu zählen auch Werbeanzeigen oder Bannerplatzierungen in den sozialen Netzwerken, ebenso wie Offline-Werbemaßnahmen, um eine Verknüpfung zwischen der Online- und der Offline-Welt zu generieren.

- **Programmierung:** die möglichen Kosten für Programmierungsarbeiten pendeln irgendwie zwischen Null Euro und einem mittleren fünfstelligen Betrag. Hierunter fallen Maßnahmen wie die Erstellung von Apps, Facebook-Seiten bis hin zu eigenen Communities. Je stärker die Auftritte individualisiert werden, desto höher natürlich der anfallende Aufwand und damit die Kosten. Einen einfachen Blog mit einem Standardtemplate richtet ein Profi in unter einer Stunde ein. Die Erstellung eines eigenen Templates mit eventuell noch speziellen Funktionen wirft demgegenüber wieder erhebliche Kosten auf.

Festzuhalten bleibt: Social Media erscheint auf den ersten Blick kostenlos, ist aber, wenn es professionell durchgeführt wird, mit signifikanten Kosten verbunden. Gerade die „versteckten" Kosten im Personalbereich müssen bei der Planung Berücksichtigung finden. Social Media Marketing sollte daher als ernsthafte Marketing-Arbeit verstanden werden, die selbstverständlich Kosten aufwirft.

Wie messe ich den Effekt, den Social Media Marketing auf mein Unternehmen hat?

Eine häufige und völlig berechtigte Frage ist die nach der Messbarkeit der Social Media Maßnahmen. Marketingleiter und Geschäftsführer wollen irgendwann wissen, wie sich das eingesetzte Kapital nun in finanziellen Kennzahlen niederschlägt.

Die Messung gestaltet sich bei Social Media jedoch als ungewöhnlich schwierig. Das liegt vor allem daran, dass Social Media kein relevanter Verkaufskanal ist. Lässt sich bei Newslettern noch ein klarer Zusammenhang zwischen der ausgeschickten E-Mail und einem höheren Abverkauf feststellen, fällt dies bei Facebook & Co. häufig schwer. Social Media verhält sich eher wie PR-Arbeit. Hier erwartet in der Regel niemand einen direkten Zusammenhang zwischen einer Pressemitteilung und einem höheren Abverkauf. Warum ist das bei Social Media anders? Der Nutzen, den die sozialen Medien bieten, geht weit über den reinen Verkauf hinaus – hohe Aufmerksamkeit, schnelle Bekanntheit und langfristige Kundenbindung sind möglich.

Manche Experten fordern daher einen Ablass vom ROI-Denken im Social Media Marketing. Natürlich müssen Kennzahlen beobachtet werden. Diese sollten jedoch nicht in Euro oder Dollar gemessen werden, sondern in vorgelagerten Dimensionen. Dazu gehören zum Beispiel:

- **Reichweite:** wie viele Personen kommen mit der Marke in Kontakt?

- **Traffic:** wie stark erhöhe sich die Besucherzahl der Website durch Social Media?

- **Engagement:** wie oft interagieren Nutzer mit dem Unternehmen? Wie oft reichen sie Inhalte weiter?

- **Branding:** wie bekannt ist die Marke? Welche Einstellung haben die Nutzer zur Marke?

- **Reputation:** welche Meinung herrscht im Netz über das Unternehmen vor? Welche Ergebnisse liefern die Suchmaschinen auf den ersten Plätzen zum Unternehmensnamen aus?

Aus diesen Dimensionen können relevante Kennzahlen definiert werden, die es zu beobachten gilt.

In den letzten Jahren hat sich hierfür der Begriff „Return on Engagement" als Gegenstück zum klassischen „Return on Investment" eingebürgert. Darin kommt zum Ausdruck, dass das Engagement der Nutzer den erfolgsentscheidenden Faktor im Social Media Marketing darstellt. Dieser Wert ist es, den es zu messen gilt.

Weitere Kennzahlen und Tipps enthält das Kapitel „Social Media Monitoring".

Wie integriere und manage ich alle meine Social Media Marketing-Aktivitäten?

Der Gedanke daran, mehrere Kanäle mit jeweils passenden Inhalten zu bespielen, beunruhigt gerade kleinere Unternehmen angesichts des enormen Aufwandes. Deshalb ist eine Integration aller genutzten Dienste von besonderer Bedeutung.

Generell kann man davon ausgehen, dass die meisten Unternehmen Facebook, Twitter, YouTube und XING in ihrer Social Media Strategie berücksichtigen. Oft kommt noch ein Blog hinzu. Im Kapitel zu den Strategie-Grundlagen wurde bereits eine mögliche Verknüpfung der verschiedenen Kanäle vorgestellt.

Auch einige Tools helfen bei der Integration der Social Media. Hier sind insbesondere Tweetdeck und Hootsuite hervorzuheben.

Tweetdeck

Bei Tweetdeck handelt es sich um ein Programm zum Download auf den eigenen Rechner, mit dem sich verschiedene Social Media Accounts managen lassen. Momentan werden folgende Networks unterstützt: Twitter, Facebook, LinkedIn, MySpace, Google Buzz und Foursquare. Besonders interessant ist die Möglichkeit, mehrere Accounts eines Dienstes zu verwalten, also zum Beispiel mehrere Twitter-Accounts. So erspart man sich das ständige Hin- und Herspringen zwischen den einzelnen Diensten.

Abb. 95: Der Social Media Aggregator „Tweetdeck" ermöglicht die
effiziente Nutzung verschiedener Dienste

In Spalten angeordnet zeigt Tweetdeck alle gewünschten Informationen übersichtlich an, zum Beispiel neue Tweets des eigenen Netzwerks, @-Mentions, Direktnachrichten, neue Pinnwandeinträge usw. Auch als Facebook-Seite kann man sich einloggen und so die Aktionen auf der Seite verfolgen. Auf Wunsch wird der Nutzer durch ein kleines Pop-Up-Fenster über neue Aktivitäten informiert.

Eine weitere Besonderheit stellt das zeitverzögerte Publizieren von Botschaften dar. So lässt sich beispielsweise ein Tweet erstellen, der erst am nächsten Tag zur gewünschten Uhrzeit verschickt wird. Dies erleichtert die Arbeit bei plan- und voraussehbaren Botschaften deutlich – sollte aber nicht dazu verleiten, Social Media Marketing zu sehr zu automatisieren.

Der Download der Software erfolgt über www.tweetdeck.com. Zur Installation ist eine aktuelle Version von Adobe Air notwendig, die ebenfalls kostenlos erhältlich ist.

Hootsuite

Hootsuite stellt eine webbasierte Variante eines Social Media Aggregators dar. Auch hier lassen sich mehrere Dienste und Profile miteinander verknüpfen. Für umfangreichere Aktivitäten empfiehlt sich die kostenpflichtige Variante, die auch ausführliche Statistiken per Google Analytics oder Facebook Insights liefert. Aber auch schon die kostenfreie Variante bietet zahlreiche Möglichkeiten, die die tägliche Social Media Arbeit erleichtern. Aktuell werden neben den auch bei

Tweetdeck möglichen Netzwerken noch das Apple-Network Ping. fm, WordPress sowie mixi unterstützt.

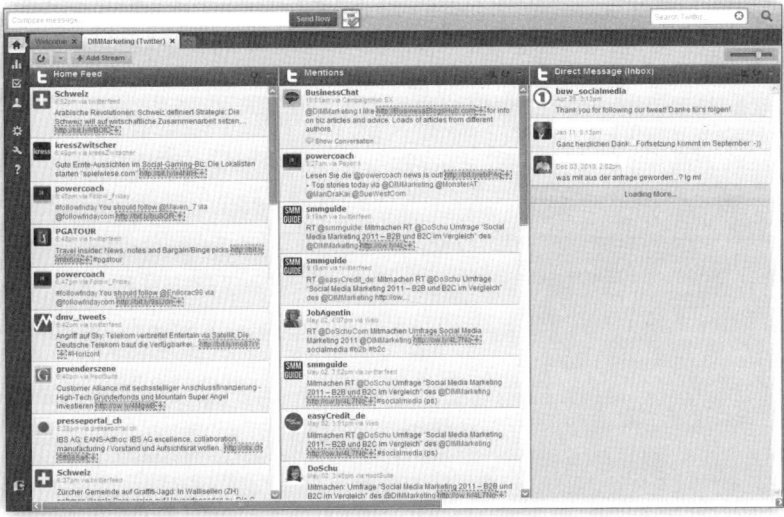

Abb. 96: Hootsuite ist ein webbastierter Social Media Aggregator

Der große Vorteil von Hootsuite gegenüber Tweetdeck stellt die Möglichkeit dar, von jedem Rechner mit Internetzugang auf das Programm zuzugreifen. Es muss keine Software installiert werden. Hootsuite ist über die Adresse www.hootsuite.com zu erreichen.

Wie kann ich am besten mit Social Media verkaufen?

Die Frage nach dem Verkauf über Social Media stellen sich viele Marketingleiter. Hier ist jedoch zu sagen: Verkauf steht bei Social Media Marketing nicht im Vordergrund! Kommunikation, Interaktion und somit eine veränderte Wahrnehmung durch die Kunden sind erfolgversprechendere Ziele.

Trotzdem gibt es Situationen, wo man Verkauf über Social Media Kanäle einfach mal ausprobieren möchte. Hierzu empfehlen sich einige Tipps, die das Verkaufen im Web 2.0 einfacher möglich machen.

1) Kundenorientierte Angebote

Die Toleranzschwelle bezüglich Werbung und Verkauf ist bei den meisten Nutzern von Social Networks relativ niedrig angesetzt. Der Grund dafür liegt darin, dass die Netzwerke eher zu privaten (Freizeit-)Zwecken genutzt werden. Aufdringliche Werbung wird genauso lästig empfunden wie die Werbespots beim abendlichen Fernseh-programm oder die Beilagen in der Tageszeitung.

Damit Verkaufen im Web 2.0 überhaupt funktionieren kann, müssen die Angebote exakt auf die Zielgruppe zugeschnitten sein. Die Netz-werke bieten hierfür ja hervorragende Möglichkeiten. Alles, was den Kunden jedoch nicht interessiert, sollte unterlassen werden.

2) Sonderangebote funktionieren am Besten

Social Media Nutzer reagieren häufig besonders gut auf Schnäpp-chen. So ist auch der Erfolg der Twitter-Aktionen von Dell zu erklä-ren, die ihre Restposten über den Dienst an den Mann bringen.

Idealerweise bietet das Unternehmen den Nutzern Angebote an, die einem Nicht-Fan bzw. Nicht-Follower vorenthalten bleiben. So wird der Nutzer nicht nur Fan des Unternehmens, sondern es steigt auch die Wahrscheinlichkeit, dass der Kauf wirklich getätigt wird.

3) Knappheit

Oft funktioniert auch eine Verknappung der Produkte, die über So-cial Media angeboten werden. So stellen Unternehmen zum Beispiel nur 100 Einheiten zu einem Spezialpreis zur Verfügung. Diese Ver-knappung sorgt für ein Gefühl des „Habenwollens" und kann zu großer Aufmerksamkeit seitens der Nutzer führen.

Wie verbessere ich das Engagement meiner Kunden?

Eines der häufigsten Probleme, auf das Unternehmen nach dem Ein-stieg ins Social Web stoßen, besteht darin, dass einfach nichts pas-siert. Die Nutzer nehmen die Angebote nicht oder nur zögerlich an und engagieren sich kaum. Dieses Problem taucht in der Praxis viel häufiger auf als die befürchtete Massenkritik durch unzufriedene Nutzer.

Unternehmen können jedoch einiges tun, um das Engagement der Kunden zu erhöhen. Hierbei sollte zuerst sichergestellt werden, dass überhaupt die richtige Plattform, die richtigen Zielgruppen und die richtige Art der Ansprache gewählt wurden. Im Zweifel hilft hier eine Kundenbefragung weiter.

Ein großer Teil des Engagements hängt von dem Content ab, den das Unternehmen postet. Der Content sollte nicht nur hochrelevant für die Zielgruppe, sondern auch lustig, informativ, spektakulär oder sonst wie attraktiv sein. Einfach nur Inhalte über neue Produkte oder Interna aus dem Unternehmen funktionieren nur selten. Inhalte dürfen gerne auch ein wenig polarisieren oder zu kontroversen Diskussionen anregen.

Oft bietet sich auch eine Bezugnahme auf das Tagesgeschehen an. Themen, die ohnehin stark diskutiert werden, lassen sich in die eigene Kommunikation einbinden – im besten Fall haben sie dabei noch einen Bezug zum Unternehmen. Aber selbst wenn dies nicht der Fall ist, diskutieren Nutzer gerne auch über triviale Alltagsthemen.

Und schließlich lassen sich Nutzer auch gern mal „bestechen". Das Engagement der Nutzer kann mit Gewinnspielen, Vergünstigungen, Sonderangeboten etc. belohnt werden. Die Kinokette UCI versprach in einer Facebook-Aktion beispielsweise, zwei Tickets zum Preis von einem zu verkaufen, wenn bis zu einem bestimmten Zeitraum 75.000 Fans zustande kommen würden. Auch wenn dieses Ziel am Ende nicht erreicht wurde, sorgte die Aktion doch für großes Aufsehen und einige Tausend neue Fans.

Abb. 97: UCI wirbt mit Sonderangeboten um neue Fans

Als wichtig erweisen sich bei der Aktivierung der Nutzer aber nicht nur die großen Aktionen, sondern auch und gerade die kleinen Bestätigungen, der Retweet, der Like eines Kommentars oder das „Danke" auf einen Blogbeitrag. Wenn die Nutzer erfahren, dass sie und ihre Meinungen ernst genommen werden, steigt die Bereitschaft zum Engagement beträchtlich an.

Interview mit Stefan Berns

Stefan Berns berät als „TwittCoach" Unternehmen bezüglich des erfolgreichen Einsatzes von Twitter in der Unternehmenskommunikation. Sein Buch „Der Twitter-Faktor" konnte sich als Standardwerk zu diesem Thema etablieren.

Herr Berns, Sie haben sich einen Namen als „TwittCoach" gemacht. Bitte beschreiben Sie doch kurz, wie es dazu gekommen ist.

Seit mittlerweile 20 Jahren bin ich als erfolgreicher Verkäufer und Marketer, aber auch als Trainer und Coach aktiv. Gleichzeitig habe ich mich bereits vor ca. zwölf Jahren mit der kommerziellen Nutzung des Internets beschäftigt. Und immer deutlicher wurde in diesen Jahren die Frage: „Wie werde ich bekannt wie ein bunter Hund im Internet?"

Damit verbunden war auch der Wunsch, endlich weg vom Druck hin zum Sog zu kommen. Und hierzu bietet uns das Social Web, so wie wir es heute kennen, hervorragende Möglichkeiten. Bereits damals hatte ich einige Top-Verkäufer bewundert, die überhaupt keine Zeit dazu hatten, „kalt" zu akquirieren und auf Kundenfang zu gehen. Sie hatten deshalb keine Zeit, weil sie sich so erfolgreich und optimal in ihrer Nische als Experten positioniert hatten und dadurch einen enormen Sog für sich, ihr Unternehmen und ihre Produkte erzeugt hatten. Sie hatten damit erreicht, dass die Kunden von alleine zu ihnen kamen. Da sie die Besten in ihrer Branche waren, wurden sie natürlich entsprechend oft von begeisterten Kunden empfohlen und kamen so nicht mehr dazu, „kalt" zu akquirieren. Das wollte ich auch!

So beschäftigte ich mich intensiv mit dem Thema Networking und den sozialen Netzwerken. Da es mit Joachim Rumohr bereits einen top positionierten Experten für die Businessplattform XING gab und ich nicht etwas kopieren wollte, was es bereits erfolgreich gab, war ich auf der Suche nach etwas Neuem und meiner eigenen Positionierung, die meine Leidenschaft für die Themen Internet Marketing und Social Media optimal vereint. Tja, und dann habe ich meine Leidenschaft für die 140 Zeichen lange Kommunikation und die unbegrenzten globalen Vernetzungsmöglichkeiten mit Twitter entdeckt und es war um mich geschehen. So wurde der „TwittCoach" geboren und der TwittCoach.com-Blog startete Anfang 2009. Es kam eine Einladung zum ersten Online-Marketing-Kongress im April 2009 und gleichzeitig damit die Idee zu meinem Erstlingswerk und Bestseller „Der Twitter-Faktor – Kommunikation auf den Punkt gebracht". Alles andere ist Geschichte, wie man so schön sagt . . .

Welchen Nutzen bietet Twitter überhaupt? Lohnt sich der Aufwand?

Der Nutzen und die Vorteile im Einsatz von Twitter sind nach wie vor vielfältig.

Vorrangig bietet Twitter für Unternehmen jedoch vor allem die Möglichkeit der 1:1-Kommunikation mit meinem Kunden, Interessenten und meiner Zielgruppe. Und das alles unmittelbar, also in Realtime. Viele Unternehmen nutzten soTwitter bereits seit Jahren erfolgreich, neben einer Facebook-Fanpage, als zusätzliches Service-Angebot im Social Web. Darüber hinaus eignet sich Twitter hervorragend, um Events zu promoten und während des Events die Kommunikation unter den Teilnehmern und auch denen, die nicht anwesend vor Ort sein können, zum Beispiel durch eine Twitterwall sichtbar zu machen. Und Twitter eignet sich natürlich und vorrangig auch, um sich als Unternehmen in seiner entsprechenden Nische und Branche erfolgreich zu positionieren und entsprechend mehrwertige Informationen für meine Zielgruppe zur Verfügung zu stellen.

Mit einer professionellen Social Media Strategie wird sich der Aufwand für ein Unternehmen, abhängig von den entsprechenden Zielen des Unternehmens, auf jeden Fall lohnen.

Welche Erfolgsfaktoren gibt es für Unternehmen, die sich auf Twitter engagieren wollen? Und was wird den Erfolg verhindern?

Wichtig ist hier der professionelle und transparente Auftritt des Unternehmens auf Twitter. Ich möchte genau wissen, wer der Mensch dort am anderen Ende des Unternehmens ist, mit dem ich kommuniziere und welche Funktion er in diesem hat. Und selbstverständlich sollte die Kommunikation in Echtzeit, also in einer maximalen Responsezeit von 5-8 Stunden erfolgen. Je nach Größe und Stellung des Unternehmens im Markt sicherlich auch rund um die Uhr, also 24-7-365. Dass die Mitarbeiter, die diesen „Corporate Twitter-Account" bespielen, ein hohes Maß an Kommunikationsfähigkeit mitbringen müssen, versteht sich von selbst. Darüber hinaus sollten diese auch über spezielles abteilungsübergreifendes Wissen und Erfahrungen im Unternehmen verfügen. Hier also den neu eingestellten Prakti-kanten zu beauftragen, ist die denkbar schlechteste Lösung. Und es ist auch keine „mal eben nebenher"-Aufgabe, die vielleicht noch der Webdesigner mit übernehmen kann. Social Media Kommunikation erfordert ein tägliches Zeitbudget und die grundlegende Bereitschaft, offen und ehrlich mit seinem Markt kommunizieren und Lösungen anbieten zu wollen.

Was sind die ersten Schritte, wenn man sich für die Nutzung von Twitter entschieden hat? Wo lauern Stolpersteine? Was gilt es zu beachten?

Voraussetzung für eine Empfehlung

Um überhaupt auf Twitter empfohlen zu werden, müssen Sie sicher-stellen, dass Sie dazu die Grundlagen für einen erfolgreichen Twitter-Account gelegt haben. Ich nenne sie die **„3 goldenen Regeln".**

Regel 1 – Das Profil

Wie in allen anderen Social Networks ist auch hier unbedingt zu beachten, dass Sie ein ansprechendes und professionell gestaltetes Twitter-Profil haben. Ihr Twitter-Profil muss spannend sein und soll-te zum Folgen motivieren und demjenigen, der Ihnen folgen möchte, sofort klar und deutlich vermitteln, was er bei Ihnen erwarten darf und für was Sie stehen.

Ihr **Twitter-Hintergrund-Layout** sollte in Ihrem Unternehmens-CI gestaltet sein, um sovon vornherein Verwechselungen mit eventu-ellen Mitbewerbern zu vermeiden. Bei mittlerweile über hundertfünf Millionen registrierten Twitter-Accounts ist dies ein wichtiges Krite-rium.

Gleichzeit sollte Ihr Avatarbild ein Bild des Menschen zeigen, der diesen Twitter-Account bespielt und nicht unbedingt das Ihres Fir-menlogos. Zusätzlich entscheidend ist, dass Sie Ihre Online-Bio op-timal mit Ihren **Schlüsselwörtern**, also den Begriffen ausfüllen, die Ihre Person, Ihr Unternehmen, Ihre Produkte und Dienstleistungen ausmachen oder sogar einzigartig machen. Gerne tragen Sie hier auch Ihre USPs, (Unique Selling Proposition), also Ihre Alleinstellungsmerkmale, ein.

Regel 2 – Das eigene Twitter-Verhalten

Was ist mit Twitter-Verhalten gemeint? Es geht um die Art und Weise, wie Sie Twitter für sich und Ihr Unternehmen nutzen. Twitter ist zu allererst ein Kommunikationskanal, mit dem ich unmittelbar, also in Echtzeit, mit Menschen kommunizieren und mich austauschen kann.

In Deutschland nutzen Twitter von circa 2,7 Millionen Usern nur circa zehn Prozent Twitter auch aktiv. Aktiv bedeutet, dass sie wenigstens alle drei Wochen selbst einen Tweet verschicken. Der weitaus größere Teil der Twitter-User konsumiert die Twitter-Nachrichten nur und liest mit. Sie twittern nicht aktiv und teilen ihr Wissen nicht mit anderen. Genau hierin liegt die enorme Chance für Sie, sich von der Masse auf Twitter abzuheben.Twittern und interagieren Sie mit Ihrem Twitternetzwerk aktiv und das in Echtzeit. Sie haben mit Twitter erstmalig einen direkten, **unmittelbaren Draht** zu Ihren Kunden, Interessenten, Geschäftspartnern und zu den Medien. Viele Unternehmen nutzen Twitter in Deutschland nur als weiteren Kanal, um Ihre Werbebotschaften zu verbreiten. Solch ein Twitter-Account wird relativ schnell langweilig. Um von anderen Twitter-Usern empfohlen zu werden, ist es wichtig, dass Sie aktiv und dialogorientiert twittern. Und das, was Sie twittern, muss unbedingt mehrwertig und hilfreich für Ihr Netzwerk sein. Twitter eignet sich auch als zusätzlicher Kundendienst-Kanal um schnell und unkompliziert Hilfe für Ihre Kunden zur Verfügung zu stellen.

Was kann ich twittern?

- Branchen-News

- Informationen aus den einzelnen Fachabteilungen

- Neuigkeiten zu Messen und Events

- Informationen zu Gewinnspielen oder Ausschreibungen

- Informationen zu Produktneuentwicklungen

- Fragen zu neuen Services und Produkteigenschaften stellen

- PR-Meldungen

- Hinweise zu neuen Blog-Posts

- Hinweise zu neuen Informationen im Social Media Newsroom

- Aktuelle Stellenangebote

Bitte seien Sie sich bei allem jedoch bewusst, dass das, was Sie twittern, öffentlich ist und durch Google unsterblich wird! Es wird sofort indexiert und kann durch Google dadurch immer wieder aufgefunden werden.

Regel 3 – Meine Vernetzung innerhalb der Social Media

Auch wenn es noch so banal und einfach klingt, wird es dennoch nicht von allen Unternehmen optimal genutzt. Es ist ein ganz entscheidender Faktor, dass Ihr Twitter-Account empfohlen wird. Wenn Sie alle oben genannten Punkte berücksichtigt haben, geht es darum, Ihren Twitter-Account so bekannt wie nur möglich zu machen und diesen zu vernetzen. Dazu nutzen Sie bitte alle Ihnen zur Verfügung stehenden Möglichkeiten, sowohl offline wie auch online.

Checkliste

Offline:

1. Spezielle Twitter-Treffen, wie Barcamps oder den Twittwoch

Twitter-Account bekanntmachen

2. Printsachen wie Visitenkarten, Plakate, Flyer, etc.

3. Fahrzeugwerbung

4. Bücher

5. Expertenvorträge, Seminare, Workshops

6. Messen & Kongresse

Online:

1. Social Media Profile wie Facebook, XING, LinkedIn, etc.

2. Social Bookmarking Dienste, wiewww.mister-wong.de, www.delicious.com

3. Twitter-Rankings, wie www.twitcharts.de

4. E-Mail-Newsletter

5. Diskussionsforen, Blogbeiträge

6. Kommentarfunktionen in Blogs, Community-Gruppen, Facebook, etc.

Gibt es Möglichkeiten, die Arbeit mit Twitter effizienter zu gestalten? Können Sie hierzu einige Tipps, Tricks und Tools verraten?

Ja, vorrangig empfiehlt sich hierzu der Einsatz von sogenannten Multi-Account-Managern wie Tweetdeck (www.tweetdeck.com), Hootsuite (www.hootsuite.com) oder auch Mediafunnel (www.mediafunnel.com), die zu den beliebtesten in dieser Kategorie gehören. Die Tools eignen sich hervorragend dazu, die Informationsflut zu filtern und unterschiedliche Rechte im Unternehmen zu definieren. Gleichzeitig sind sie optimal dazu geeignet, mehrere unternehmenseigene SocialMedia- und Twitter-Accounts zu bespielen. Darüber hinaus gibt es zig verschiedene Tools und Zusatzapplikationen für die verschiedensten Einsatzmöglichkeiten und Aufgabenstellungen. Gerade diese Vielzahl von Zusatz-Apps macht bei vielen Usern besonders die Attraktivität von Twitter aus.

Können Sie 1-2 Fallbeispiele beschreiben, in denen Unternehmen (vielleicht gerade mittelgroße deutsche Unternehmen) Twitter erfolgreich eingesetzt haben?

Ein schönes Beispiel ist hier die Plattform www.aushilfe-direkt.de, die über Twitter sehr schnell Unternehmen zusammenbringt, die in Echtzeit zum Beispiel eine Aushilfe als Kellner oder eine Umzugshilfe benötigen und auf der anderen Seite, wiederum in Echtzeit, Schüler oder Studenten erreichen, diesofort entscheiden können, ob sie die entsprechende Aushilfsofferte annehmen wollen.

Kann es vorkommen, dass sich ein Unternehmen aus Twitter wieder zurückziehen will? Und wenn ja, was ist hierfür die richtige Strategie?

Ist mir bisher nicht bekannt. Wenn es sich dazu entscheidet, würde ich hier wiederum die offene und transparente Kommunikation empfehlen und auch den Beweggrund des Rückzugs über alle unternehmenseigenen Kommunikationskanäle kommunizieren.

Wie sehen Sie die Zukunftsperspektiven von Twitter? Gibt es einen Platz für Twitter zwischen Facebook, Google+ und Co.?

Bisher gab es einen sehr guten Platz neben Facebook und die beiden kleinen „t's" und „f's" haben sich in den letzten 2 Jahren rasant im Social Web verbreitet. Twitter wächst nach wie vor immer noch enorm und hat im Frühjahr 2011 die 200 Mio. Nutzer Marke global überschritten. Gleichzeitig werden wöchentlich über 1 Mrd. Tweets versendet. Parallel dazuwurde im Frühjahr 2011 jedoch auch der +1-Button eingeführt, der sich wiederum sehr rasant im Web verbreitete und jetzt mit der Einführung von Google + auch die Relevanz der Suchergebnisse innerhalb der Google-Suche extrem beeinflussen wird. Die Kooperation innerhalb der Social Search zwischen Twitter und Google wurde gleichzeitig im Sommer nicht verlängert. Da Google + eine sehr einfache und leichte Folgen-Funktion von interessanten Kontakten eingefügt hat, wird es aus meiner Sichtwirklich extrem spannend, ob in zwei bis drei Jahren wirklich alle diese drei Giganten übrigbleiben. Eines ist mir bereits heute vollkommen klar: Google + wird sich extrem behaupten und wie wir bereits heute in der Beta-phase sehn, schneller wachsen als jedes Social Network zuvor.

Kapitel 12

Aktuelle Nutzung von Social Media in deutschen Unternehmen

Das Deutsche Institut für Marketing führte im Frühjahr/Sommer 2011 eine Studie unter deutschen Unternehmen durch, um die aktuelle Nutzung der Social Media im Marketing zu untersuchen. Die Stichprobe bestand aus 587 Unternehmen verschiedener Größenklassen und Branchen und zeichnet damit ein breit angelegtes Bild der Wirklichkeit. Die wichtigsten Ergebnisse dieser Studie werden in diesem Kapitel zusammengefasst.

Zwei Drittel aller befragten Unternehmen (66,3%) nutzen Social Media bereits für die Unternehmenskommunikation.

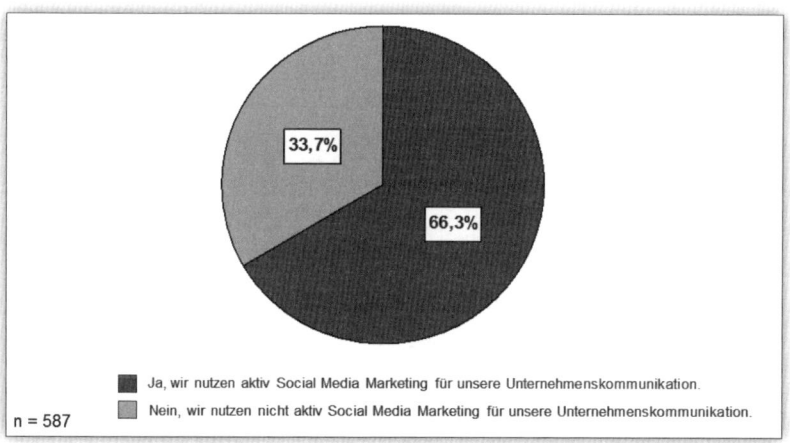

Abb. 98: Nutzung von Social Media Marketing unter deutschen Unternehmen

Die Nutzung unterschied sich dabei nur leicht zwischen kleinen (68,2%), mittleren (62,4%) und großen Unternehmen (61,7%). Die Unternehmen wurden gemäß ihrer Mitarbeiterzahl in Größenklassen eingeteilt (klein: <10 – 49; mittel: 50-499; groß: >500).

Erwartungsgemäß nutzt die Mehrheit der aktiven Unternehmen Social Media Marketing für den B2C-Sektor, wobei auch viele Unternehmen Social Media sowohl im B2B als auch im B2C-Markt einsetzen.

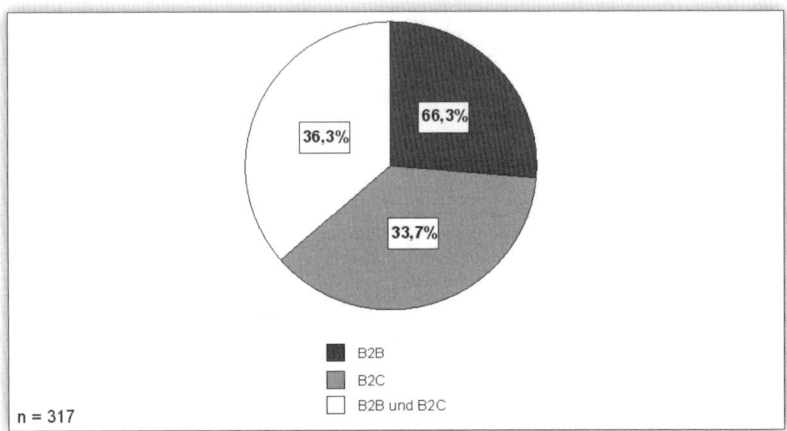

n = 317

Abb. 99: Unterschied zwischen B2B und B2C

Unter denen, die Social Media Marketing aktuell noch nicht einsetzen, plant jedes zweite Unternehmen den Einsatz für die Zukunft, 41,4% sind noch unentschlossen.

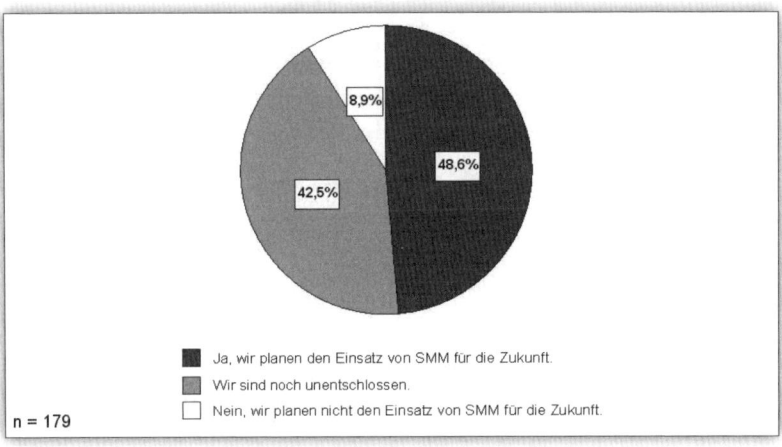

n = 179

Abb. 100: Planung für die Zukunft

Die befragten Unternehmen setzen überwiegend auf Eigeninitiative: 62,9% führen die Social Media Maßnahmen komplett alleine durch. Agenturen werden zur Unterstützung (13,7%) oder zur strategischen Planung (17,2%) einbezogen. Nur 0,4% lagern die Aktivitäten vollständig an Agenturen aus.

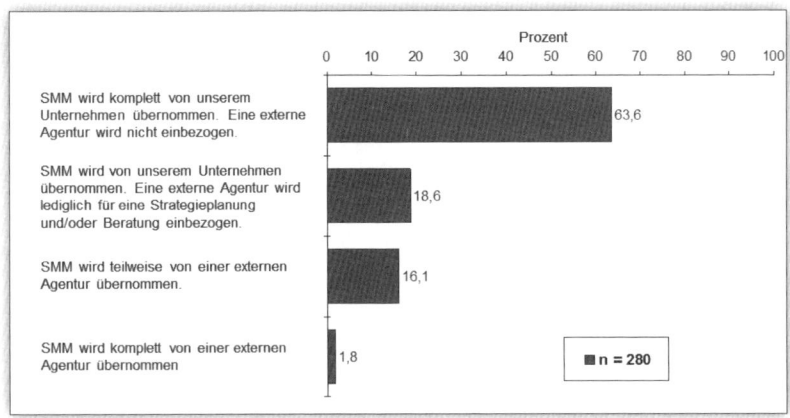

Abb. 101: Einbeziehung von Agenturen

Immerhin ein starkes Viertel aller befragten Unternehmen setzt Mitarbeiter ein, die sich ausschließlich mit Social Media Marketing befassen. Damit stellen sie jedoch noch die Ausnahme dar, über 70% lassen die Aktivitäten von Mitarbeitern durchführen, die Social Media eher nebenbei betreuen.

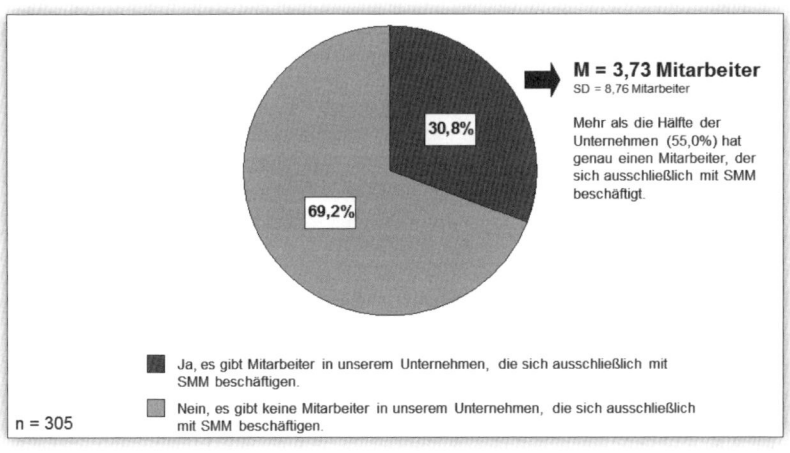

Abb. 102: Mitarbeiter für Social Media Marketing

Dabei stellen die Unternehmen überwiegend nur einen (50,7%) oder zwei (18,8%) Mitarbeiter für Social Media Marketing ab.

Aktuell verfügen 21,7% der Unternehmen über eine schriftlich ausgearbeitete Social Media Strategie. Weitere 33,2% planen die Ausarbeitung einer Strategie für die Zukunft.

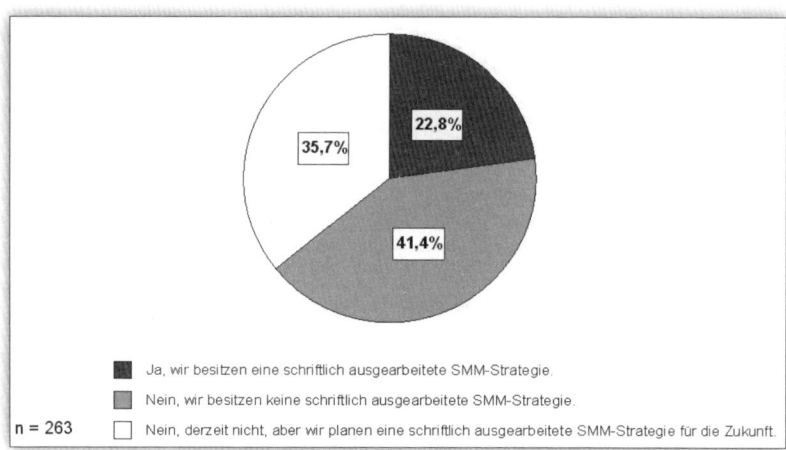

Abb. 103: Social Media Strategie in Unternehmen

Bezüglich der Ziele setzen die meisten Unternehmen auf Kundenbindung (76%) und Steigerung der Bekanntheit (74,4%). Nur knapp über 5% erhoffen sich eine Steigerung des Umsatzes. Im Vordergrund stehen eher die weichen Ziele wie Image, Bekanntheit und Dialog mit den Kunden.

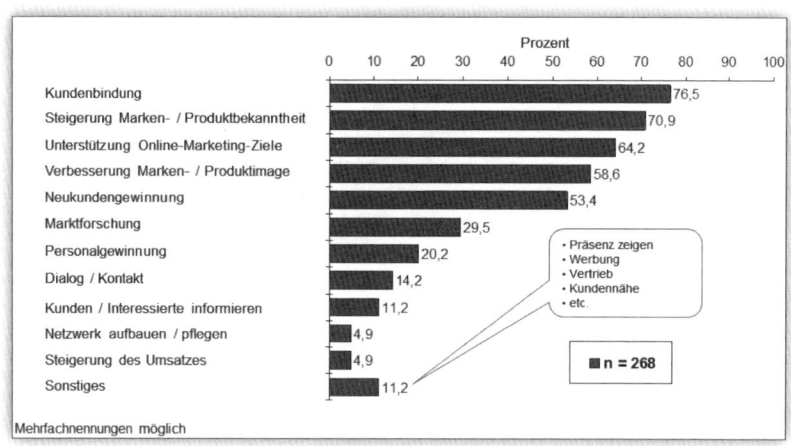

Abb. 104: Ziele in Unternehmen

Ein fest definiertes Budget für die Social Media Maßnahmen stellen nur 26,9% zur Verfügung. Dies scheint sich aber für die Unternehmen bewährt zu haben, denn 65,3% dieser Unternehmen planen eine Erhöhung des Budgets.

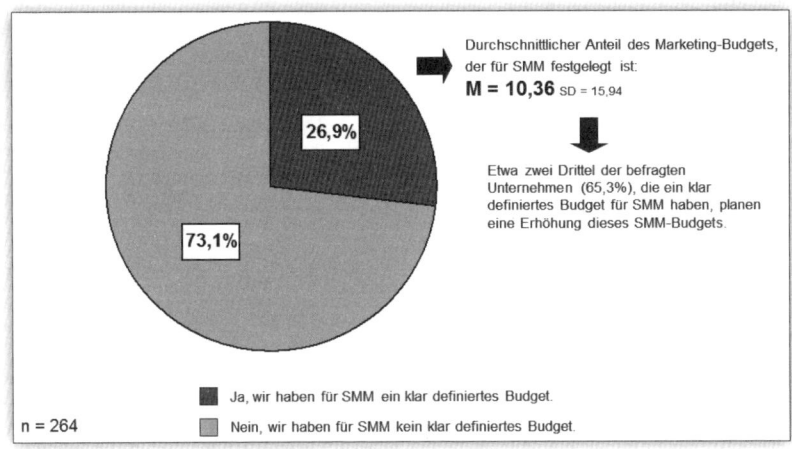

n = 264

Abb. 105: Budget für Social Media Marketing

Bezüglich des Controllings und Monitorings der Social Media Maßnahmen geben über 45% an, dass sie aktuell bereits ein Controlling
durchführen. Weitere 30,7% planen den Einsatz für die Zukunft.

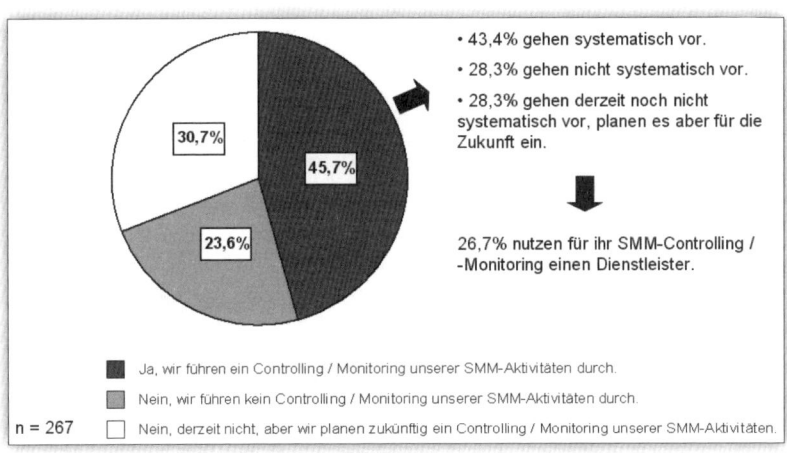

n = 267

Abb. 106: Social Media Monitoring in den Unternehmen

Die Mehrheit der Unternehmen führt das Monitoring allein durch
und setzt keinen externen Dienstleister ein. Nur 26,7% vertrauen auf
die Hilfe externer Experten.

Die komplette Studie mit allen Fragen, Antworten und Grafiken kann
über die Website des Deutschen Instituts für Marketing (www.mar-
ketinginstitut.biz) bezogen werden.

Interview mit Thilo Baum

Thilo Baum ist Journalist und Buchautor. In Seminaren und Vorträgen vermittelt er die Fähigkeit, (nicht nur) in den Social Media treffsicher und ausdrucksstark zu texten.

1. Hallo Herr Baum. Sie haben sich im Markt als „Klartext-Experte" positioniert. Beschreiben Sie doch bitte einmal, wie es dazu kam und was Ihre Kunden von Ihnen erwarten können.

Mein beruflicher Hintergrund ist der Journalismus. Ich habe eine Weile Überschriften gemacht und festgestellt, dass mir das Spaß macht. Journalistisches Know-how ist in Unternehmen, die heute öffentlich kommunizieren, ziemlich unterrepräsentiert. Meist schreiben nicht Journalisten Pressemitteilungen, sondern Juristen, Betriebswirtschaftler, Ingenieure. Nichts gegen diese Berufe, aber das Schreiben ist ein Handwerkszeug, das Würdigung verdient. Dass wir das Schreiben entgegen der verbreiteten Auffassung nicht in der Schule lernen, merken Sie, wenn durchschnittliche Unternehmen ihre Newsletter verschicken. Die bringen oft Betreffzeilen mit Nummer: „Max Müller GmbH, Newsletter Nr. 14/2011". Was hat bitte eine laufende Nummer für einen Nachrichtenwert? Glauben diese Unternehmen, ich archiviere ihre Newsletter und rufe am Jahresende an, wenn einer fehlt? Nein, diese Unternehmen verschwenden den prominentesten Text ihres Newsletters, obwohl von der Betreffzeile abhängt, ob die Leute klicken oder nicht. Eine gute Betreffzeile ist also wie eine gute Schlagzeile, und Schlagzeilen machen ist ein Handwerk. Eine gute Zeile braucht einen Anker, der mich aufmerken lässt. Wenn mich dieser Anker interessiert, klicke ich das Ding auf. Und genau das ist mein Job: Ich bringe Klartext in Unternehmen. Klartext heißt: Ich sage inhaltlich und sprachlich exakt, was beim Empfänger ankommen soll, und schaffe die geeigneten Anker. Mit meiner Hilfe formulieren Unternehmen ihre Botschaften so, dass sie aus Sicht der Zielgruppe relevant sind und die Menschen dazu bringen, sich mit den jeweiligen Inhalten zu befassen.

2. Welche Besonderheiten erkennen Sie beim Texten für Social Media? Worauf müssen Unternehmen besonders achten?

Nur weil wir zusätzliche Kommunikationskanäle bekommen, ändern sich die Prinzipien nicht. Nach wie vor geht es um Inhalt, also um Botschaften. Schrott bleibt Schrott, egal auf welchem Kanal ich ihn poste. Wenn ich heute im Info-Overkill noch gehört werden will, geht es im Kern um drei Fragen.

Frage eins: Was will ich sagen? Hier brauche ich eine Botschaft, die aus Sicht der Zielgruppe relevant ist. Relevanz funktioniert fast nur durch Unterhaltung oder Nutzen. Typischer Fehler: Viele ignorieren die Nutzer-Sicht und kommunizieren egozentrisch. Beispielsweise bekam ich einen Newsletter von einem guten Hotel in Augsburg. Die Top-News darin: „Wir haben eine neue Direktorin". Es ist typisch: Eine intern relevante Nachricht, hier eine Personalie, ist aus Kundensicht noch lange nicht relevant. Relevant wäre etwas, was die Leute berührt: Die Augsburger Puppenkiste macht jetzt Mitmach-Workshops, und wenn du dabei sein willst, hier ist das Hotel. Viele Unternehmen glauben allen Ernstes, sie seien der Nabel der Welt.

Frage zwei: Wie sage ich, was ich sagen will? Wenn ich die Botschaft habe, brauche ich die richtigen Worte. Das heißt, wir sollten mit Sprache umgehen können: Muss ich unbedingt Fachwörter verwenden, oder geht es allgemein verständlich? Wie bekomme ich das Ganze auf Twitter-Länge, ohne dass der Tweet abreißt oder ich Telegrammstil schreibe? Der Perspektivenwechsel hier heißt: Lassen wir uns auf eine Sprache ein, die die Leute unmittelbar verstehen, mit denen wir reden.

Frage drei: Auf welchem Kanal bringe ich die Nachricht in welcher Form? Hier gibt es allerhand: Facebook, Google+, Twitter, XING, auch Newsletter. Die Medien sind auch ohne Internet-Revolution nach wie vor die alten: Text zum Lesen, Audio in Form von Podcast zum Hören, Bewegtbild in Form von Video und Foto zum Anschauen.

Wenn ich weiß, was ich wie und wo sagen will, habe ich meine Botschaft mit viel weniger Reibungsverlusten platziert, als wenn ich mich aus Aktionismus wie ein Irrer auf Facebook stürze, ohne nachzudenken.

3. Wie findet ein Unternehmen Inhalte, die die Zielgruppen in den Social Media interessieren? Können Sie einige Tipps zur Contentgenerierung geben?

Unternehmen sollten die Perspektive wechseln und sich fragen: Was ist aus Sicht unserer Zielgruppe relevant? Wie kann ich Unterhaltung und Nutzen schaffen? Neben den üblichen Social-Media Kampagnen, die oft sehr aktionistische Strohfeuer sind, gibt es ja auch noch die ganz normale alltägliche Kommunikation mit den Menschen. Hier gehört es einfach dazu, offen zu sein für das Leben und die Welt. Wenn beispielsweise in Japan ein Kernkraftwerk platzt, hätte ich als Solarenergie-Unternehmen keine Schwierigkeiten, Themen zu finden. Her mit den Experten für Podcast- und Video-Interviews! Bitten wir einen freien Autor, einen Hintergrundbericht fürs Blog zu schreiben! Die Medien zittern wegen des Euros? Da will ich von jeder Schweizer Bank auf allen Kanälen spannende Hintergrundinfos über den Franken lesen und hören. Es ist ein wenig Einfallsreichtum gefragt, zu dem wieder mein Lieblingsthema gehört: der Perspektivenwechsel. Was bedeutet das, was ich mache, aus Sicht der Menschen da draußen? Wer die Perspektive seiner Mitmenschen einnehmen kann, kommuniziert von ganz allein wunderbaren Content, und alle Keywords ergeben sich von alleine.

4. Empfehlen Sie einen Redaktionsplan für Social Media? Wie sollte ein Unternehmen dabei vorgehen?

Ein Redaktionsplan ist nur dann sinnvoll, wenn die Leute die Perspektive wechseln. Wenn da Menschen sitzen, die nur an sich denken und interne Botschaften für relevant halten, weil das Unternehmen zu selbstverliebt ist, dann strukturiert ein Redaktionsplan nur, welchen Müll das Unternehmen wann auf welchem Kanal bringt. Schade um die Ressourcen! Wenn die Leute dagegen journalistisch denken, und Journalisten suchen immer die Story aus der Sicht der Leserinnen und Leser, dann ist ein Redaktionsplan prima. Er sollte unbedingt beinhalten, welche Botschaften in Form welcher Medien auf welchen Kanälen klug untergebracht sind.

Mein Lieblingsmodell dafür ist das „Spinnennetz": In der Mitte ist mein Ziel, beispielsweise der Shop oder eine politische Botschaft. Wie bekomme ich die Leute da hin? Um das Ziel herum sind die Kanäle und Medien angesiedelt. Von dort leitet das Netz die Leute über die verschiedenen Verknüpfungen in mein Ziel: Über einen Tweet ins

Blog zum Service-Text, von dort zum Shop. Über eine XING-Status-zeile zu Podcast und Webinar und von dort zur Online-Petition. Über den Newsletter zu YouTube und von dort zur Facebook-Seite mit der Aktion. Eine Redaktion sollte hier genau wählen, welche Kanäle und Medien die wichtigsten sind. Gibt es überhaupt gute bewegte Bilder, oder sind es die immer gleichen langweiligen Talking Heads? Habe ich Spezialthemen, sind Podcast und Webinar sehr unterschätzt. Sobald die Medien und Kanäle klar sind, kommuniziere ich meine Botschaft kurz und ansprechend formuliert beispielsweise in einer Statuszeile bei XING mit einem Shortlink oder von der Fanseite in Facebook zu einer Diskussion in einer XING-Gruppe. Ein Redaktions-plan sollte neben der üblichen Planung, was wann geschieht, stets das Ziel im Auge haben und die Medien und Kanäle klug wählen.

5. Worauf sollte ein Unternehmen beim Erstellen von Social Media Guidelines achten? Welche Fehler haben Sie bisher in der Praxis beobachtet?

Der üblichste Fehler ist immer noch die alte Unterscheidung zwi-schen privat und dienstlich. Das haut heute nicht mehr hin. Wir sind heute privat oder öffentlich. Heißt: Wenn ich auf dem Facebook-Pro-fil der Abteilungsleiterin Bikini-Fotos finde, ist das nicht privat im Unterschied zu dienstlich, sondern es ist ganz einfach öffentlich. Wirklich privat bin ich im Internet vielleicht noch in einer hoch ab-gesicherten geschlossenen Nutzergruppe oder in einer E-Mail, wenn sie niemand mitliest.

Guidelines sollten das berücksichtigen und klarmachen: Ihr seid im Netz immer Vertreter der Firma. Nicht weil wir das wollen, sondern weil das Netz so funktioniert.

Wichtig ist also, dass Mitarbeiter in Unternehmen sich in ihren Pro-filen ordentlich darstellen und sich in Foren anständig benehmen. In vielen XING-Foren herrschen geradezu Mobs, die andere Leute beleidigen und schmähen. Das schlägt auf den Arbeitgeber zurück, der unter dem Namen steht – peinlich. Auch bei Google+ sollten sich User unbedingt in wertschätzender Kommunikation üben.

6. Wie gelingt es Unternehmen, die Zielgruppen stärker zu aktivie-ren und zur Interaktion anzuregen?

Mit den beiden Relevanz-Faktoren Nutzen und Unterhaltung. Wer etwas Brauchbares, Interessantes oder einfach Witziges findet, postet es weiter oder klickt „Gefällt mir". Zum Brainstorming aufrufen ist eine ganz gute Sache: Welche Einfälle habt ihr? Die beste Idee gewinnt ein signiertes Buch! Darüber hinaus bin ich sicher, sind die Menschen auch vor dem Rechner oft einfache Rezipienten. Der Anteil der Kommentatoren bei einem Blog an den Lesern ist meist extrem gering. Das bedeutet aber nicht, dass die Menschen nicht Anteil nehmen. Die öffentliche Meinung, ob gut oder schlecht, bildet sich oft still. Der Hunger nach Aktivität und Feedbacks erscheint mir oft wie eine Droge der kurzfristigen Kicks – obwohl die Leute bei einem ruhigen und langfristigen Stil auch mit von der Partie sind.

Glossar

Ajax: Ajax bezeichnet einen Vorgang der asynchronen Datenübertragung zwischen einem Browser und dem Server. Diese spezielle Programmiertechnik ermöglicht es, Inhalte innerhalb der Seite zu aktualisieren, ohne dass die ganze Seite neu geladen werden muss. Ajax wird zum Beispiel für Liveticker oder Newsstreams eingesetzt.

Backlink: Ein von einer anderen Website auf die eigene Seite verweisender Hyperlink. Backlinks werden von den Suchmaschinen als Kriterium für die Einstufung der Relevanz und Wichtigkeit einer Website herangezogen.

Blog: Internettagebuch; dynamisches Website-System, das Artikel automatisch umgekehrt chronologisch sortiert. Das Wort Blog setzt sich aus dem letzten Buchstaben des Wortes Web und den ersten drei Buchstaben des Wortes Logbook zusammen.

Blogger: Die Ersteller eines Blogs bezeichnet man als Blogger.

Blogroll: Linkliste eines Blogs. In der Blogroll verlinkt ein Blogger befreundete Blogger oder andere interessante Blogs, die er seinen Lesern empfiehlt.

Bulletin Board: Das Bulletin Board eine bestimmte Darstellungsform eines Forums bei der alle Themen auf seiner Übersichtsseite mit dem Titel des ersten Beitrags des Themas ausgelistet werden. Alle Postings eines Themas werden dann auf einer Seite chronologisch geordnet dargestellt

Buzz: Social Media Dienst von Google. Buzz ist eine Erweiterung des E-Mail-Dienstes Gmail, bei der die Benutzer Nachrichten, Bilder, Videos, Statusnachrichten und Kommentare austauschen können. Der Begriff „Buzz" wird auch synonym für „virales Marketing" verwendet.

Content-Sharing Plattformen: Plattformen, auf denen Nutzer erstellte Inhalte (Videos, Bilder, Präsentationen etc.) austauschen, bewerten, kommentieren und weiterreichen können.

Crowdsourcing: Bezeichnet die Einbeziehung von Nutzern in die Erstellung von Produkten, Inhalten oder Dienstleistungen im Internet.

Dotcom-Krise: Die Dotcom-Krise ist ein durch die Medien geprägter Kunstbegriff für die im März 2000 geplatzte Börsen-Spekulationsblase, die insbesondere die sogenannten Dotcom-Unternehmen (Internetunternehmen) betraf.

Facebook: Facebook ist das größte soziale Netzwerk der Welt.

Fan: Facebook-Nutzer, der den „Gefällt mir"-Button einer Unternehmensseite geklickt hat. Die Bezeichnung „Fan" stammt noch von der ersten Version des Buttons, der mit „Fan werden" beschriftet war. Bisher hat sich noch kein neuer Begriff durchgesetzt.

Fan Gating: Auf einer Unternehmensseite bei Facebook können Unternehmen Inhalte erst nach dem Klick auf den „Gefällt mir"-Button sichtbar machen. Nicht-Fans werden also bestimmte Inhalte vorenthalten, was als Anreiz dienen soll, Fan der Seite zu werden. Dieses Vorgehen wird als Fan Gating bezeichnet.

Fanseite: Unternehmensseite auf Facebook. Der Begriff „Fanseite" ist veraltet, wird aber mangels eines besseren Begriffes weiterhin verwendet.

Feed: Elektronische Nachrichten aus dem Internet, die kostenlos abonniert und automatisch in einen Feedreader oder auch in den Internetbrowser oder das E-Mail-Programm eingespeist werden können.

FlickR: Webbasierte Plattform mit Community-Elementen, welche es den Benutzern ermöglicht, Bilder sowie kurze Videos hochzuladen, anzusehen, zu teilen und zu kommentieren

Follower: Ein Benutzer, der die Beiträge eines anderen Nutzers des gleichen Netzwerks abonniert hat. Diese Bezeichnung wird vorwiegend bei Twitter verwendet.

Follow Friday: Follow Friday (#ff) ist eine Besonderheit des Social Media Dienstes Twitter. Jeden Freitag empfehlen Nutzer dem eigenen Follower-Kreis andere interessante Twitterati. Dazu wird der Hashtag #ff verwendet, der ausschließlich an Freitagen genutzt wird.

Forum: Als Forum werden internetbasierte Diskussionsplattformen bezeichnet, die zum Austausch und Archivierung von Gedanken,

Meinungen und Erfahrungen dienen. Die Kommunikation findet dabei asynchron, das heißt nicht in Echtzeit, statt.

Hashtag: Stichwort, das durch die Markierung mit einer vorangestellten Raute („#") erstellt wird.(Beispiel: #marketinginstitut). Diese Form der Markierung findet insbesondere bei Twitter Verwendung. Hashtags lassen sich für verschiedene Marketingzwecke nutzen.

Key Performance Indicator (KPI): Kennzahl, anhand derer der Erfolg der Social Media Maßnahmen ausgewertet werden kann.

KPI: Siehe Key Performance Indicator

Linkbait: Eine Methode der Suchmaschinenoptimierung, die als Ziel verfolgt, in kurzer Zeit sehr viele Links zu generieren. Die neuen Links wirken sich positiv auf das Ranking einer Seite in den Suchmaschinen aus. Häufig werden hierfür Gewinnspiele oder Gerüchte als Köder (engl. „Bait") verwendet, da Blogger und Websitebetreiber diese Themen gerne aufgreifen und auf die Quelle verlinken.

LinkedIn: Das internationale, aber größere Pendant zu XING. Die Nutzerstruktur setzt sich überwiegend aus amerkanischen, zunehmend aber auch aus internationalen Usern zusammen.

Location Based Services: Fachausdruck für Dienste, die es ermöglichen, Nutzern personalisierte und ortsgebundene Informationen wie z. B. Gutscheine auf ein mobiles Endgeräte zu senden.

Lokalisten: Social Community , die es Nutzern ermöglicht, kostenlose Benutzerprofile mit Fotos und Gruppen einzurichten.

Microblogging: Bezeichnet eine Form des Bloggens, bei der die Nutzer Kurznachrichten veröffentlichen, die bei Interesse abonniert werden können. Die Länge dieser Nachrichten beträgt meist 140 Zeichen.

Myspace: Ein mehrsprachiges soziales Netzwerk, das Nutzern das Einrichten von Benutzerprofilen mit Fotos, Videos und Audiodateien ermöglicht.

Newsfeed: Siehe Feed

Open Source: Bezeichnung für Lizenzen von Softwareprogrammierungen, deren Quelltext öffentlich zugänglich ist. Jedermann kann gemäß den Lizenzbestimmungen an der Weiterentwicklung des Programms bzw. der Software mitarbeiten.

Pinnwand: Als Pinnwand bezeichnet man die Benutzeroberfläche eines Nutzers in sozialen Netzwerken auf denen andere Nutzer Beiträge posten können.

Podcast: Publikation von Audiodateien, die über das Internet abonniert werden können. Das Wort ist zusammengesetzt aus den Wörtern iPod und Broadcast.

Post: Bezeichnet einen Eintrag bzw. Beitrag in einer Social Community oder einem Blog.

Prosumer: Begriff für den modernen Internetnutzer, der Inhalte nicht nur passiv konsumiert, sondern selbst zur Erstellung und Verbreitung von Inhalten beiträgt.

Retweet: Bezeichnet eine spezielle Form der Weiterleitung eines gesendeten Tweets bei Twitter. Hierbei nimmt der Benutzer die Nachricht auf und schickt diese weiter an seine Follower weiter, meist mit einer Erwähnung des Urhebers.

ROE: Return on Engagement. Der ROE wurde als Ersatz des ROI für Social Media Marketing eingeführt, da sich der klassische ROI bei dieser Marketingform nur schwer ermitteln lässt. Der ROE ermittelt das Verhältnis des eingebrachten Engagements bzw. des Aufwands und der daraus entstehenden Interaktion der Nutzer.

ROI: Return on Investment bezeichnet ein betriebswirtschaftliches Modell, welches zur Messung der Rendite einer unternehmerischen Tätigkeit verwendet wird. Dabei misst man das Verhältnis des Gewinns zum eingesetzten Kapital.

RSS: RSS („Really Simple Syndication") beschreibt eine Technologie, die es ermöglicht, neu erstellte Inhalte von Webseiten zu abonnieren. Diese Funktion findet sehr häufig in Blogs Anwendung.

RSS –Feed: Die Bereitstellung von Daten im RSS-Format bezeichnet man auch als RSS-Feed

Search Engine Optimization: Die Summe der Maßnahmen, die dazu dienen, Websites ein höheres Ranking in den Suchmaschinen zu verschaffen. Hierzu zählen unter anderem die Optimierung der Website als solche („Onpage-Optimierung") sowie der gezielte Aufbau von Backlinks („Offpage-Optimierung").

Seeding: Als Seeding bezeichnet man das gezielte Säen/Platzieren einer relevanten Botschaft unter einflussreichen Nutzern von Social

Networks, um deren Reichweite für die Verbreitung der Inhalte zu nutzen.

Sentiment: Die Stimmung im Web bezüglich einer Marke, einem Produkt oder einem Unternehmen

SEO: Kurzschreibweise für Search Engine Optimization (Suchmaschinenoptimierung)

Sidebar: Seitliche Leiste eines Blogs. Hier befinden sich häufig die Blogroll, eine Auflistung der Kategorien und weitere Elemente

Social Bookmarks: Webbasierte Lesezeichen, die von Nutzern auf Portalen angelegt und untereinander ausgetauscht werden.

Social Community: Auch Soziale Netzwerke genannt; Social Communitys sind Gemeinschaften im Internet, bei denen die Benutzer gemeinsam eigene Inhalte erstellen (User Generated Content), sich austauschen und Kontakte pflegen.

Social Media: Social Media bezeichnet Kommunikationsplattformen im Internet, die es Nutzern ermöglichen, durch soziale Interaktion Inhalte auszutauschen, zu kommentieren und einzeln oder in einer Gemeinschaft zu gestalten und zu bewerten.

Social Media Guidelines: Siehe Social Media Policy

Social Media Marketing: Unter Social Media Marketing versteht man die Planung, Durchführung und Analyse von Marketing-Maßnahmen die speziell auf die jeweiligen Social Media Plattformen ausgerichtet sind.

Social Media Monitoring: Systematische Beobachtung und Analyse von Beiträgen und Dialogen in Social Media Plattformen wie z. B. Diskussionsforen, Blogs und Social Communitys.

Social Media Newsroom: Elemente auf Corporate Websites oder Presseportalen, um die Diskussionen der eigenen Inhalte in Sozialen Netzwerken zu bündeln und zusammengefasst darzustellen.

Social Media Policy: Eine Social Media Policy bzw. Social Media Guidelines stellt die Rahmenbedingungen auf, wie ein Unternehmen im Social Web auftreten will. Hierzu gehören Vorgaben z. B. zum Wording, zu Design-Elementen, zur Reaktion auf Kritik oder zum Umgang mit geschützten Inhalten.

SMM: SMM ist die Kurzschreibweise für Social Media Marketing

SMO: Kurzschreibweise für Social Media Optimization

Social Network: Siehe Social Community

Social News: Plattformen, auf denen Nutzer interessante oder wichtige Nachrichtenmeldungen verlinken, bewerten, kommentieren und weiterleiten. Die populärsten Einträge haben die Chance, auf der Startseite des Social News-Portals zu erscheinen und damit von einer großen Anzahl an Nutzern wahrgenommen zu werden.

Soziales Netzwerk: Siehe Social Community

Streisand Effekt: Der Streisand-Effekt bezeichnet die Tatsache, dass sich zensierte Inhalte im Web 2.0 deutlich schneller verbreiten als es ohne die Zensur der Fall gewesen wäre. Der Name stammt von der Musikerin Barbra Streisand ab, die die Veröffentlichung eines Fotos ihres Hauses gerichtlich untersagte. Dadurch wurde das Bild jedoch erst bekannt und einer großen Öffentlichkeit zugänglich.

Tag: Schlagwort. Mit Hilfe von Tags lassen sich Artikel, Bilder und weitere Content-Elemente leichter zuordenbar und auffindbar machen.

Template: Fertige Designvorlage, die z. B. in einen Blog integriert werden kann. Durch den Austausch des Templates lässt sich das gesamte Design des Blogs mit wenig Aufwand umstellen.

Thread: Chronologische Abfolge von Diskussionsbeiträgen in einem Internetforum.

Timeline: Chronologisch sortierte Auflistung aller Beiträge der eigenen Freunde oder Follower in sozialen Netzwerken.

Twitter: Internetbasierter Kurznachrichtendienst (Mircoblogging); die Nachrichten eines Nutzers können abonniert werden ("follow"), damit dessen Nachrichten in der eigenen Timeline angezeigt werden.

Twitterati: Ausdruck für einen Nutzer auf Twitter.

Twitterwall: Eine Twitterwall ist ein Monitor bzw. eine Projektion mit Kurznachrichten der Mikroblogging-Anwendung Twitter, die bei Veranstaltungen eingesetzt wird.

Virales Marketing: Eine spezielle Form des Marketings, welches vorwiegend in sozialen Netzwerken praktiziert wird. Durch besonders spannende, lustige oder aufsehenerregende Inhalte soll eine Verbreitung von Nutzer zu Nutzer erreicht werden. Der Begriff geht auf die Übertragung von Viren zurück, die sich ebenfalls exponentiell verbreiten, ohne zentral gesteuert zu werden.

VZ-Netzwerke: Vorwiegend von deutschen Usern benutzte Netzwerke. Zu den VZ-Netzwerken gehören StudiVZ, MeinVZ, Schueler-VZ.

Web 2.0: Überordnender Begriff, der das Internet als Kommunikationsplattform beschreibt. Das Web 2.0 zeichnet sich besonders dadurch aus, das die Benutzer mit einander interagieren können. Hierbei konsumiert der Nutzer nicht nur den Inhalt, sondern er erstellt als Prosumer selbst Inhalt zur Verfügung und konsumiert von anderen Nutzern erstellte Inhalte.

Webinar: Kurzwort für „Web-Seminar". Es handelt sich dabei um Seminare, die über das Internet mit Hilfe spezieller Softwares oder Plattformen abgehalten werden. Webinare sind oft interaktiv ausgelegt und ermöglichen durch Einbeziehung der Teilnehmer und einen begleitenden Chat beidseitige Kommunikation

Wer-kennt-wen: Wer-kennt-wen.de (WKW) ist eine Social Community, die es Nutzern ermöglicht, kostenlose Benutzerprofile mit Fotos und Gruppen einzurichten. Dieses Netzwerk gehört seit Februar 2009 zu RTL interactive.

Widget: Ein Widget ist eine grafische Komponente, um Anwendungen direkt auf dem Bildschirm ausführen zu können ohne dabei extra ein Programm zu öffnen. Widgets gibt es zum Beispiel für Betriebssysteme, Websites oder Smartphones.

Wiki: Wikis stellen Website-Systeme dar, an denen mehrere Nutzer mitwirken können. Je nach Ausprägung arbeiten geschlossene Benutzergruppen oder jedermann an der Erstellung der Seite mit. Wikis lassen sich für Lexika, Knowledge-Management-Plattformen oder Informationssammlungen nutzen. Das bekannteste Beispiel ist das weltgrößte Lexikon Wikipedia (www.wikipedia.de).

XING: Ein webbasiertes soziales Netzwerk für den Business-Bereich. Die Nutzer stammen vorwiegend aus Deutschland.

YouTube: Ein internetbasiertes Videoportal, auf dem die Benutzer kostenlos Video-Clips ansehen und hochladen können.

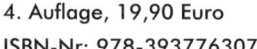

Literaturverzeichnis

ASSMANN (2008): Aßmann, Stefanie: Instrumente des Social-Media-Monitoring – Eine kritische Bestandsaufnahme, Masterarbeit, Hochschule Darmstadt.

BENDER (2011): Bender, Jens: Social Recruiting wird zum Mittel gegen die Personalnot, in: iBusiness Executive Summary, Ausgabe 4/2011, S. 10–11.

BITKOM (2010): BITKOM: Social Media Guidelines – Tipps für Unternehmen, veröffentlicht am 23.09.2010.

BUSEMANN / GSCHEIDLE (2010): Busemann, Katrin / Gscheidle, Christoph: ARD/ZDF-Onlinestudie 2010, in: Media Perspektiven, Ausgabe 7-8/2010, S. 359–368.

FINK / ZERFASS (2010): Fink, Stephan / Zerfaß, Ansgar: Social Media Governance 2010, Universität Leipzig / Fink & Fuchs PR, Leipzig / Wiesbaden.

HETTLER (2010): Hettler, Uwe: Social Media Marketing – Marketing mit Blogs, Sozialen Netzwerken und weiteren Anwendungen des Web 2.0, 1. Auflage, Oldenbourg Wissenschaftsverlag, München.

I-COD (2010): i-cod: Wellenschlag in Social Media – Orchestrierung der Markenkommunikation zwischen Facebook, Twitter und Co., Eigenverlag, München.

MAI / MÜSSGENS / RETTIG (2010): Mai, Jochen / Müßgens, Christian / Rettig, Daniel: Wie Facebook das Recruiting verändert, in: Karriere.de, veröffentlicht am 15.12.2010.

MEDIAMIND (2010): mediamind: Standard Banners – Non-Standard Results, Pressemitteilung, veröffentlicht am 16.11.2010.

MÜHLENBECK / SKIBICKI (2008): Mühlenbeck, Frank / Skibicki, Klemens: Verbrauchermacht im Internet – Band 1. Geld sparen – Geld verdienen – Recht bekommen, 1. Auflage, BrunoMedia Buchverlag, Köln.

NIELSEN (2009): Nielsen: Vertrauen in Werbung, Pressecharts, veröffentlicht im Juli 2009.

STELZNER (2011): Stelzner, Michael A.: 2011 Social Media Marketing Industry Report, Social Media Examiner, veröffentlicht im April 2011.

STUBER (2011): Stuber, Reto (2011): Erfolgreiches Social Media Marketing mit Facebook, Twitter, Xing & Co., 4. Auflage, DATA BECKER, Düsseldorf.

DIM – DEUTSCHES INSTITUT FÜR MARKETING (2011): DIM – Deutsches Institut für Marketing: Social Media Marketing (SMM) in Unternehmen, Eigenstudie, veröffentlicht im Dezember 2011.

Register